江伦理学论坛 II

ZHEJIANG ETHICS FORUM II

主　编　陈寿灿
副主编　郑根成

浙江工商大学出版社
ZHEJIANG GONGSHANG UNIVERSITY PRESS

图书在版编目(CIP)数据

浙江伦理学论坛. 2 / 陈寿灿主编. —杭州：浙江工商大学出版社，2015.10

ISBN 978-7-5178-1309-5

Ⅰ. ①浙… Ⅱ. ①陈… Ⅲ. ①伦理学—文集 Ⅳ. ①B82-53

中国版本图书馆 CIP 数据核字(2015)第 221380 号

浙江伦理学论坛Ⅱ

主编 陈寿灿　副主编 郑根成

责任编辑 刘　颖　蒋红群
责任校对 周晓竹
封面设计 林朦朦
责任印制 包建辉
出版发行 浙江工商大学出版社
(杭州市教工路 198 号　邮政编码 310012)
(E-mail：zjgsupress@163.com)
(网址：http://www.zjgsupress.com)
电话：0571-88904980，88831806(传真)
排　　版 杭州朝曦图文设计有限公司
印　　刷 杭州五象印务有限公司
开　　本 710mm×1000mm　1/16
印　　张 18.75
字　　数 326 千
版 印 次 2015 年 10 月第 1 版　2015 年 10 月第 1 次印刷
书　　号 ISBN 978-7-5178-1309-5
定　　价 48.00 元

序

伦理学以道德为研究对象，但这绝不意味着伦理学只研究关于道德的理论而不涉及其他。事实上，当伦理学家们说“伦理学以道德为研究对象”时，伦理学家们所要表达的意思是：其一，伦理学以道德为唯一的研究对象，这是使得伦理学区别于其他所有学科的独有规定性；其二，伦理学研究道德的全部内容，既包括关于道德的理论，也包括生活的道德实践，在这里，伦理学从来都是一个与道德生活实践有着高度同一性的概念；其三，道德是“人”的道德，只有“人”及其活动才具有道德属性。故伦理研究从来就是人对自身及自身活动的“自研究”，是人对自身生活的自主反思与建构。正因为这样，伦理理念就不只是从“人应该做什么”“人何以为人”这些命题中引申出伦理、道德规范，而更要将这些命题与“专业的伦理学问题”“现实的伦理生活”结合起来探究，以“伦理学”的方式把握“存在”，以助益人们正视现实道德生活的丰富性、多样性、复杂性以及新的挑战性，尝试以哲学·伦理学的方式理解、回应、解释并重塑我们的道德观念和行为方式。

当下，我们所面临的道德事实是：在某种意义上，道德生活世界已然呈现出前所未有的碎片化困局。阿伦特的“传统的断裂”“权威的丧失”与“超越的不可能”等对现代社会的预言已经成为显明的现实，这不能不引起人们的反思。毫无疑问，这一现实也提出了当代伦理学研究的基本方向与使命，即伦理学研究应当至少解决以下三个基本问题：其一，如何使人类在价值的多元中避免走向虚无主义；其二，如何探索共同体之中人的“好生活”；其三，如何在文化兴国、建设浙江文化强省与道德高地等实务中有所担纲。

浙江历史悠久，钟灵毓秀，伦理思想丰硕。汉代的王充引领了当时的批判性思想，并在某种意义上开创了浙江文化“重现世、致功用”的学风。有宋一代，浙江伦理思想逐渐成为江南最具盛势之力量，朱熹、陈亮、叶适等人的思想交相辉映，他们每个人都在承启的意义上建构了自己的伦理思想，在中国伦理学思想史上有着极其重要的地位;更为重要的是,他们在各自思想的建构中的交互激昂更是铸就了中国伦理思想史上最灿烂的文化景观。明以降至近代,浙江伦理思想不仅光耀中华,更是引领了有明以来中国社会启蒙、改革与救亡的先声:王阳明、黄宗羲、章学诚、龚自珍等都在自身伦理思想的建构中化身为浙江学术与中国实践的先行者。我们可以毫不夸张地说,在传统中国文化史中,浙江伦理学始终是中国传统伦理思想的主流力量之一。然而,新中国成立以来,浙江伦理学的发展却明显缺失了那种独有的锐利与魅力,与其在经济发展、法治建设等领域的强势相比,浙江伦理学的发展呈极不协调的后发态势。当代意义上的浙江伦理学的发展则要追溯至20世纪70年代末,这一发展伴随着反思"文革"和改革开放的进程而展开。不容否认的是,在30余年的发展中,浙江伦理学研究面向伦理实践,关注伦理思想的传承、社会主义道德建设、市场经济中的道德问题等,在元伦理学、伦理思想史和应用伦理学方面均获得了理论突破。然而,就全国范围来看,浙江伦理学界的话语仍相对较弱,特别是与北京、上海、江苏、湖南等伦理强省(市)相比,浙江伦理学界在学科建设、伦理研究、实践参与等方面尚有太多欠缺。如何在研究队伍建设,学术研究的视野、内容、方法等方面致力革新,以及如何实现伦理研究自身的化茧的同时实现伦理研究与本土经济、文化建设的互促互进已经成为浙江伦理学研究者所面临的重大而急迫的理论与实践任务。这一任务当然不是任何某一个人或任何某一个团体能在短时期内可以完成的,它需要浙江伦理学界的长期的共同努力。值得振奋的是:在全国伦理学界前辈们的关怀与支持下,浙江伦理学人正振作精神,勉力前行,且果累枝头。

基于是,浙江省伦理学会拟自2013年起,每年推出一部《浙江伦理学论坛》,其初衷者有三:第一,以文字记录浙江伦理学的发展。在记录中呈现、反思伦理学者、学术、学科与时代之间的关联,旨在努力实现思想传播、理论创新与伦理践行的融合,以一个开放式的结构呈现浙江伦理学研究近况。主要围绕伦理学基础理论研究、中西伦理思想史研究、应用伦理学前沿、社会热点问题探析、社会主义道德建设与浙江实践、伦理学与大学生德育、研究生论坛、新著简介、浙江伦理学研究年度综述、浙江伦理学名家访谈、浙江伦理学研究团队推介等设计、规划论坛主题,并不断探索浙江伦理学研究的新问题、新动向,完善论坛的内容,增强学术的丰富性。第二,构建一个学术交流的平台。《浙江伦理学论坛》拟动态呈现浙江伦理学研究的发展状况,本集作品多为浙江伦理学青年才俊之作,并不代表浙江伦理学的全部学者与实际水准,作品集中更多地是旨在展现当代浙江伦理学人的伦理思考,并借名家访谈、浙江伦理学年度综述、学术团体推介等各类栏目增进浙江伦理学研究者间的相互了解;论坛的深层初衷实乃期待学人能在动态呈现中把握既有研究的不足,在批评与反思中确立新的研究方向与方法的逻辑起点。第三,助力浙江文化强省、道德高地建设。理论研究固然当执守其自身的逻辑进路与学术品格,但这一理论同时也意味着理论研究须能为现实提供合理解释和有效解决的思路借鉴与决策参考。在这个意义上,浙江伦理研究者的作为则在于为浙江经济、文化发展中出现的道德问题做合理解释,并为其有效解决提供决策参考,同时,亦须为现实道德建设提供理论支撑与方向指导。

是为序。

陈寿灿

2015 年 3 月

目录

中外伦理思想研究

伦理学基础理论研究

社会热点问题探析

社会主义道德建设

浙学·浙商专题研究

研究生论坛

◆中外伦理思想研究

再谈汉斯·尤那思“责任伦理”代表作①

高湘泽②

【摘 要】以往国内伦理学界在对尤那思责任伦理思想代表作的认定上，除了比较普遍地存在本文作者已另文谈过的“因于多方面复杂原因而有待完善和校订之处”之外，还在其代表作即德文版的 *Das Prinzip Verantwortung*（简称“*DPV*”）和英文版的 *The Imperative of Responsibility*（简称“*TIR*”）各自所应有的汉译书名上存在不同认定，从而体现出在对事关准确、深入地理解和把握尤那思责任伦理思想及其伦理思想史意义的一系列问题的认识上存在着准确与否、妥当与否之别。结合语言学知识、*DPV* 和 *TIR* 各自的内容观点及思想逻辑来说，无论 *DPV* 还是 *TIR*，其比较恰当的汉译名都不是《责任原理》；《责任原则》和《责任的命令》（或《责任的律令》）才分别是 *DPV* 和 *TIR* 比较恰当的汉译名。

【关键词】汉斯·尤那思；责任伦理；代表作；汉译名

---

① 本文系教育部人文社科研究项目（10YJA720013）和浙江省社科规划重点项目（10CGZX01Z）《责任伦理研究》的阶段性成果，《广东社会科学》2014 年第 2 期原发，中国人民大学复印报刊资料《伦理学》2014 年第 7 期全文转载，《新华文摘》2014 年第 12 期“论点摘编”。

② 高湘泽，国聘哲学二级教授，浙江财经大学伦理研究所硕士生导师，兼任中国人学学会常务理事、中国马克思恩格斯研究会理事、湘潭大学外国哲学专业硕士生导师。

一

名副其实的有关汉斯·忧那思(Hans Jonas)“责任伦理”思想的认识、理解和论说,必须依据忧那思本人的责任伦理有关著作;堪称有关忧那思责任伦理最终基本思想的准确、扼要的认识、理解和论说,必须立足于对忧那思的责任伦理代表作,尤其是其最终代表作的认定和理解。因为,事实上,第一,忧那思的责任伦理思想,并非与忧那思有关其他论题的思想见解毫不相干,也绝非一朝一夕之功,而是正如有的学者所指出的那样,是其终生在理论上为之奋斗的“对虚无主义的诊断与克服”中的一部分思想成果①,与其之前对诺斯替宗教的研究有着内在、深刻、间接而又重要的联系,因而又如忧那思本人所说的那样,是有其逐渐形成和推进的过程的②——这个过程长达半个多世纪。第二,在这一长期过程中,出自忧那思本人的与其责任伦理思想相关的论著并非一本,而是很多。例如,无论是其于 20 世纪 20 年代所写的题为《诺斯与古代晚期精神》(*Gnosis und spätatntiker Geist*)的博士学位论文③,还是其作为该论文的节略本分别于 20 世纪 50 年代和 60 年代初版和再版的学术专著《诺斯替宗教:异乡神的信息与基督教的开端》(*The Gnostic Religion: The Message of the Alien God and the Beginnings of Christianity*)④;无论是其最初于 1963 年出版了德文版,随后又在 1981 年出版了英文版的学术专著《生命现象:走向一种哲学生物学》⑤,还是其最初于 1979 年由美茵河畔的法兰克福出版社出版的德文版学术专著 *DPV*;无论是其 1980 年出版的英文版的《哲学论文集:从古代信条到技术时代的人》⑥,还是

① 张新樟:《〈诺斯替宗教〉中译本导言》,载汉斯·约纳斯:《诺斯替宗教:异乡神的信息与基督教的开端》,张新樟译,上海三联书店 2006 年版,导言第 10—22 页。

② 参见 Hans Jonas: *Das Prinzip Verantwortung: Versuch einer Ethik für die technologische Zivilisation*, Suhrkamp Taschenbuch Verlag, 1979, pp. 11—12; Hans Jonas: *The Imperative of Responsibility: In Search of an Ethics for theTechnological Age*, The University of Chicago Press, 1984, p. xi.

③ 张新樟:《〈诺斯替宗教〉中译本导言》,载汉斯·约纳斯:《诺斯替宗教:异乡神的信息与基督教的开端》,张新樟译,上海三联书店 2006 年版,导言第 3—5 页。

④ [德]汉斯·约纳斯:《诺斯替宗教:异乡神的信息与基督教的开端》,张新樟译,上海三联书店 2006 年版。

⑤ Hans Jonas: *The Phenomenon of Life: Toward a Philosophical Biology*, The University of Chicago Press, 1981.

⑥ Han Jonas: *Philosophical Essays: From Ancient Creed to Technological Man*, The University of Chicago Press, 1980.

其于 1978 年出版了英文初版、1981 年出版了英文修订版的《论信仰、理性于责任：六篇论文》[①]；无论是其出版于 1984 年的 *TIR*，还是其最初于 1968—1984 年间分别以论文形式发表、1985 年以德文版专著形式问世、1987 年又以袖珍本形式印刷的《技术、医学与伦理学：对责任原则的践履》(*Technik, Medizin und Ethik: Zur Praxis des Prinzips Verantwortung*，以下简称此书为 *TME*)[②]；无论是由劳伦斯·伏格尔(Lawrence Vogel)选编并在 1996 年出版的英文版的《必死性与道德：奥斯维辛之后对善的追求》[③]，还是其上述著作之外的许多单篇论文，都与其责任伦理思想有着一定的内在联系。第三，在上述出自尤那思之手且与其责任伦理思想相关的诸多论著中，各篇论著与其责任伦理思想的联系方式和联系程度各不相同，并因而对于人们认识、理解和论说尤那思责任伦理思想来说所具有的重要性程度亦各不相同：有的只是为其责任伦理思想提供了相关思想基础(例如其在诺斯替宗教研究、哲学生物学和技术哲学方面的论著，就为其责任伦理思想提供了反对二元论世界观和价值虚无主义，捍卫一元论世界观和终极价值观、责任观的哲学思想基础)，却并非直接为表达其责任伦理思想而作，因而虽然与其责任伦理思想有联系，需要在对尤那思责任伦理思想做深入细致的理解的时候予以充分考虑，但却难说是其责任伦理代表作；有的(例如 *DPV*, *TIR*, *TME*)则是直接为表达其责任伦理思想而作，因而可以说是其责任伦理代表作；在其责任伦理代表作中，*DPV* 和 *TIR* 都重在对其责任伦理思想的基本理念、范畴、原理、原则和理论体系做比较系统、深入的理论建构和阐发，因而在其作为一种成体系的伦理学说的整个责任伦理思想中具有相对主要的意义，而 *TME* 则除了对 *DPV* 和 *TIR* 中的有关问题(例如尤那思责任伦理理论的必要性根据问题)做补充阐述之外，主要是就有关责任伦理在科技领域的实践和应用层面的问题所做的思考和阐发，实质上只是有关其责任伦理学说中的"责任原则"在"人类生物学和医学领域"中的应用或践履问题的"应用部分"[④]，而非其责任

---

① Han Jonas: *On Faith, Reason and Responsibility: Six Essays*, Harper & Row, 1978; New *Edition*: Institute for Antiquity and Christianity, Claremont Graduate School, 1981.

② Han Jonas: *Technik, Medizin und Ethik: Zur Praxis des Prinzips Verantwortung*, Suhrkamp Taschenbuch Verlag, 1987. 此书曾在 2008 年由张荣翻译，上海译文出版社出版。该书的中文版译名为《技术、医学与伦理学：责任原理实践》。

③ 张新樟：《〈诺斯替宗教〉中译本导言》，载汉斯·约纳斯：《诺斯替宗教：异乡神的信息与基督教的开端》，张新樟译，上海三联书店 2006 年版，导言第 7 页。

④ Han Jonas: *Technik, Medizin und Ethik: Zur Praxis des Prinzips Verantwortung*, Suhrkamp Taschenbuch Verlag, 1987, p. 9.

伦理学说中的理论主体之所在，因而在其作为一种伦理学说的责任伦理思想中处于相对次要的地位。

也许正是由于上述道理和事实，此前所有的以论说忧那思责任伦理思想为主题的伦理学学者们——无论是我国学者，还是外国学者，几乎毫无例外、理所当然地以各自的方式，体现出对忧那思责任伦理思想代表作——尤其是其最主要代表作——的认定。总的来看，其各自做出的认定，既有一致之处，又有不无重要意义、因而值得细究的不一致之处，还有由于多方面复杂原因而有待完善或校订之处。本文旨在就伦理学界既有的在有关忧那思责任伦理代表作的认定一事上的“相互一致之处”和“不无重要意义、因而值得细究的不一致之处”谈谈个人看法，至于国内外伦理学界在对忧那思责任伦理代表作的认定中比较普遍地存在着的“因于多方面复杂原因而有待完善和校订之处”，曾有拙文《汉斯·忧那思责任伦理最主要代表作之我见》[①]和《汉斯·忧那思责任伦理代表作》[②]向学界同仁做过专题汇报，毋庸赘述。本文标题中的“再谈”一说，乃因于是。

二

以我之见，此前国内外伦理学界在对忧那思责任伦理思想代表作的认定上的相互一致之处主要有二：一是一致认为 *DPV*，*TIR* 和 *TME* 是忧那思责任伦理思想的三本代表作；二是认为在这三本代表作中前两本比第三本更重要。基于上文有关述说，窃以为，这些一致的认定是无可置疑、理所当然的。

至于所谓“不无重要意义、因而值得考究的不一致之处”，完全是我国伦理学界才有的事，具体表现为在对 *DPV* 和 *TIR* 各自书名正标题所应有的汉译名的认识上的不一致。*DPV* 一书书名的完整标题是 *Das Prinzip Verantwortung*：*Versuch einer Ethik für die technologische Zivilization*，相对而言，可以说其中逗号之前的“Das Prinzip Verantwortung”是正标题，逗号之后的“Versuch einer Ethik für die technologische Zivilization”是副标题；*TIR* 一书书名的完整标题是 *The Imperative of Responsibility*：*in Search of an Ethics for the Technological Age*，相对而言，可以说其中逗号之前的“The Imperative of Responsibility”是正

① 见《理论月刊》2012 年第 10 期，或见中国人民大学复印报刊资料《伦理学》2013 年第 1 期。

② 中国社会科学院应用伦理研究中心、广西民族大学政治学与国际关系学院：《中国应用伦理学(2011—2013)：国际伦理专辑》，金城出版社 2013 年版，第 396—413 页。

标题,逗号之后的"in Search of an Ethics for the Technological Age"是副标题。在我国学者中,此前在*DPV*一书书名正标题汉译名上的不一致,具体说来就在于对其中的"Prinzip"这个关键的德文词的汉语翻译上:有些学者将其汉译为"原则",因而将整个上述正标题或汉译为"责任原则"①,或汉译为"责任之原则"②(以下称此译为"*DPV*书名正标题的第一种汉译名");有些学者将其汉译为"原理",因而将整个上述正标题汉译为"责任原理"③(以下称此译为"*DPV*书名正标题的第二种汉译名");还有人将其汉译为"命令",因而将整个上述正标题汉译为"责任命令"④(以下称此译为"*DPV*书名正标题的第三种汉译名")。而在*TIR*一书正标题汉译名上的不一致之处,具体说来则在于对其中的"imperative"这个关键词的汉语翻译上:有的学者将其汉译为"命令",因而将上述整个正标题汉译为"责任的命令"⑤(以下称此译为"*TIR*书名正标题的第一种汉译名");有的学者则将其汉译为"原理",因而将整个上述正标题汉译为"责任原理"⑥(以下称此译为"*TIR*书名正标题的第二种汉译名")。

之所以有必要对上述对*DPV*和*TIR*两书书名正标题的汉语译名上的不一致予以重视和考究,乃因为:在我看来,这种不一致,并非可以忽略不计的单纯的译文用语差异,而是透过汉译文上的妥当与否之别,涉及对准确、深入地理解和把握忧那思责任伦理思想来说十分重要的四个问题的认识和理解是否准确、恰当和深入。这四个问题分别是:①*DPV*和*TIR*全书所讲的问题和理论的性质归属;②*DPV*和*TIR*全书的主旨;③忧那思在*DPV*和*TIR*中提出和论述的

---

① 罗亚玲:《环境伦理作为责任伦理》,载《道德与文明》2005年第1期;《约纳斯的责任伦理学:论证与应用的问题》,载《复旦哲学评论》,上海人民出版社2008年版;钦文:《技术哲学大师约纳斯口述自传问世》,载《中华读书报》2003年7月16日。

② 甘绍平:《忧那思等人的新伦理究竟新在哪里?》,载《哲学研究》2000年第12期;甘绍平:《应用伦理学前沿问题研究》,江西人民出版社2002年版,第99—116页。

③ 例如前文提到的*TME*已有的2008年上海译文出版社中文版本的译者,《中国人民大学学报》2003年第2期刊发的《技术时代的责任伦理学:论汉斯·约纳斯》一文的作者,"中国知网"中国优秀硕士学位论文全文数据库收录的重庆大学2011届硕士学位论文《论汉斯·约纳斯的责任伦理观》的作者,等等,就都持此译。

④ 例如"中国知网"中国优秀硕士学位论文全文数据库中收录的大连理工大学2005年优秀硕士学位论文《汉斯·尤纳斯的责任伦理》的作者。

⑤ 例如上海三联书店中文版《诺斯替宗教》一书的中译者张新樟先生在其《〈诺斯替宗教〉中译本导言》中就持此译。参见汉斯·约纳斯:《诺斯替宗教:异乡神的信息与基督教的开端》,张新樟译,上海三联书店2006年版,第2、6、10、11、17、19页。

⑥ 例如"中国知网"中国博士学位论文全文数据库收录的复旦大学2004年博士学位论文《汉斯·约纳斯的责任伦理学研究》的作者就持此译。

“新伦理学”(即其“责任伦理”学说,下同)①与忧那思在该书中所说的“传统伦理学”②乃至“从前的一切伦理学”③之间的差异程度;④由此差异程度决定的忧那思整个责任伦理思想的伦理思想史意义。

有一条原则,大概是大多数在阅读、使用和翻译外文社会科学理论文献方面较有经验的人们都可以公认的,即对同一外文哲学社会科学理论文献中的同一外文语词所做的不同汉语翻译,如果都符合外文原词的固有词义,都符合所用的汉语语词的固有词义,都能够基本如实准确地表达原作者的思想观点和理论意蕴,那么,不同的汉语翻译就应该都算得上基本妥当的翻译。作为读者或评论者,着眼于如实准确地认识、理解和掌握原作者的思想观点和理论意蕴,应该可以将不同的汉语翻译之间的差异作为单纯的译文用语或译文风格差异忽略不计。依此原则,稍谙汉、德、英三种语言的人们只需根据语文知识,就可一眼看出上述“*DPV* 正标题的第三种汉译名”和“*TIR* 正标题的第二种汉译名”明显属于不妥之译。因为,汉语中的“命令”一词,作为动词一般意指由居上位者发出的对下属有所指示、派遣、要求或任用的动作(例如说“首长命令我如何如何”),作为名词一般意指由具有得到一定认可的权力和地位的机构或人员发布且要求其下属执行的文件或口头指示,④但在德语中,“prinzip”却根本没有上述汉语“命令”一词的这些词义中的任何一种;至于汉语中的“原理”一词,只能做名词用,意指在一定领域或范围中最具基础(或根本)意义和普遍性的道理、规律或有关这些道理和规律的理论,⑤而英语中的“imperative”则根本没有汉语“原理”一词的这种词义。

既需要根据所涉语种的语文知识,又需要结合上文所说的①②③④才能辩明妥否的,是上述 *DPV* 正标题的“第一种汉译名”和“第二种汉译名”。单从语文知识来看,无论是将德文的“prinzip”汉译为“原则”还是汉译为“原理”,似乎都并无不妥,因为德文中的“prinzip”一词既有现代汉语的“原则”之意,又有现代汉语的“原理”之意。但若由此更进一步,一方面考虑到现代汉语中的“原则”和“原

---

① Hans Jonas: *Das Prinzip Verantwortung*: *Versuch einer Ethik für die technologische Zivilisation*, Suhrkamp Taschenbuch Verlag, 1979, p. 55; Hans Jonas: *The Imperative of Responsibility*: *In Search of an Ethics for the Technological Age*, The University of Chicago Press, 1984, p. 22.

② Ibid., p. 7, p. 21, p. 22; Ibid., pp. 4—5.

③ Ibid., p. 15; Ibid., p. 1.

④ 参见中国社会科学院语言研究所词典编辑室:《现代汉语词典》,商务印书馆 1996 年版,第 892 页;辞海编辑委员会:《辞海》(缩印本),上海辞书出版社 1980 年版,第 321 页。

⑤ 同上,第 1548 页;同上,第 151 页。

理”这两个词在词义上的基本差别，以及由这二者在基本词义及其基本意蕴上的差别造成的“责任原则”和“责任原理”两个术语的各自基本意蕴之别，另一方面考虑到前文说过的①②③④，进而以“是否如实、明确、充分地体现了前文所说的①②③④”为辨别标准，来看上述*DPV*书名正标题的第一种汉译名和第二种汉译名，应该不难发现：只有上述“*DPV*书名正标题的第一种汉译名”，才比较如实、明确、充分地体现了前述①②③④，因而才是比较妥当的汉译名。因为：

第一，在现代汉语中，尽管“原理”和“原则”这两个词不无一定的相同的词义，并因而在一定情况下可以互换，但是，二者各自的基本词义及其基本意蕴还是有重要差别的：“原则”一词指称的是说话或行事所应依据的准则或标准，也即观察问题、处理问题时所应有的准绳，[①]它具有一定的价值观意蕴，表明在说话者——即主体——所持的价值观来说的事情之“应当”，体现着发自主体的一定的价值要求，所以，“原则”一词才往往会被人们和“应当”“必须”等等词汇结合起来使用。譬如说“社会公共政策的制定必须坚持公平正义原则”“朋友相处应当秉持求同存异的原则”，等等。“原理”一词的基本词义则如前文所述，意指在一定领域或范围中最具基础（或根本）意义和普遍性的道理、规律或关于这些道理和规律的理论，它所直接具有的是事实意蕴，表明的是所说的事情本身“是”怎么一回事或“是”怎么样的道理，体现出所说的事情本身之客观所是，并不涉及主体的价值观要求，所以才会出现“原理”一词往往和“是”“在于”等等词汇结合起来使用的现象。譬如说“水由液态变为固态的原理在于水的环境温度在标准大气压条件下低于摄氏零度”“因材施教是教学工作基本原理之一”，等等。用伦理学同仁比较易懂的话简言之，可以说，上述“原理”和“原则”二词在基本词义及其基本意蕴上的差别，大致相当于伦理学史上的“休谟问题”[②]中的“是”和“应当”的差别。

第二，“原理”和“原则”二词的上述差别，导致“责任原则”和“责任原理”这两个术语的各自意蕴大不相同：“责任原则”一语实即意味着“以责任和尽责为说话办事所应遵循的原则”，它所涉及的言说对象不只有“责任”和“原则”两个，而且还有“肩负如此责任的人及其言行”。而“责任原理”一语则意味着“责任本身的根本道理或机理”，它所涉及的只有“责任”和“责任本身的根本道理或机理”这两个言说对象。由于“责任原则”一语实即意味着“以责任和尽责为说话办事所应

① 参见中国社会科学院语言研究所词典编辑室：《现代汉语词典》，商务印书馆1996年版，第1549页；辞海编辑委员会：《辞海》（缩印本），上海辞书出版社1980年版，第151页。

② 参见休谟：《人性论》（下卷），关文运译，商务印书馆1980年版，第509页。

遵循的原则”,因而它实质上表明的是立足于说话者所持的价值观来说的被言说的对象——即“负有如此责任的人”——及其言行所应当满足的一定要求,即要求这个(或这些)负有如此责任的人应该或必须以自身所肩负的应尽的“责任”作为思考问题和处理问题的准绳或准则,而“责任原理”一语则并不表明对任何对象及其言行的任何价值观要求。

第三,众所周知,*DPV* 是一本伦理学著作,而伦理学著作从性质上来讲归根到底属于关乎价值之作而不是关乎事实之作,它以提出、论证和倡导作为主体的人的行为所应服膺的一定的伦理道德价值观、所应尊奉的一定的伦理道德原则(准则)为根本使命,而不是以纯粹客观地描述与作为主体的人的行为无涉的客观事实本身的道理或原理为使命。因而,考虑到上述“第一”和“第二”,显然,只有用能够体现价值观意蕴的“原则”一词来汉译 *DPV* 书名正标题中的“prinzip”一词,并进而将整个 *DPV* 书名正标题汉译为《责任原则》,才比较有利于直接、明确、充分地体现出 *DPV* 一书是关乎价值之作。

第四,*DPV* 全书旨在基于对技术时代的人类行为比之于前技术时代的人类行为在性质上已然发生的新改变的认识,基于受“恐惧启示法”[①]的启示而产生的对技术时代人类行为所具有的在自然史和人类生存史两方面的严重不良后果的忧虑,来揭示因传统伦理学“以往受人尊奉的规范和准则”[②]对于技术时代的人类行为的不适用性而造成的“伦理真空”[③],提出和论证忧那思认为能够适合于用来规范技术时代人类行为的“新伦理学”。而众所周知的是,不同伦理道德学说借以相互区别开来之处,就在于各自所主张的根本道德准则——或又称道德命令、道德原则(下同)——之不同。忧那思的“新伦理学”亦不例外,它借以区别“传统伦理学”的最重要、最根本的“新”处,正在于作为它的根本道德准则的“道德命令”(或又译作“道德律令”)之新;同时,正是由于有其新的根本道德准则或根本道德命令,才既使得忧那思的责任伦理学说是一种的确不同于他所说的“传统伦理学”的“新伦理学”,又使得他的“新伦理学”与“传统伦理学”之间的差异决不是基于同一根本伦理道德准则的同一伦理精神(或称“同一伦理道德学说”,下同)内部不同具体主张之间的差异,而是基于不同根本道德准则的两种根本不同的伦理精神之间的差异,最终使得忧那思的责任伦理学说不仅开创了人

---

① Hans Jonas: *Das Prinzip Verantwortung*: *Versuch einer Ethik für die technologische Zivilisation*, Suhrkamp Taschenbuch Verlag, 1979, pp. 8—63.

② Ibid., p. 15.

③ Ibid., pp. 7—57.

类伦理思想史上一种新的思想维度，而且具有以往传统的伦理学所不可替代的时代适应性和普世价值。而道德准则或道德命令所表明的，正是一定的伦理道德价值观要求和在这一定的伦理道德价值观看来的人的言行之“应当”乃至“必须”。因此，也应该说：只有把*DPV*书名正标题中的“prinzip”一词汉译为体现一定价值观意蕴、表明从一定价值观来看的事情之所“应当”——乃至“必须”——的“原则”一词，进而将整个*DPV*书名正标题汉译为《责任原则》，才比较有利于如实、明确、充分地体现前文所说的②③④，因而才可能是比较妥当的汉译名。

情感与存在:儒家德性精神现代振兴的方法论奠基[①]

方德志[②]

【摘　要】中华民族的伟大复兴与儒家德性精神的现代振兴是密不可分的。儒家德性精神的现代振兴需要吸收近代启蒙精神并转化其启蒙方法，需要站到“人类情感的天平上”来对(包括儒家“仁爱”在内的)人类的情感能力首先做一番学理批判，以推动人类在情感层面的现代性价值启蒙，超越近代理性启蒙之“蔽”。人类在情感层面的现代性价值启蒙即表现在以人之现象性存在身份对“幸福”的自觉追求，对形而上的“存在”本体之理解方式的知识学变革。唯有在此方法论基础上，儒家德性精神才能走向现代振兴，并将形成“以幸福为体，以和谐为用”的现代大众化价值结构。

【关键词】情感与存在;儒家德性精神;方法论;幸福

德性精神是民族精神的灵魂，中华民族的伟大复兴与其传统德性精神的现代振兴是紧密相关的。随着中国改革开放事业的深入发展，形成具有中国特色的现代化发展模式越来越需要源自传统德性文化的精神供养和理念识别，以“仁爱”为核心的儒家德性精神构成了中华民族传统德性精神的主流，对中华民族的伟大复兴无疑起着重要的内在支撑作用。换言之，中华民族的伟大复兴到底意味着什么？它不仅仅意味着政治、经济意义上的国强民富，更意味着中华民族传统德性精神的现代振兴，以及由之带给人类一种崭新的现代性、大众化的启蒙价值理念和哲学世界观。后者的意义无疑要重于前者的意义。实现这一目的，笔者认为需要借鉴西方近代启蒙方法，特别需要借鉴康德对西方(基于理性的)传统德性精神的学理“批判”方法，来率先对基于“仁爱”的儒家传统德性精神形成

---

①　本文为教育部青年基金项目“情感主义视域下的道德知识学研究”(编号:13YJC720011)和国家社科基金重大项目“构建我国主流价值文化研究”(编号:11&ZD021)阶段性研究成果。

②　方德志，安徽舒城人，哲学博士，温州大学法政学院讲师，主要从事哲学、伦理学研究。

的学理进路做一种深刻的学理批判。只有通过其内在的学理批判，以儒家为主流的中国传统德性精神才能真正走向现代振兴，以新的精神面貌支撑民族复兴事业。

一、情感与理性：中西传统德性精神形成的不同学理进路

自古以来，中西方德性精神就表现出两种不同的思维进路：情感的路径与理性的路径[①]。在西方，自亚里士多德提出“人是理性的动物”这一命题，西方传统德性精神就“注定”以人类的理性精神为表现。从苏格拉底的“德性即知识”到康德的“德性是意志的战斗力”，西方德性精神表现出对人类理性能力的充分运用。在中国，自孟子提出“仁也者，人也”这一命题，以儒家为主流的中国传统德性精神“注定”是以人类的情感(仁爱)精神为表现。从发端于“仁爱”的先秦儒学到形成“一体之仁”的宋明理学，中国德性精神表现为对人类情感能力的深度运用。当然，只要是人，就都会有其“类”本质的功能特征，就既会有理性，也会有情感，所以，中国德性精神中固然有理性的成分，西方德性精神中固然有情感的成分，两者皆是毫无置疑的。这里只是就中西传统德性精神的“显性”差异而言的，而这种“显性”差异也恰恰构成了中西方各自德性精神创新的动力范式。关于中西德性精神形成的学理差异，笔者已另文阐明[②]，这里不再赘述。

《性自命出》曰，“道始于情，情生于性”，指出了儒家德性精神就其发生学而言，是源自人的情感，即儒家之(仁)道是发端于情感。根据《性自命出》，在先秦，人们还未能对“情”做出心理学与物理学意义上的区分[③]。“情”不仅可以指人的情感，也可以指客观的物性，例如情气、情性。后者用法在现代用语中仍有保留。例如，“情实”“情况”之“情”就是指客观的物性。随着人的主体性意识成长，“情”后来有了心理学与物理学意义上的差别。“情”主要指情感，作为物理学意义的“情”逐渐被“气”的概念所代替。蒙培元先生说，儒家哲学有一个显著特点，就是重视人的情感，它“把情感放在人的存在问题的中心地位，舍此不能谈论人的存

---

① 从概念使用的对称性角度上看，“感性”与“理性”对称，“情感”与“理智”对称，为了理解的习惯，这里仍用“情感”和“理性”分别表示人类两种不同的思维路径，本文认为情感(特别是道德情感)是人之感性能力的目的性表现形式，理智是人的理性能力的目的性表现形式。

② 参阅方德志：《追寻“德性/virtue”的源始涵义——兼论中(儒家)西方古典德性论学理方法的差异》，《湖北大学学报》2012 年第 2 期。

③ 参阅黄意明：《“情气为性”与“郭店儒家简”之情感论》，《中州学刊》2010 年第 1 期。

在问题；反过来，要讨论人的存在及其意义、价值等重要问题，必须从情感出发，从情感开始”[①]。应该说，从情感的学理进路来理解以儒家为主流的中国传统德性精神是切合其发生学根据的。

儒家德性精神源自人的情感（感性）能力，那么阐发儒家德性精神振兴的方法进路也只能以情感的思维方式切入。所谓以情感思维方式切入，就是要立足于情感的学理本位和思维向度来理解儒家道德哲学，而不能以西方唯智主义方法来剖判儒家道德哲学的概念内涵，否则就会产生学理错位问题。在当代，用西方唯智主义方法剖判儒家道德哲学要以当代新儒家的牟宗三先生为代表人物。牟先生借鉴康德哲学“本体”与“现象”之二分的理性析分方法，通过对康德的（作为消极概念的）“自在之物”和不被人类所属的“知性”直观能力的积极应用，重构了“心体”（知行）合一的“道德的形上学”体系。牟先生把康德的“自在之物”（thing in itself）理解为“物之在其自己”[②]，由它创造性地诠释儒家道德“本心”（即心之在其自己，有其自身特性），确立了形而上的“心体（即性体）”本体。“心体”本体可凭借自身的“智的直觉”认识自身[③]。但这个“智的直觉”是一个反思性的概念，所以也叫“逆觉体证”，它是表示对“直觉”（指向对象）之逆向/反思体认。其实，中国哲学思维不是反思性的“智性”思维（而是现象性的“情感”思维），牟先生把“智的直觉”看作儒家道德哲学的特殊认知形式，很大程度上是离开了儒家道德哲学的情感学理本位。当然，不能否认，唯智主义剖判方法在一定程度上推动了儒家传统德性精神的解构性成长，但就学理立场而言，以理就情的理解进路“注定”会使源自人之情感能力的儒家道德哲学支离破碎，本相失真。唯有回到情感的学理本位和思维向度阐释儒家道德哲学，儒家传统德性精神才可能走向现代振兴。

二、儒家德性精神现代振兴的内在动力：以启蒙的姿态批判儒家“仁爱”哲学的学理基础

回到情感的学理本位和思维向度只是迈向儒家德性精神振兴的第一步，此外还需要具有西方近代启蒙思想家的批判态度，对儒家德性精神的情感学理做

① 参阅蒙培元：《人是情感的存在：儒家哲学再阐释》，《社会科学战线》2003年第2期。

② 参阅陈鹏：《现代新儒学研究》，福建人民出版社2006年版，第81页。

③ 参阅崔大华：《儒学的现代命运：儒家传统的现代阐释》，人民出版社2012年版，第333—335页。

一种深刻的自我批判。换句话说，我们必须从人类情感能力的现代性启蒙视角对（包括儒家“仁爱”在内的）人的情感能力进行一场学理自我批判活动，从而揭示人类在其情感层面所能构建的现代性启蒙价值观。从某种意义上说，这场学理批判活动，不同于西方近代基于人之理性能力的学理自我批判活动，可能呼唤着人类的“第二次启蒙”运动[①]。为了区别于近代基于人之理性能力的第一次启蒙运动，笔者将这种基于人类情感能力的“第二次启蒙”理解为一种“呈明（enlighten）”式的启蒙。“呈明”式启蒙，继承了第一次精神启蒙带来的优秀成果（例如，确立了个体之主体性价值地位，以及自由、平等、博爱、民主、法治等一系列具有普世价值的现代性价值系目），又超越了第一次启蒙运动的自带之“弊”（主要表现为天人对立、人际敌对、资本控制、生态破坏、幸福缺失等）。儒家德性精神的现代振兴与这场“呈明”式的启蒙精神批判运动是同一个过程。

在西方传统德性精神现代振兴过程中，启蒙思想家们主要是立足于理性的学理进路，对其理性精神传统进行了一场深刻的学理自我批判活动。他们要求把一切问题都“放置于（人类）理性的天平上”进行考量，通过考量纯粹理性的自身目的和界限，来论证和传播西方现代性启蒙价值观，从而使西方传统德性精神（源自古希腊的理性精神）在历经1000多年的黑暗中世纪之后又重新振兴起来，确定了西方现代文明的发展方向。康德是近代启蒙思想的集大成者。康德运用一种哲学（理性）人类学的启蒙方法，对人的理性能力做了自我剖析，试图从理性的角度给出“人是什么”这一问题的答案。康德没有专注于对古希腊哲学文本的解读，而是仅仅相信人的理性具备一种实现普遍性原则之目的的能力，从时代的目的要求批判人的理性能力，把古希腊理性哲学（特别是柏拉图的理念论）做了一个彻底的主体性翻新。

这个时代的目的要求是什么？自由。自由是这个启蒙时代的心声。自由也是西方传统德性精神之学理进路的内在要求。但是，在此之前，人们并不知道这个目的，或者说，在对理性学理的自我批判之前，自由（这个目的理念）并没有“显现”出来。正是基于时代对自由的目的追求，康德才做了最纯粹的“批判哲学”，而正是通过“批判哲学”，自由的目的才被树立起来。我们知道，亚里士多德独断“人是理性的动物”之后，对人的理性能力做了形式逻辑归纳，以理性思维的“同一律”之内在形式机械地“对照”外在世界的实体性及其变化特征，使得柏拉图的“理念”与“现象”二分世界在人的理性认知范围内实现了彼此连通的可能。这一

① 参阅汤一介：《总序》，载胡军：《中国儒学史·现代卷》，北京大学出版社2011年版，总序第31页。

过程奠基了以理性“见长”的西方传统德性精神。这种德性精神的自然成长在中世纪被阻隔了，直到近代启蒙运动，特别到康德这里，通过一种理性自我批判的方式才使这种内在“目的”显现出来，即基于理性思维之“同一律”的自由精神。因为“人是理性的动物”，理性的本质特性就是要对任何事件都能给出理由/原因/目的。所以，人（的理性）不仅要给自然立法，还要给人的道德实践立法。贯穿于这两个法界的立法原则是理性的“同一律”，康德为了维护人的自由价值，最终以自然服从道德，以本体之不可知论收场，高扬人在道德实践领域的绝对自由精神，即按照“道德律”地行动/行为。在此之后，黑格尔绕过康德回到了古希腊，用理性的辩证法去解决古希腊以来的独断论知识观，让自然、历史都附上了自由精神，世界因此具有了历史主义（发展史）精神，再后来就是马克思，他以哲学上的“实践”①概念在逻辑上彻底解决了古希腊至近代西方德性精神中内含的矛盾——主客对立，并期望通过人类的劳动实践和理性升华可以在未来（共产主义）社会实现每个人的自由精神的联合。应该说，到马克思这里，以理性“见长”的西方传统德性精神现代振兴的目的基本就结束了②。

康德的“批判哲学”给儒家传统德性精神振兴的一个重要启示是：可以反向地从一种哲学（情感）人类学的角度对人的情感能力进行一种学理批判，即要“站到人类情感的天平上”，对（包括儒家“仁爱”在内的）人的情感能力做深刻的学理批判，以便显现和还原人之情感能力的自在规律，从而阐明儒家传统德性精神现代振兴的内在目的所在。找到了这个目的，也就找到了儒家德性精神振兴的时代心声和目标导向，同时也找到了人类在情感层面进行现代性精神启蒙的价值所在。③

这个目的就是“幸福”。也就是说，幸福，既是我们这个时代的启蒙心声，同时也将是基于情感进路的儒家德性精神的内在目的要求。幸福，作为一个至高的价值理念，不再仅仅是指人的感官快乐，而是人之情感的内在目的要求，是人

---

① 在此之前，西方的“实践”概念一直是一个伦理学概念，是指内在（道德）品质的现实化，在马克思这里，“实践”第一次变成了一个社会学概念，并（通过人的社会性劳动实践）成了沟通人与自然、主观与客观的哲学认识论概念。

② 其实，到法兰克福学派那里，连同近代启蒙理性在内的西方理性“同一律”思维模式遭到了彻底的批判。

③ 笔者认为，现代性启蒙价值观的构建并不能随着近代启蒙以来西方传统德性精神的衰落而结束，近代启蒙以来论证的现代性价值观就人类现代启蒙精神的整体性而言并不全面，所以本文将源自情感学理本位的中国传统德性精神的现代振兴看作人类探索构建现代性启蒙价值观的重要力量。目前西方虽然进入后现代社会（后工业社会），但仍然需要一种现代性价值观的重建，只是这种现代性价值观不能直接从西方传统文化中派生出来，而需要借助于（包括中国在内的）东方哲学思维方式的创新性供给。

在情感层面的价值表现。人,作为一个情感的存在者,其终极目的就是追求幸福。相比之下,人,作为一个理性的存在者,其终极目的就是追求自由(这是西方传统德性精神之学理进路的内在要求)。当然,一个完满的人性是既希望幸福,也希望自由。这里只是分别就情感和理性之学理进路自带的内在目的要求而言。其实,基于情感的"幸福"与基于理性的"自由"这两种价值理念的区别似乎"洞察"了中西方传统文化差别的精髓所在。①

三、作为生命之完整性形式的"幸福"理念:儒家德性精神现代振兴的目的要求

为什么说"幸福"是情感的内在目的要求呢?这是通过对情感的学理批判而得来的。这里我们可以借鉴康德批判实践理性的方法来加以说明。在《道德形而上学奠基》和《实践理性批判》中,康德对理性的实践运用做了一种纯粹目的论的批判,即通过批判理性之实践运用的不纯粹目的而揭示其纯粹性目的。实践理性的不纯粹性目的,即表现在人们以功利实用为目的而运用理性,由于是以功利实用为目的,也可以称其为工具理性或手段理性。实践理性的纯粹性目的,是以理性本身为目的,即以理性的"同一律"为根据而运用理性,这是其纯形式的运用,故可以称之为目的理性。在康德看来,人在道德实践领域为自己立法,就表现在人的行动意志要与理性的"同一律"这个纯形式保持一致,只有这样才能说明人是自由的(不以外在条件为目的)。但是,幸福,毕竟是人(作为感性的存在者)所要追求的对象,康德认为只有按照道德律行为的人才能配享幸福,并且也必须配享幸福。因为,既然按照"道德律"行为了,那就应得相应的福报,这是合理的啊。否则,就违背了理性,说不过去。为此,他预设了意志自由、灵魂不朽、上帝存在。一个按照"道德律"("同一律"的表现)行为的人,

① 中国传统哲学根本上不讲自由,道家讲的"逍遥游"式的自由并不是建立在理性之"同一律"上的自由,它根本上服从于生命之完整性形式的"幸福"概念,即源自情感思维路径。西方传统哲学(例如亚里士多德的哲学)虽然讲"幸福",但其"幸福"理念根本上遵循的是以人的自然"欲望"满足为导向,以(实践)理性调控为手段的理性思维进路,不是出于情感的思维进路。西方基督教文化在很大程度上颠覆了源自古希腊的理性之德性精神传统,人的"幸福"被指向对上帝的精神信仰。但这种"幸福"理念很大程度上带有一种非理性或反理性的动因("正因为荒谬,所以才值得信仰"),并且这个"幸福"理念也仅仅限定在以人格神为代言的人类(欲望)中心主义价值框架内(上帝制造自然物仅仅是供人类作工具使用),所以,基督教的"圣爱"思想也不是出于纯粹的情感思维进路。本文讲的"幸福"仅仅是从人类在情感层面的现代性价值启蒙角度来谈的,它是人在情感层面的目的性价值追求,不是心理学意义上的"幸福"。

应该获得幸福,即使今生不能,到灵界那里,上帝也会给予公正的审判。这是理性的正义。康德的道德哲学虽然是纯形式的,但它为人作为一个理性存在者,找到了最高的生存理由,它证明了理性、自由、正义的内在关联性,是近代启蒙思想的集大成者。

如果将康德批判实践理性的方法"类比"运用到情感层面,我们就可以通过批判情感之实践运用的不纯粹目的而揭示其纯粹目的[①]。从认识论维度看,情感的实践运用的确包含了其纯粹目的和不纯粹目的两个部分。实践情感的不纯粹目的,通常表现为爱自己的亲近之人要胜于爱其他人,即"爱有差等"。例如,我们通常讲传统儒家伦理是根据血缘亲情关系来划定行为者本身与他者之间的义务关系,默认的是一种"重亲轻疏"的经验性伦理结构,即以"亲亲"为先为重,以"仁民""爱物"为后为轻。它不具有普遍性。正因为这种经验性结构,邓晓芒教授、刘清平教授等人从"结构性病症"[②]或"二本"("以亲为本"与"以仁为本")之"悖论"上对传统儒家伦理给予了激烈的批判[③]。当然,邓晓芒教授、刘清平教授等人是用康德为代表的唯智主义方法批判儒家,并未在情感思维向度对其做学理批判,故儒家传统德性精神中蕴含的自在目的(即"幸福")仍然未能显明。此外,美国情感主义德性伦理学家迈克尔·斯洛特(Michael Slote)教授还把儒家的亲情伦理思想与西方自休谟以来的道德情感主义理论结合起来,专门论证了这种经验性伦理结构的必然性。在斯洛特看来,(道德)情感的结构就是"重亲轻疏"的,他认为爱的本性就是有差异性的,普遍的爱是不存在的,甚至连基督教的"圣爱"也讲"上帝爱民如子"(即上帝爱民如子,潜含了上帝还是优先想到亲情)。为了证明"重亲轻疏"伦理结构的必然性,斯洛特援引了克里普克(Saul Kripke)的"后验必然性"理论(针对以康德为代表的"先验必然性"理论)。根据克里普克的理论,先验性与必然性分别对应的是认识论概念和形而上学概念,不能在同一个问题域上使用。"先验的"(认识)不代表"必然的"形而上学(事实)。认识论上再怎么表现出一种逻辑一致性(或先验必然性),并不意味着它是一个关于必然性(事实)的知识。反之,"后验的"(认识)有可能意味着一个关于必然

---

① 笔者认为,如果彻底回到情感思维路径,也需要从情感的理论运用和实践运用这两个方面来批判人的情感能力,从而找出情感在理论与实践中的内在统一性目的。这里先从实践层面开始,后文将再回到理论层面,即回到情感之现象性知识学构成方式来理解情感层面的"知"与"行"的内在一致性。

② 参阅邓晓芒:《儒家伦理新批判》,重庆大学出版社 2007 年版。

③ 参阅郭齐勇主编:《儒家伦理争鸣集:以"亲亲互隐"为中心》,湖北教育出版社 2004 年版,第 853—930 页。

性(事实)的知识。例如,科学认识虽然都是从“后验的”中获得的,但却反映了必然性的知识。斯洛特把克里普克的“后验必然性”理论应用到“重亲轻疏”伦理结构上,即认为“重亲轻疏”这种结构虽然是在后验中获得的,可以代表着一种关于客观必然性(事实)的知识,故他选择由差异性的关怀(品质)建构道德原则[①]:人们应该优先关怀亲近之人,否则其行为就是不道德的行为。在斯洛特这里,人人“各亲其亲”就是一条普遍必然性的法则[②]。关于斯洛特的情感主义伦理思想笔者已另文阐述[③]。本文是从人之情感的启蒙视角来批判性地显现情感学理的内在目的,并不赞同斯洛特教授的理论观点。

实践情感的纯粹目的就是对(感性)生命本身的大爱,或者说以爱的方式使得感性生命向其完整性或整体性形式聚有和显现。这种指向(感性)生命之爱的情感投放刚开始是指向个体生命的,但它并不停留于此,而是越过个体而指向(感性)生命之完整性形式。什么是(感性)生命的完整性形式?这只有从情感的认识论来理解。当一个人的实践情感达到了热爱感性生命之纯粹动机,那么人之感性生命与自然万物之感性生命的完整性形式就会显现出来,人们就会感受到一种纯粹的精神“幸福”。这种纯粹的“幸福”感受通常被我们言为人的心理感受,但它其实是感性生命之完整性形式的呈明和敞开状态,是一种客观性的事实,一种聚有的“情实”。说它是纯形式的,是因为它不单指向任何单个的生命体验,而是指向整体性和完整性的生命之“大全”,所以是一种目的形式,不同于康德所讲的仅仅是质料性的“幸福”;说它是实质性的,是因为它又是指向作为“大全”的感性生命,是伴有感性形式的内容(类似于舍勒讲的具有质料—先验性的“极乐的人格”——源自人之大爱情感的意向性显现在内心中产生的情感充实状态[④])。所以,这个“幸福”并不是指向对感官的快乐和对欲望的满足,固然后者在局部方面体证了它。蒙培元先生说:“西方哲学更重视人的知性和知识,而知识就是权力,从中可以得到幸福;中国哲学更重视人的情感,实现人生的价值,从而得到情感的满足——这就是幸福。”[⑤]从某种程度上说,蒙先生所讲的情感满足之“幸福”与本文所提倡的作为生命之“大全”和“整有”形式的“幸

---

① 参阅 Michael A. Slote: *Morals from Motives*, Oxford University Press, 2001, p. 137.

② 从某种程度上说,“后验必然性”理论为传统儒家基于血缘亲情的“仁爱”伦理找到了理论根据,但是儒家“仁爱”伦理是一个“由亲到仁”的递进过程,并不停留于“亲亲”这个后验认知上。

③ 参阅方德志:《走向情感主义:迈克尔·斯洛特德性伦理思想述评》,《道德与文明》2012 年第 6 期。

④ 参阅马克斯·舍勒:《伦理学中的形式主义与质料的价值伦理学》(上册),倪梁康译,生活·读书·新知三联出版社 2004 年版,第 424—449 页。

⑤ 蒙培元:《情感与理性》,中国人民大学出版社 2007 年版,第 340 页。

福”是内在相通的。

只有大爱之人，才能让那些作为“对象”的感性生命与主体的感性生命一起，在一种感性生命之“大全”状态中显现出来，从而成就人之纯粹情感的目的要求：幸福。一个人如果真正大爱另外一个感性生命（无论是人，或是物），当然是希望这种感性生命成为其自身，并在这种“希望”中将两者的生命看成是一体的，一同在场，此在性地生存着，即生命在“幸福”地聚有着。这正如宗白华先生诗中所写：“世界的花，我怎能采撷你？世界的花，我又忍不住要采得你！想想我怎能舍得你，我不如一片灵魂化作你！”

基于“仁爱”德性的儒家传统伦理讲由“亲亲”到“仁民”和“爱物”，当然蕴含了情感的纯粹目的，“仁爱”根本上也是指向对感性生命的大爱，对“天人合一”之“幸福”境界的追求。张载的“民胞物与”思想即为典型代表。但是，传统儒家“仁爱”中所蕴含的纯粹情感目的，在未经批判之前是不能产生现代性启蒙功效的，只有（为进入现代社会而旨在追求普遍性价值原则的背景下）率先对人的情感能力进行一场现代性的学理批判，只有运用启蒙方法，“仁爱”德性才能以新的方式显现其普遍性的价值原则来，才能最终变成一种现代性的大众心理意识，运用在伦常生活中。这就是让“幸福”——作为人们以一种现象性身份看待自己人生在世的存在样式，作为对现象性之生命“大全”的领悟方式——成为一种现代大众化的价值心理结构。

四、“以幸福为体，以和谐为用”：儒家德性精神现代振兴大众化价值结构

基于哲学（情感）人类学的现代性启蒙也将是一场大众化的个体主体性意识自觉的运动。我们以一种哲学（情感）人类学的启蒙方法，通过批判儒家德性精神形成的学理基础，使之内在的“幸福”理念显明出来，为儒家德性精神走向现代大众化发展阶段提供了目标方向。所以，“幸福”就是儒家德性精神走向现代性启蒙的核心价值观。

幸福，作为感性生命之完整性形式，作为人在情感层面的现代性启蒙理念，从大众化的政治伦理层面来看，即表现为要立足于情感的思维方法，仅仅从人的现象性身份去思考人际关系理念。换言之，只有从一种现象性身份去理解人际，一种与“他者”相关联的“幸福”理念才能形成，并由这种“幸福”理念派生出相应的政治伦理结构。每一感性生命个体，就其现象性存在身份而言，都是欠缺的，

它只有在与“他者”的感性生命一起才构成了一种完整性生命之“大全”存在，所以它与“他者”之间的现象性关系即是一种本质性的关系。每当我们动“恻隐”之心时，其实暗含了个体之欠缺性的人性事实，暗示了个体之现象性身份的不自足，都是在与“他者”的感性生命以完整性的形式存在着。这种“恻隐”之心恰恰是人们在彼此的现象性交往身份中形成的。人们如果仅仅屈从于抽象性存在身份的推论，则根本不会产生这种“恻隐”之心。“恻隐”之心的存在“见证”了人们是以现象性身份存在的。所有这些都说明了，没有情感对生命之“大全”的指向，就没有这种现实的“欠缺”感，同样也就没有“完美”感的产生。情感的思维方法就是要立足于人以现象性存在身份去看待世界中的人与人、人与物之间的存依性本质关系，而不到现象之后去找本质/本体关系。西方近代启蒙以来，立足于理性的思维进路，仅仅从个体之抽象性的存在身份来论证人际关系（个体表现为莱布尼茨式的封闭完满的“单子”身份，整体表现为以象征目的理性的“上帝”身份），由此导致了个体间之分离式的、“狼与狼”的人际伦理关系和排他性的契约型政治结构模式，所以产生了启蒙之“蔽”。关于从个体的现象性存在身份，论证个体间性的彼此存依性关系和新型契约关系，笔者在其他文章中已有阐释[①]，限于篇幅，这里不做深述。

这个“幸福”理念是我们沿着对（包括儒家“仁爱”在内）情感的学理批判得来的，那么以“幸福”为核心的儒家德性精神之现代性启蒙价值观与西方近代（基于理性的）现代性启蒙价值观自有不同之处，它必将沿着自身的学理进路显现出现代性价值系目。这一点我们可以结合当前中国在自觉运用传统文化思想精髓引导社会发展现实的个案加以说明。改革开放以来，随着中国社会、经济结构的根本变革，文化传统软实力建设越显重要，以儒家为主流的中国传统德性精神之现代性启蒙价值观也自觉不自觉地显现出来。例如，除了有学者在不同层面论述了“幸福”可作为当代社会的核心价值理念之外[②]，近年来学者们还提出了“和谐”“包容”两个价值理念。从某种意义上说，“幸福”“和谐”“包容”，作为当代中国提出的最大的、最具普遍性的社会发展价值理念（并在中国政府近年来提出的“科学发展观”“和谐社会”“生态文明”“中国梦”等社会实践理念中得到了深刻运用），是中国传统哲学思维向现代性变革的价值发明和创新。在此，我也将把它

---

① 参阅方德志：《基于“仁爱”德性的儒家伦理构成之现代阐释——以道德情感主义的视角》，《华中科技大学学报》2011 年第 6 期。

② 参阅江畅：《幸福：当代社会价值体系的核心理念》，《湖北大学学报》2011 年第 2 期。

们当作儒家传统德性精神实现现代振兴的启蒙价值口号①，它们的伟大之处不亚于西方近代启蒙之“自由”“平等”“博爱”的价值理念对现代社会的影响。换个角度说，中华民族的伟大复兴到底意味着什么？它不仅仅是要呈现出一个强健的民族与国家，更重要的是要给这个时代的人类带来一种崭新的现代性启蒙价值系目——“幸福”“和谐”“包容”及其派生的价值系目。

从价值层级上讲，幸福、和谐和包容三者之间都是内在相通的，它们都是以实现感性生命之完整性形式为价值目标的，②都是情感思维的结果。若要区别，“幸福”则是基础性概念，具有目的性价值，“和谐”与“包容”是幸福的派生性概念，具有手段性价值。如果从哲学“体”“用”关系层面来说，“幸福”就是“体”，“和谐和包容”则是“用”。“以幸福为体，以和谐（和包容）为用”可以视为儒家德性精神（在当代社会的）核心价值结构。自近代“西学东渐”以来，围绕着“西学”和“东学”关系产生了不同的“体”“用”之说。笔者比较认同严复的观点，他认为西方近现代社会是“自由为体，民主为用”的社会，认为在“体”“用”关系上只能同源，不可“牛体马用”，故不能“以中学为体，以西学为用”。③

儒家道德哲学从先秦到宋明经历了从《论语》的“以仁为体，以礼为用”，经《中庸》的“以诚为体，以中为用”，到宋明“以理（心）为体，以气为用”的价值结构更新过程，我们讲的“以幸福为体，以和谐为用”实质也是对“以仁（心）为体，以礼为用”价值结构的延续和更新。这里的“和谐”之用，是延续了先秦“礼之用”（“和为贵”），以及宋明“气之用”（气之“太和”）的情感思维实质。但是在经历了现代性启蒙方法的批判之后，“以仁为体，以礼为用”就必须更具有普遍性，作为“幸福”之“仁”以及作为“和谐”之“礼”都超越了抽象性的“理”和“气”，指向了对每一种感性生命的尊重和保护。所以，“以幸福为体”就是指对每一个感性生命都施以仁爱，这是目的；“以和谐为用”就是要对这个目的施以手段，以保持每一个感

① 笔者认为，学理批判是一个民族文化及其德性人格走向独立性成长的标志，一个社会核心价值观的形成和认同，必须是基于对传统德性精神的现代性批判，特别是要从其学理批判中凝练显现出来，而不是“拿来”用之。只有前者的（启蒙）方法最为根本，最能形成核心凝聚力和认同感。所以，“幸福”“和谐”“包容”理应成为我们当前的社会核心价值观，它不仅是指向中国的，也是指向世界的。

② 关于“幸福”“和谐”，自古希腊以来西方哲学伦理学家也多有论及，这里暂不赘述。这里讲的“幸福”“和谐”以及“包容”皆源自中国哲学思维对当代中国走向现代性发展道路的价值观给出，是中国哲学思维和德性精神在现代性批判中自行生长出来的，它们以整体性的形式重新给出了这些概念的时代性和先进性内涵，故与亚里士多德、伊壁鸠鲁派、毕德哥拉斯派、斯多亚派的“幸福”和“和谐”理念具有学理的区别。关于“幸福”“和谐”“包容”这三个概念学界已有较多的论述，由于篇幅关系，本文不做详述。

③ 参阅汤一介：《总序》，载胡军：《中国儒学史·现代卷》，北京大学出版社 2011 年版，总序第 28 页。

性生命的基本健康存在,保持感性生命之完整性形式的存在。例如,树立“仁法”(德法相济)。“包容”就是实现“和谐之用”的现实发展手段;“包容”是为了维护人与自然、人与人和谐相处的发展手段。只有坚持包容性人自/际的生长关系,“幸福”才能得以保证。

需要指出的是,“幸福”“和谐”“包容”与“自由”“平等”“博爱”这两组现代性价值系目之间并不是截然对立的,仅仅是因为中西方哲学思维方式的差异所致,它们都代表着人类在不同层面的哲学人类学意义上的启蒙价值观,都具有普遍性。这里的“幸福”理念其实蕴含了自由、平等、民主等价值理念,但需要从情感认识论的角度去理解。一个大爱之人,一个出于纯粹实践情感目的的人,当然是希望“对方”自由自在地存在着,而不是一味地强调按照自己的价值要求去强行改变“对方”,把自己的“幸福”建立在“对方”的痛苦之上。传统儒家讲的“民本”思想就包含了民主平等思想。只要以人的生命为本,把每一个人的生命都当生命看(即民生),就有民主和平等意识。之所以出现“男尊女卑”和“唯女子和小人之难养也”的不平等现象和不对等人格,是因为封建男权社会并没有把女人的生命与男人的生命予以同等看待,没有把小人和女人的人格与君子的人格予以平等看待。用舍勒的人格价值理论来讲,过去的儒家过分推崇“君子”型高尚人格与“小人”型大众人格的等级之分,这会导致大众因为人格的识别错位而产生“怨恨”心理。应该说这种“怨恨”人格心理在我们民族文化中还是深有体现的(这也是我们要对传统儒家进行学理批判的原因之一)。我想,只要我们经过一种哲学人类学层面的学理批判,由“自由”和“幸福”各自派生的价值系目自会走向融通,在一定意义上说,启蒙就是人性的融通,就是寻找人性的普遍性。

总之,“幸福”“和谐”“包容”这一整体性价值系目的提出,作为中国哲学思维现代性价值创新的表现,反映了中国情感哲学思维进路对整体性价值观的追求:立足于人之现象性存在身份去理解人与自然、人与社会、人与人之间是作为一种感性生命之完整性形式而存在的本质关系,在社会实践中即表现为对共荣性的幸福理念、共在性的和谐秩序、共生性(包容)的发展模式的追求。这一价值系目由于是从象征中华民族之“伦理灵魂”的德性精神中重新生长出来,经过学理批判而得以显现出来,并在我们民族的国家发展、政治发展、社会发展以及世界性发展中被践行和传播,故也是民族复兴中道路自信和理论自信的真实写照。

五、情感的现象性认知结构：儒家德性精神现代振兴的知识学重构

认识论自觉是现代启蒙精神的主要象征。儒家德性精神振兴对认识论问题也需给出时代解释，由此带给人类新的哲学世界观及其知识论。儒家德性精神源自人的情感能力，它对认识论问题的解释也须源自情感路径。认识论问题就是关于“人”与“存在”（对象）之间的知识学形成问题。从情感的路径来看，情感将以其现象性的思维方式来构成“人”与“存在”之间的知识学形成问题，这与由理性之抽象性思维方式所形成的知识学问题根本不同。

对理性来说，它是采用抽象性的析分方法来理解“人”与“存在”的关系，由此形成了主客对立式的知识学问题形式。它通过对（作为生命之整体性或完整性形式的）现象的局部析分，以在各析分的“端口”之间找到其内在运行“机理”，这个“机理”就相当于作为“本质”的知识（对之加以应用就产生了科学和技术）。古希腊以来西方传统哲学就是以理性的析分方式来理解“存在”的，由此产生了现象与本质（本体）之二分的世界观结构和科学知识论结构。数学方法是达致“本质”世界的根本手段。数学以可微分量化的数理关系来（静态地）解释作为“大化流行”的“存在”，以求其静态的、不变的“本质”。黑格尔曾指出，德文的“本质”（Wesen）一词其实是对“存在”（sein）一词之过去式（gewesen）的用法。故“本质”即是过去了的、已静死的“存在”。所以，基于数学的析分方法，根本上说是追求“过去式”的方法，追求静止的方法。自古希腊柏拉图，西方哲学一直强调用数学方法来理解“存在”，至近代，随着西方传统德性精神的振兴，从笛卡尔开始，无论经验论者，还是唯理论者，数学方法仍是人们理解“存在”以达致其“本质”的根本方法，并最终（到康德那里）被还原为人类的先验认知能力，由此也形成近代精致的认识论哲学（在此基础上产生了现代科学和技术）。

但是，以数学（理性）析分的方法来理解“存在”和构建知识学，固然有明显的启蒙功利效果（自由、平等、民主之理想以及为之提供保证的科学、技术之应用），也带来了启蒙的自身之“蔽”。由于功利效果带来的实惠经验助长了人们对理性的唯工具化运用，人们日渐受制于这种基于析分的抽象性的世界构架，也日渐活在“存在”的过去式中，无力感受到当下和未来的“存在”，人的“存在”也成了问题，人们发现近代启蒙运动最终使“人类和自然正走上一条相互抵触

的道路”[①]。

情感的知识学构成方式与理性不同，它是采用现象性的综合（显现）方式来理解“人”与“存在”的关系。关于这一点我们可以借助现象学方法加以说明。现象学方法并无统一的规定，但“回到事情/事物本身”（go back to things themselves）却是其共同的口号，旨在超越近代启蒙的认识论方法。“回到事情/事物本身”，简单地讲，就是要人们回到事情中去，不要站在事情的外面，与事情处于对立状态。但是，作为现象学方法的创始人，胡塞尔并没有真正回到事情本身，而是回到了先验意识之中。原因在于，他依然援用传统的基于理性的析分方式（数学方法），试图创立一种元认识论，以之获得对“事情本身”的认识。但因思维模式的限定，他终究跳不出传统哲学的问题视域，最终只能退回到“生活世界”寻求出路。与胡塞尔不同，海德格尔在一个新的思维模式上（即情感的思维模式）实现了“回到事情/事物本身”。海德格尔一方面吸收了马克斯·舍勒（具有质料—先验性的）价值论伦理学对人类情感之先验结构的洞见，一方面把“回到事情/事物本身”的口号引向了“存在”，以情感的思维方式理解“存在”，并从情感层面来阐明“存在”如何成为一种非传统意义上的知识学对象。为此，海德格尔从词源学上把“现象学”之“现象（phenomenon）”解释为“使……自身显现（成为其自身）”[②]。所以，在海德格尔这里（特别是其后期思想）现象学即关于“存在自身显现（成为其自身）”的学问。

“存在（/对象）”如何自身显现（成为其自身）呢？这就需要从情感思维之知识学构成方式来理解。只有人的大爱（纯粹）情感才能让“存在（/对象）”自身显现成为其自身，如果没有人之大爱能力，“存在”只能按照人的功利目的显现成为人的工具化对象。中国道家思想最能体现情感的知识学构成方式。庄子的“齐物论”和“逍遥游”反映的即是人对自然万物之大爱。一位家长，如果真正爱自己的孩子，就不会只按自己的愿意让孩子成长为其想要的对象，否则孩子就难以成为其自身的“存在”，只能成为家长们“过去式”的经验复制。一个人，如果真正爱一种生命，就会让它自行“存在”，而不是按照人的目的去“存在”。海德格尔后期思想明显受东方佛教文化和道家文化的影响。人退回到事情/事物本身之中，让（事情/事物）的“存在”自身显现成为自身，让“存在”向其自

① 参阅1992年1575位科学家联名起草：《世界科学家对人类的警告》，转引自汤一介：《总序》，载胡军：《中国儒学史·现代卷》，北京大学出版社2011年版，总序第15页。

② 参阅宋继杰：《海德格尔的现象学观念——〈存在与时间〉“导论”的再审察》，《江苏社会科学》2011年第1期。

身的“真理”性敞开，人在“存在”之自身的真理性“澄明”过程中扮演着聆听者、守护者的参与角色。

虽然海德格尔、舍勒没有从人之情感的现代性启蒙角度来对人之情感能力做纯粹的学理批判[①]，但是其现象学方法在很大程度上揭示出情感思维的知识学构成方式：情感只根据其现象性认知结构，从现象本身来建置“人”与“存在”之间的本质关系，从而让现象性的“存在”成为其本身之“存在”。这种作为现象性的“本质”之“存在”，其实质就是一种作为生命之“大全”的对象。所以，大爱是要“成全”“对象”，所谓“成全”“对象”就是要借助于人的情感能力之纯粹运用使得作为生命之“大全”的整体性、完整性形式显现出来，以之构成情感思维的“认知”对象。

据前述可知，这个“认知”对象，作为感性生命之“大全”的整体性、完整性形式，也即为“幸福”。所以，从情感层面看，“幸福”，不仅是一个实践的概念，也是一个理论的概念(正如康德的“自由”理念不仅是个理论概念，也是一个实践概念)。人，作为情感的存在者，不能没有这种对象，一旦失去这个对象，即表现出痛苦状态。痛苦，是人的情感对生命“大全”之残缺状态或不完整形式的一种否定性的“认知”表现。幸福，则是情感的肯定性“认知”表现。

传统儒家哲学中，相当于这个作为认知性的“幸福”概念就是《中庸》中的“诚”和宋明理学讲的“一体之仁”。《中庸》曰：“诚者，天之道也；诚之者，人之道。”[②]“诚者，物之始终，不诚无物，……诚己，仁也，诚物，知也。”[③]“诚”是诚实、实有、踏踏实实的意思，它是“天”的品质。“天”因为显现出对生生之仁的大爱(善)，自然万物才得以自行显现而成为其自身，得以生生不息，没有天之诚，就无物之存，就无物之生。对人来说，就是要效法天之诚，反己求仁，使得仁爱之心显现出来，经由亲亲到仁民再到爱物的纯粹性之敞明，最终使得物性显现出来而成就“物”本身，在“一体之仁”处成就生命之“大全”对象。

---

① 笔者这里并不把海德格尔、舍勒的“情感现象学”方法看作儒家德性精神振兴的方法。本文是通过对人之情感能力的纯粹学理批判，从中揭示情感的独特知识学构成方式，再以之作为儒家德性振兴的认识论方法，所以，它是一种旨在运用人之情感能力的自我批判、反映中国传统德性现代振兴的启蒙方法。

② 陈晓芬、徐儒宗译注：《论语·大学·中庸》，中华书局2011年版，第331页。

③ 同上，第339页。

这里的“幸福”(well-being)、“存在”(being)[1]和生命之“大全”都是同一个层面的“认知”对象，它们皆由情感的现象性认知结构和综合(显现)功能所给予的。关于情感的这种现象性认知结构及其综合(显现)功能，我们既可以说它是情感的(感性)直观功能，也可以说它是其形象思维功能、具象功能，但在根本特征上它是一种现象性、此在性、成全性(而不是抽象性、反思性、分离性)的知识学构成方式。那么情感是如何来“认识”由它自行构建的“对象”呢？即情感的直觉方式。这种直觉在先秦儒家哲学中叫“感通”。《易·系辞》曰：“易，无思也，无为也，寂然不动，感而遂通天下之故。非天下之至神，其孰能与于此！”当人的情感达致纯粹程度，人的感性生命与自然万物的感性生命即走向了一体性的“感通”，这种“感通”方法不是一种反思性的“智的直觉”方法，而是直觉性的“自诚明”。

从现实层面看，情感的认识论告诉我们，自然万物与我们人类是一种现象性的本质依存关系。阳光、雨露、大气等，通过蔬菜、水果、粮食生成了人的毛发、皮肤、骨骼，破坏自然、污染环境就是破坏人(“仁”)自身。人与物之间这种现象性的本质关联是不需要抽象反思的。而基于理性析分的现代转基因技术则割断了自然万物之间在现象性界面的本质关联，它通过人的理性析分手段，破解自然生命之间的进化密码以获得新物种的再造。虽然这类新物种可以是有机生命体，但它只是人们在理解“存在”的“过去式”中获得的，人们一旦习惯了这种理解方式，就习惯了受理性析分和技术控制的存在方式，那种作为自然的整体性之“存在”关联就会被遮蔽。所以，理性析分只是人类理解“存在”的一种方式而已，并且也是一种最危险的方式，因为它破坏了自然生命的天然进化关系。

---

① 在语义学上，笔者将把“幸福”(well-being)概念看作人之情感能力对作为感性生命“大全”之“存在/being”的现象性领悟。“being”在西文中有作为连接性的逻辑系词和作为实意词的“存在”之双重用法。这里是选择作为实意词的“存在”。这个“存在”是“存在”与“存在”之所以可能(“存在者”)的统一。海德格尔在《存在与时间》(*Being and Time*)中讨论这种“存在”(being)。他从形而上学角度讨论了作为一般生命之自然涌动式的(“自在”式)“存在”。人的“自在”即要靠情感去确知它，由此才能“发现”它的“在此”。人的“在此”以积极的情感形式被“确知”为身体诸机能兴奋的愉悦状态，即幸福，在亚里士多德(基于自然生物学视角下的德性伦理)那里就是感性生命的一种“繁荣”(flourishing)表象，亦即幸福。当然，海德格尔是用消极的情感形式(“烦”“畏”“死”)来呼唤人们对感性生命之“在此”状态的关照。人们只有将“死”这种极端的“存在”样态摆到自己眼前，才会更加珍重诸“此在”生命的“存在”价值。海氏后期思想超越了借助于“此在”之“在世”的情感样态领会“存在”，更加强调“存在”之自我显现过程。

六、生态文明：儒家德性精神振兴的时代境域

除了基本方法论之外，最后我们还要补充一点——儒家德性精神振兴的社会条件——关于这一点笔者已另文讨论①，这里只简要说明。笔者认为，生态文明，作为一种崭新的人类文明形态，将为儒家德性精神振兴提供适宜的社会条件。作为一个崭新的文明形态，生态文明与工业文明和前工业文明的最大不同点在于：它要求全球发展的同步性和平衡性，任何国家或区域不能单独地进入生态文明，假如因为区域发展不平衡或其他他国家的不合作（例如在大气污染、核威胁等方面）。就社会伦理建设而言，与人类在工业文明时代所开辟的一个全球大区域范围内的新陌生人社会（以及建立了与之相应的"规则主义"伦理模式，它打破了前工业文明时代旧熟人社会及其亲熟人伦理或传统宗教伦理模式）相比，生态文明是要超越工业文明的社会意识形态（人自相分、人际敌对、资本控制、生态破坏等），将要建立一个全球大区域范围内的新熟人社会及其新熟人伦理模式（例如，新德性伦理或生态伦理）。在笔者看来，生态文明下的新型伦理模式必须也要立足于人之情感的现象性存在身份来阐释人际结构。人们只有以其现象性存在身份理解人际结构，从人性启蒙的维度认识到个体之间的内在存依性本质关系，才不会以资本占有的方式来控制人际，掠夺自然。在生态文明时代，人类的社会发展方式、信仰理念等都将发生变革。例如，现代大众化、集约式的工厂生产将被现代信息化技术链接分解为小众型、松散式的多元化协作生产，人们的生产角色和生活角色开始走向糅合，家庭、社区、工厂、企业不再是截然分离的组织形式；全球区域间的战防将大大减少，全球区域间的城际列车往来便捷，政治家抽象的民族雄心全部转化为地球村的治安方案；等等。儒家德性精神的学理方法特点，就是从人的现象性存在身份和情感之现象性构成知识学方式来建构人与人、人与自然万物之间的观念性关系，强调从"生活"组织中领悟人生在世的意义。在儒家世界观里，人的感性生命与大自然各感性生命之间是一种现象性的生命之"大全"存在，它规避了由人际对抗引发的全球性生态危机。所以，从某种意义上说，生态文明将为儒家德性精神振兴提供适宜的社会条件，儒家德性精神振兴也将为生态文明的到来提供哲学方法论支撑，生态文明与儒家德性精神振兴之间有某种时代"默契"。

① 参阅方德志：《情感知识学视角下的生态文明与儒家德性精神》，《中原文化研究》2014年第4期。

近代以来，在基于理性的西方传统德性精神强势振兴背景下，儒家传统德性精神转入衰弱症状。对此，从“五四”以来无数民族知识分子无时不启望和致力于以启蒙精神要求于儒家传统德性精神的现代性变革，但是，终因受“救亡压倒启蒙”的历史条件制约，儒家德性精神无法在其自身的学理立场下获得再生长的能力。当今，特别是改革开放以来，中华民族迎来历史命运大转折，民族复兴事业被提上日程，时代呼唤传统德性精神的内在支撑，在此条件下，儒家德性精神需要立足于自身的学理批判，积极阐扬人类在情感层面的现代性价值启蒙，超越近代启蒙之“蒙蔽”状态。我们坚信，植长于华夏农耕文明和家庭组织的儒家德性精神在经历了现代工业文明洗礼和城市化运动解构之后，其传统的家庭(旧熟人)本位思想也将随之变革，并将在生态文明时代和新熟人社会条件下走向振兴。

亚里士多德论想望与道德生活的可能性[①]

陈 玮[②]

【摘 要】亚里士多德在《论灵魂》中将人类灵魂中的欲望部分区分为三个层次，并指出想望(boulēsis)作为最接近理性的欲望部分，特别地以善的事物作为追求的目标。他对人类欲望做出的这种精细划分有助于我们超越理性与欲望的传统二分，重新对不能自制、人类幸福和道德基础等道德哲学领域中的重要问题做出思考与解释。然而，亚里士多德在其伦理学研究中对想望的说明并不充分，对于想望的性质及其如何能够与理性获得一致也缺乏详尽的说明。本文试图结合亚里士多德的伦理学观点和《论灵魂》中的相关论述，说明想望作为一种特殊的人类欲望是如何运作且自然地与行动者的理性判断相一致的，这种合乎理性的欲望可以为道德生活提供现实的基础，而一种充分意义上的特殊想望则直接指向作为最高善的人类幸福。

【关键词】亚里士多德；理性；欲望；想望；幸福；道德生活

亚里士多德在《尼各马可伦理学》第一卷第13章指出，按照某种为人熟知的观点，人类的灵魂可以大致分为两个部分：一部分是无理性的(non-rational)，另一个部分则具有理性。在无理性的部分中，尽管营养和生长的部分完全不具有理性并因此与美德无关，但是无理性的部分仍然能够以听从劝导的方式分有理性。人们在自制者(the continent)和不能自制者(the incontinent)身上都能观察到这个听从理性的无理性部分，并且为了这个部分的良好运行对自制者加以称赞；而自制者尽管不能同样具有这个部分而得到肯定，却因为该部分不能良好地运行甚至失败而令人感到惋惜并应得到相应的责备。与此相对，灵魂的有理性部分也可以分为两个：一个在严格意义上具有理性；另一个则是在听从的意义上

① 本文曾刊于《伦理学研究》2014年第5期。

② 陈玮，河北石家庄人，浙江大学人文学院讲师，研究方向为古希腊哲学。

分有理性。按照亚里士多德的论述，正是这两个像听从父亲一样听从理性的中间部分的良好运作与伦理美德相关(*NE* 1102a26—1103a10)。

然而，亚里士多德对于灵魂结构的理解和划分并没有停留在这个层面，他进一步对理性部分和无理性的欲望部分做出区分。在对后者的讨论中，亚里士多德提出了一种独特的欲望能力，即对于善事物的想望(boulēsis)。尽管他对想望的性质和运作方式的论述仍嫌不够充分①，但是我们将会看到，一个经过恰当重构的想望概念能够在亚里士多德所提出的人类灵魂结构中充当重要角色，并且有助于我们对人类幸福和道德生活进行理解和说明。

一、亚里士多德论人类的感觉与欲望

在《论灵魂》中，亚里士多德对人类欲望的来源、构成及其天然具有的复杂本性做出了讨论。根据他的描述，一切生物的灵魂都具有某种功能(ergon)，不同种类的生物，其灵魂则具有不同的功能。感觉和欲望属于动物(包括人类)的灵魂特有的能力。欲望特别地以那些引起愉悦感觉的事物作为追求目标，而它的反面则是对引起恐惧和痛苦感觉之事物的躲避(phygē)能力。亚里士多德认为，具备这种欲望(以及与之相反的)能力意味着能够自然地做出一个与快乐或痛苦的感受相应的行为反馈。在这个意义上，正是动物的感觉，而不是其躯体或心理的运动，构成了动物的根本特质。②

这个论断在以下三个方面具有重要性。首先，拥有感觉能力意味着生物体与外部世界之间的关系至少具有两个层次：一方面是汲取营养以不断生长的基本需要；另一方面则是对于能够带来快乐或痛苦的事物及外部环境的感知与识别。其次，这种感觉能力使动物进一步具有了欲望和躲避的能力，即追求那些能够带来愉悦感的事物(例如清澈的泉水和甜美的果实)，而回避那些带来痛苦的事物(例如有刺或有毒的植物)。正如亚里士多德所说，"如果存在感觉，那就一定会存在想象和欲望，因为有感觉的事物就会有痛苦和快乐；有痛苦和快乐的事物就一定会有欲望"(*DA* 413b20—25)。由此，感觉自然地导致相应

---

① 亚里士多德对想望的说明散落于不同的文本如《尼各马可伦理学》(*Nicomachean Ethics*，以下简称 *NE*)、《修辞学》和《政治学》之中，并且在一些关键问题上缺少充分说明。相关论述参见拙文《亚里士多德论人类欲望的三种形式及其统一》(《道德与文明》2011 年第 3 期，第 68—73 页)，此处不再赘述。

② 参见亚里士多德：《论灵魂》(*De Anima*，以下简称 *DA*)413b1—5，431a10—15.

的欲望(或其反面)。[1] 第三,既然动物的感觉能够天然地感知并分辨苦与乐,那就意味着感觉可以成为价值区分、认识与判断的一个来源。这个认识并不是亚里士多德的独特发现,而是古代哲学家共同的认识,尽管他们对于这个事实的态度有很大差别。按照某种享乐主义的观点,人类生活的基本善就是快乐,其基础就在于生命的存在要求并追求对快乐的感受与获取。这个观点所诉诸的事实基础是如此强大,以至于柏拉图的苏格拉底在论证"无人自愿作恶"的时候使用了一个关键性的论证步骤,即宣称"快乐"与"善"在某种意义上是可以相互替换的。[2] 亚里士多德在论述动物的感觉必然导致相应的欲望时也采用了这个观点作为前提,并对这个观点给出了一个初步的说明。[3] 以此为基础,他将感觉快乐与痛苦的能力确立为动物的本质特征以及欲望的来源。如果亚里士多德的论证是成立的,如果快乐在某个层面上能够被等同于善、痛苦能够被等同于恶,那么,一种关于善恶的价值辨识能力就被植入了动物灵魂所自然具有的最初能力之中。这种能力在追随感觉而行动的动物那里或许仅仅是一种无法实现的潜能,但在具有理性的人类那里则可以得到发展和实现。[4]

二、想望:理性与欲望相容的可能性

如前文所述,亚里士多德按照两种方式来区分人类灵魂的欲望部分:在《论灵魂》中,他将欲望(orexis)分为感官欲望(epithumia)、意气(thumos)和想望

---

① 波兰斯基认为,亚里士多德在这里提出的论证过分压缩。实际上,感觉能力与欲望能力之间仍需要添加一个因果性的说明。参见 R. Polansky:*Aristotle's De Anima*,Cambridge University Press,2007,p. 189.

② 参见 Plato:*Protagoras*,351c—358。在那里苏格拉底指出,根据某种快乐论的观点,快乐就意味着善,善包含了对快乐的体认。由于所有正常的人类都能够感觉快乐/善并自然地加以追求,那么,如果说一个人明知某件事情是快乐的/善的,却做出与他的感觉或判断相反的行动,从而阻碍甚至挫败自己对快乐/善的追求,那就是荒谬的。由此,尽管苏格拉底被公认为一个明确反对快乐论的人,却使用了快乐论的前提来构造论证说明欲望压倒理性的不能自制情况不可能存在。而他似乎并不认为,快乐与善的等同是需要证明的——或许他认为快乐论者已经完成了这项任务。

③ 亚里士多德认为,具有甜味的东西(例如乳汁)构成了动物与人在生命的早期阶段获得营养的最重要途径。在《动物的生成》(*De Generatione Animalium*,以下简称 *GA*)762a10—15 中,他说:"一切事物都以这种方式形成,无论是在土中还是水中……因为甜分离出来,进入正在形成的质料……"这就意味着在他看来,甜的东西不仅仅能够带给人感官上的快乐,同时它的确是人类赖以生存与生长的重要的善。在这个意义上,快乐的感觉、欲望以及对善的识别是一致的。同时亦可参见 *GA* 775b15—777a25;*DA* 414a30—414b20,434a25—434b25;*NE* 1147a29—1147b。

④ 关于感觉能力从潜能到现实的运行的一般说明,参见 *DA* 417a25—418a5;关于认识与思维层面上从潜能到现实的说明,见 *DA* 429a15—429b10。

(boulēsis)三种形式；在《尼各马可伦理学》第一卷第13章，他将灵魂分为理性部分和非理性部分，据此，欲望也可以宽泛地区分为合乎理性的欲望和非理性的欲望。[①]综合这两种划分来看，想望处于灵魂的理性和非理性部分之间，也就是所说的"理性欲望"(rational desire)或"合乎理性的欲望"。不仅如此，无论是按照哪一种区分，欲望的不同部分之间都可能存在冲突，这些冲突都不同程度地来自于理性与欲望的冲突。[②]

这种欲望图式自然地引发了两种进一步的问题：第一，如何理解作为中间部分的所谓"理性欲望"？它在什么意义上既是"理性的"又仍然属于欲望？它如何回应理性判断？第二，一个行动者是否可能同时具有两个或更多不一致(甚至相互冲突)的想望(理性欲望)？

对于第一种问题来说，有两点是根本重要的：首先，想望就其本性而言属于欲望的部分，因此尽管它能够与行动者的理性判断保持一致，但是其性质与运作方式都是欲望的。也就是说，想望指向目的，而不关注该目标的可行性或具体的实现手段[③]，并且对行动具有直接的触发作用。

其次，想望的目标特别指向那些善的事物。在《修辞学》中，亚里士多德指出，"想望是对善的欲望；因为没有人会去想望某件事物，除非他认为该事物是善的"(1368b37—1369a5)。也就是说，与欲望的其他部分一样，想望具有能力来回应人类灵魂对于外界事物和环境的感知和体会(例如快乐)。同时，作为一种特殊的人类欲望，想望自身包含了一个与价值相关的要素(例如对善的追求)。这就意味着，在最初的阶段，当生物体(以及人类行动者)对于快乐和善的感受与认知相一致的时候，想望并不与欲望的基本部分(例如感官欲望)分离而独立发挥作用。而在一个较高的层面，当快乐与善有可能分离的时候，想望就与欲望的其他部分发生了分化，它会特别地指向那些具有善价值的目标。就此而言，这种欲

---

① 见 *DA* 414b4："欲望包括感官欲望、意气和想望"；以及 *NE* 1098a1—20，1102a25—1103a5。后者更接近柏拉图在《理想国》(439d—e)中对灵魂所做的三重划分。对这两种划分的一个进一步的讨论，参见 Pearson：*Aristotle on Desire*，Cambridge University Press，2012，p. 170。

② 参见 *DA* 433b5："欲望之间可能互相冲突，一旦理性和感官欲望发生对立就会出现这种情况。"

③ 参见 *NE* III. 2：1111b20—30。亚里士多德在那里对想望和决定(prohairesis/decision)做出了区分。想望是欲望中最接近理性的部分，决定则是行动者在具有欲望与认知两个方面的要素之后，准备采取一个行为的内在主观状态。尽管这二者由于都具有欲望与理性这两个部分而显得有些相似，但是它们之间存在着重要差别：想望更多地关系到一个行动的目标，尤其是人类生活中那些较高层面的目标，无论它们是否真正存在于现实之中(例如不朽)，也无论它们是不是处于行动者自身的能力范围之内(例如期望代表自己城邦的运动员在竞赛中获胜)。相比之下，决定则更多地关系到行动的方式，即达到一个目的的手段。

望所表达出来的对于某个特定事物的渴望已经包含了价值识别与判断的内涵，当行动者想望某种令其感觉愉快的事物，他并非仅仅是在追求该事物所带来的愉悦感觉，而是包含了对该事物本身具有的善价值的追求。

在这个意义上，想望并不是通过回应理性判断而与理性部分相一致的。这里所说的"回应"，指的是下述模式：行动者首先形成了一个关于眼前的目标或当下的行动是不是善的、是否应当值得追求的判断，然后想望由于总是与理性相一致而接纳了被判定为合理的目的作为自己的追求目标并跟从这一判断，此时如果欲望的其他部分没有形成与此相冲突的目标或行为倾向，想望就直接充当了动机性力量，促使行动者做出一个相应的行动；如果欲望的其他部分具有不同的，甚至与该理性判断相冲突的目标或倾向，想望则作为中间部分，以压倒性的力量主导其他两种形式的欲望，使后者与自身相一致，从而促使行动者依然做出一个与理性判断相一致的行动。然而，这样一种解释模型仍是机械性的并且存在裂隙，它依然无法说明，想望对于其他两种欲望形式的压倒性胜利是如何可能的，想望如何能够始终保持与理性部分的一致。此外，它依然无法说明，究竟是在行动者得出一个最终的理性判断之后才会产生一个与之相应的想望，还是每一个（阶段性的）判断都会导致一个（或者暂时或者持久的）想望。如果是后者，则直接导致了上述第二个问题：不同的想望之间如何一致？它们会不会发生冲突？

基于上述考虑，我们最好不要将想望理解成某个时刻准备着听从理性的中间部分，而是在某种意义上将其理解为一种"准理性的"倾向。所谓"准理性的"倾向，具有两个方面的含义：一方面，想望所追求的目标同时也会被理性部分判断为善的，尽管某些目标在现实中缺乏可能性，例如获得不朽的永生、掌握所有人类语言、消除世界上所有的不公正等。[①] 另一方面，想望不是理性，尽管它的

---

① 需要说明的是，在这里，我们不能将理性认识设想为一种不变的、绝对的真知识。因为人类对于自然和自身的认识始终是在变化和发展的，而对一个欲望的可行性的评价取决于人类行动者当时所具有的理性认识达到什么样的程度。例如，古代人是相信永生是存在的——无论是以肉身的形式、以气的形式还是以灵魂的形式，因此，对于永生的想望在他们看来就不像在现代人眼中那么荒谬。而如果我们考虑到巫术和向神灵祈祷等宗教信仰和实践在古代社会中的普遍性，那我们也就需要对想望所指向目标的可能性重新加以评估：那些在现代人看来完全在于自身能力之外的事情，例如比赛或战争的胜利，例如降雨或者好运气的降临，在古代人看来都是可以通过祈祷或巫术等方式间接达到的。亚里士多德的观点当然在很大程度上有别于当时的大众观点，但是他对想望的某些目标之荒谬程度的理解和判断也同样有别于我们今天的理解。关于古代宗教仪式及其心理分析，参见［英］简·爱伦·哈里森：《古代的艺术与仪式》，吴晓群译，大象出版社 2011 年版。以及［法］菲斯泰尔·德·古朗士：《古代城市：希腊罗马宗教、法律及制度研究》，吴晓群译，上海人民出版社 2012 年版。

运作可以经过道德教育和习惯化的训练而更趋完善，但是它的生成和运行不是经过反思而形成的。也就是说，并不是由于行动者首先做出了一个关于"某物是善的"的理性判断，继而才产生了一个追求该事物的想望。相反，它是当行动者在感知并意识到该事物的存在时，自然地生发出加以追求的欲望。[①] 因此，想望既不能被简单地理解为欲望中最容易被理性"规训"的部分，也不能被理解为添加了理性因素的欲望。或许可以说，想望作为一种特殊的欲望形态和灵魂的追求能力，实际上标示出了人类的欲望和理性这两个部分在某种情况下自然地同时取得一致的可能性。

在此，仍有一个问题值得注意：按照上述解释，想望与其他的欲望形式相区别的根本原因似乎就在于它们所追求的目标是否具有善的价值。也就是说，亚里士多德似乎认为，想望之所以被认为是一种合乎理性的特殊欲望，是因为它所追求的目标区别于其他的欲望：前者的目标都是善的事物，后者的目标则不一定。这种理解可能会导致一种批评，认为亚里士多德不能成功地将想望与另外两种欲望形式区分开来，因为感官欲望和意气所追求的目标也同样可能是既令人感到快乐也是善的，甚至可能仅仅是善的。面对这个批评，一种解释的思路在于为想望的目的再添加一个进一步的要素，即一种仅仅为有理性的人类所独有的、严肃的关注，也就是说，想望之所以能够区分于欲望的其他两个部分而独立存在，是因为当行动者"想望"某个目标时，他是把这个善的目标当作一种严肃的关注和目的来加以追求，他是将善的目标作为善的目标来追求，而非仅仅将之作为令人愉快的目标来追求。后者是感官欲望和意气也可能具有的要素，但是对

① 需要加以考虑的是以下情况：如果行动者已经做出了一个关于"这个东西是善的"的理性判断并同时具有了一个对该事物的想望，但是立刻获得了进一步的信息推翻了自己之前的判断，认为"其实这个东西是有害的"，此时原先具有的想望是否会随之消失？我倾向于认为，想望会在这个校正性的理性判断形成并稳固之后逐渐消失，但不是立刻被取消，而是还保持了一种惯性。在这个过程中，想望会出现与理性判断的暂时性的不一致。

目标自身价值的感知则是想望所独有的。①

至此，我们已经对前文所述的第一个问题做出了大致的说明。然而必须承认，第二个问题依然存在：一个人的确可以同时想望不同的目标，这些目标之间也可能发生冲突，②因此，当一个层次较低、真实性较弱的目标占据了上风的时候，行动者的内心仍然可能发生冲突，理性与欲望之间、各种欲望之间的竞争关系就依然可能存在。考虑到这一点，我们就必须发展出一种特殊的想望概念，它的目标在于且仅仅在于人类所能获得的最高善，也就是我们所说的“幸福”。

三、基于想望的道德生活

亚里士多德有关潜能（dynamis）与现实（entelecheia）的观点有助于我们区分两种想望，并将想望的目标锁定为作为最高善的人类幸福。根据亚里士多德，具有认识真正价值的能力与在现实中运用这种能力并将其转化为现实是

① 这个批评以及对这种可能的回应思路的概述，参见 Pearson（2012），pp. 163—165。按照 Pearson 的观点，由于一个有美德的行动者的感官欲望和意气同样追求好的目标，那么在这个意义上，想望就不再具有独特性。仅仅依靠目标自身是否具有善价值也就不足以将想望和其他的欲望形式区分开来。对此，我倾向于认为，亚里士多德是在知识或者说理论的层面上区分欲望的三种形式，他自己也强调，不能认为灵魂在现实情况下真的能够被分割成不同的部分（*DA* 432a25—b8）。在认识的层面，我们可以指出灵魂的欲望部分可以趋向不同的目标，并由此划分为三种不同的运行能力，但是在真实的情况下，这三者仍然构成一个整体。因此，认为通过在现实中设置不同的目标就能够清楚地区分行动者的欲望类型，这其实是现代科学对于亚里士多德的一种误解。不仅如此，我也不同意 Pearson 以有美德的行动者为例来说明无法通过目的来区分想望与其他两种欲望。有美德的行动者经过习惯化过程使得欲望的部分与理性部分相一致（有恶习的行动者在相反的意义上也一致），这并不能证明灵魂内部不存在不同的部分或不同的能力运作方式，而只能说明通过恰当的道德教育，一个人可以在一个较高的层面上做到自然地、愉快地使灵魂的非理性部分与理性部分相一致。亚里士多德关于自制和美德的区分可以证明这一点。此外，Pearson似乎认为这种回应思路只能为判断想望的目标提供标准，但这个标准本身并不构成想望的目标，因而想望的目标仍然是一组而非一个最高的善价值。我部分同意他的观点，即仅仅通过设定“人类独有的严肃关注”这个标准不足以将想望的目标从一组价值锁定为一个最高的价值，在后文中我会试图在这个方面做出进一步论述。

② 在这里，一个比较容易解决的问题是，想望是否可能指向错误的目标并因此导致错误的想望与正确的想望之间产生冲突。对此，前文已经指出，既然理性部分的认识与判断也不是始终正确的，因此，错误的想望是可能的。而且，由于校正一个错误的想望可能比校正一个错误的理性判断需要更多的时间，因此各种想望之间的不一致，甚至想望与理性之间的不一致也是可能的。但是对于一个处于恰当的道德培养过程中的人来说，这些不一致是暂时的。相对而言，另一个更为困难的问题则是，在什么意义上我们可以说一种善与另一种善构成冲突，而它们同时是真的，且同时为一个行动者所想望。对于前一个问题，我会在后文通过区分两种想望来试图做出说明。对于后一个问题，我会另文讨论。

两回事。[①] 例如一个人处于睡眠状态之中，那么即使他具有突出的理性判断能力或者卓越的品格，也只是在作为潜能的意义上具有这种品格与能力。只有当他在实际行动中践行了这种品格、真切地运用了这种能力，他才是在作为现实的意义上具有了理性能力与卓越品格。考虑到人类灵魂的每一个部分都有其潜在的与现实的能力，因此，一个即使习惯于被欲望驱使的人也可以具有理性推断的能力——当然这种能力仅仅是以潜在的方式存在而没有得到实现。同样，一个擅长理性推理与判断的人，如果他的推理过程并没有伴随着一个相应的、要将判断付诸实践的欲望，那么他的理性部分所具有的欲望要素也就没有得到实现，同样只是处于潜在状态。也就是说，欲望是可以作为潜能而存在于理性部分之中的，就像理性因素可以被潜在地包含在欲望部分的内部一样。在某种意义上，想望或许可以被理解为这样一种潜在的具有理性的、内在的驱动状态。

如果这样一种理解是可能的，那么我们也可以尝试将想望区分为充分实现的想望和未得到充分实现的想望。所谓未得到充分实现的想望，指的是那些以显得是善的事物作为目标的想望。如前文所述，这种类型的想望是可错的，因为它自身以及与之相关的理性部分的运行并不充分，在这种情况下，一个人对于目标的价值识别就有可能是错误的。这类想望的目标也不仅限于一个，而是一组，例如长寿，赢得战争或比赛，拥有好的朋友、子女和家庭，成为一个正义的人，著书立说，流芳百世，等等。这些目标之间有可能相互矛盾，不同的想望之间也可能发生冲突，因此，在这个层面上，不同的想望之间、想望与理性之间仍有可能存在不一致。而与此相对，所谓充分实现的想望，则是其自身以及相关的理性部分同步进入现实、同等程度地充分展开和实现的特殊欲望。在这个层面上，最严格意义上的、充分实现的想望就是以最高善为目的的特殊想望。而当这种特殊的想望在最充分的层面上加以运行，那么与它同步的必然是始终能够识别真正的善价值的、最高部分的理性。[②]

在《尼各马可伦理学》第一卷第 7 章，亚里士多德试图通过设计一个“功能论

① 参见 *NE* 1098b30—1099a5，1102b1—10。

② 参见 *NE* III. 4。亚里士多德在这里指出：一方面，一个人的理性认识如果不正确，那么他所想望的目标也就有可能显得是善而实际上是恶；另一方面，如果想望的目标只是表面上是善的，那么不同的人所想望的事物就是不同的。在这里，亚里士多德最后引入了有美德的人作为标准，以他的想望目标来确定那些真正趋向善的想望，可见，对于真正善的认识和感知依然是判断和区分那些未经充分实现的想望的标准。而特殊欲望的目标则不是仅仅表面上显得善或对某个人来说显得善，而是普遍且客观的。因为按照亚里士多德的论证，幸福是真实且客观存在的最高价值。需要说明的是，Pearson(2012)对于如何设想并说明想望与幸福的关系提出了质疑，对这一质疑的讨论将构成另一篇论文的内容。

证”(Function Argument)来说明,对于具有理性的人类存在者而言,存在着一个最高善,它构成了一切善事物的最终目标,同时也是灵魂合乎美德的完满的实现活动。正如刀的功能就在于利落地斩断、眼睛的功能就在于清晰地观看,正如乐师的功能就在于娴熟地弹奏乐器、鞋匠的功能就在于制作可供穿用的鞋子,一个人类存在者的功能就在于发挥他的灵魂中的理性部分,而作为一个好的人类存在者,其功能就在于卓越地发挥他的理性部分。而持久地做到这一点、卓越地行动和生活的人,就能获得幸福。

亚里士多德的这个论证为我们将“想望”整合进理性的活动,进而整合进构成幸福的沉思生活奠定了基础。一方面,这种最高的善是一个类似拱顶石的存在,它不但不排斥其他层级的善事物,反而构成了其他的善事物之所以成为善的最终原因。另一方面,它是理性部分的活动,却不仅仅是理性部分的活动,而是要求想望这一与理性紧密联系的欲望部分同时进行活动。作为一种特殊的想望,它的目标与理性的最高目标完全一致。当这种同时为理性部分和欲望部分所追求的活动在现实中最终完整地、持久地呈现出来,也就是我们所说的幸福。既然如此,这种理解下的人类幸福就自然地构成了理性和想望的目标与成果,既不需要另外启动一个理性程序、获得一个理性判断来对之加以思考和辨别并将其推荐甚至指派给欲望的部分,也不要求欲望的部分放弃其他的目标——因为在这个阶段,幸福及其所诉诸的完善的美德本身,就成了欲望的唯一目标。①

需要说明的是,特殊的想望虽然是指向最高善的,但是它在人类生长的早期阶段就已经先于理性而存在并得到发展,而不是在一个人具有了理性之后,再从理性那里分得某些因素而形成。根据亚里士多德在《政治学》中的论述,我们在小孩子身上可以发现想望,却很难发现一个已然存在的、成熟的理性部分。② 然而,一旦小孩子具有了想望,他们同样可以敏感于善的事物,能够识别并追寻善价值。与此相对的是,一个已经具有了理性的成人不一定具有想望。他很有可能理智上已经具有了关于善的认识并且准确地判断出一个事物的价值,但是在缺少想望的情况下,其行为不一定总是与其理性认识和判断相一致。也正因此,欲望看起来总是对理性造成威胁,因为感官欲望和意气虽然也有可能与理性一

① 如果这里所粗略提出的理性—想望在最高层面的连动模式是可能的,那么这或许有助于我们重新理解亚里士多德的“幸福”(eudaimonia)概念。而在这种理解框架下,从“包容论”或“理智论”这样两种相互对立的路径来讨论幸福,本身可能就是误导性的。相关讨论参见余纪元:《“活得好”与“做得好”:亚里士多德幸福概念的两重意义》,《世界哲学》2011 年第 2 期。

② Aristotle: *Politica*, W. Ross(ed.), Oxford University Press, 1950, p. 244.

致，但只是偶然地一致，相反，它们常常会抵制甚至反对理性。按照亚里士多德的这种观点，道德生活的可能性并非只能以理性作为基础，而是同时要求一个和理性相一致的欲望。而道德教育的核心与其说是在于引导成年人从理性上认识什么是善，不如说是在于早期教育中培养孩子充分地发展想望部分，恰当地渴望那些具有善价值的事物。

亚里士多德的这个观点对于我们恰当地理解想望并将其确立为道德生活的一个基础来说，无疑是一个重要的提示。需要指出的是，当我们强调想望首先作为欲望的一个部分而存在并且否认它是由于接近理性而分享了理性认识的能力的时候，我们必须同时注意到，这样来理解想望其实是有前提的。这个前提就是灵魂天然地具有统一性。亚里士多德明确地放弃了那种将欲望视为单一的、均质的、始终与理性部分相对立的传统观念，认为人类欲望自身的复杂性并不亚于灵魂整体的复杂性。欲望可以是仅仅出于本能的，是丑陋的、令人堕落的，甚至是邪恶的，但它同样也可以是使人优美、高贵、纯洁并超越其本能的力量。在追求真知、良善与优美的过程中，欲望天然地具有与理性一致的可能。不仅如此，理性并非只能自上而下地、单向地对于欲望产生影响。相反，理性可以被欲望侵袭，同样也可以因欲望而成就自身。换句话说，如果我们已然将欲望视作一个内涵丰富、自身即可以具有理性因素的、多层面的复合体，那么相应地，理性也就自然地被理解为内部包含着欲望的要素。只有当欲望和理性两个部分浑然一体并充分发展的时候，一个人才能成为真正意义上的有美德的人。

作为一种生活方式的技艺

——析斯多亚派的技艺概念①

于江霞②

【摘　要】斯多亚派对柏拉图和亚里士多德技艺观念的重要改造在于在实践领域中时常将技艺与知识、德性相等同,从而增强了技艺概念的知识性、伦理性,并较好地解决了技艺之可能与善用统一的问题。对于斯多亚派来说,技艺之为技艺,始于生活所需,源于生活经验,成于生活中的训练,服务于生活总体。人作为一种技艺动物,可以在以生活为质料的持续训练中习得作为技艺之技艺的德性,并同时将其他技艺提升为一种"类似德性"的技艺,从而实现其技艺人生。

【关键词】技艺;知识;德性;生活技艺

技艺(technê)是整个古希腊思想中极为重要而复杂的概念之一。这不仅因其含义丰富(技术、艺术、技巧、专长、科学等),而且还缘于其与知识(epistēmē,又译为"科学")、机运(tuche)、经验(empeiria)等概念的密切关联。就一般意义而言,技艺在古希腊思想中通常意味着一种从无到有、需要经验训练的、通过人的活动得以实现的具有偶然性的知识。尽管如此,在前柏拉图时期,精确性的技艺(如数学)与其他一般性技艺还是经历了一个逐渐分开的过程。人们对技艺价值中立性的认识也随之日渐深化③。对柏拉图来说,技艺确有其价值中立性;"技艺"要成为"知识",必须在其使用中能够识别其目的对象的善或恶。而欲实现这一点,就需要哲学的纯化和转向理念世界。然而由于我们不知道何为真正

---

① 本文是国家社科基金重大项目"希腊罗马伦理学综合研究"(13&ZD065)子课题之四——"早期罗马伦理学研究"的成果之一。

② 于江霞,山东五莲人,北京师范大学哲学与社会学学院伦理学专业博士生,主要从事古希腊伦理学、生命伦理学研究。

③ D. Roochni: *Of Art and Wisdom: Plato's Understanding of Technê*, Pennsylvania University Press, 1996, p. 66.

的善，而工匠也非哲学家，柏拉图在担忧技艺无善之引导的同时也剥夺了技艺的自主性，[①]即可教、可学、可习的可能性。亚里士多德则将对技艺的考察置于其对理论理智、实践理智和技艺理智的划分框架下，认为目的的外在性（即产品相对于制作或生产活动的外在性）是技艺的最主要特征之一，因而可能使技艺脱离对善的考量。尽管他将技艺界定为一种理智德性，然而却同时拒绝一种严格的伦理—技艺（technē ethike）[②]，并坚持技艺和德性（arête）之间的重要区别[③]。因为技艺属于生产（poiēsis），区别于属于实践（praxis）的明智（phronēsis）；技艺能力可被用于相反效果，而作为稳定习性的德性则只用于善目的。然而问题是：技艺概念如何在保持自主性的同时又避免恶的使用，即实现可能与善用的统一？而这也是留给继亚里士多德之后，曾广泛使用技艺概念，并积极将其置于经验世界和伦理生活的斯多亚派的重要课题。

对于技艺，斯多亚派创始人芝诺（Zeno）将之界定为“为了生活中的某个有益目标，通过实践而形成的系统性的认知（katalêpseis）集合”。其继承人克里安西斯（Cleanthes）的定义更简洁但趋于泛化，即“一种有方法的获得一切事物的习性（hexis）”。后继领袖克律西波（Chrysippus）则从技艺者的心灵状态角度对此予以了补充，进而修正为“一种运用印象的有方法的推进的习性”[④]。概括之，这三个定义突出了技艺的三个特性，即系统的认识、有方法的行动和有实际效用的结果。[⑤] 以这些定义为根基，与古典时期思想相比，斯多亚派不仅更为强调技艺和知识、实践理智之间的关系，而且还将作为一种理智品质的技艺与德性、训练（askēsis），以及对灵魂疾病的治疗和人的整体生活的塑造更紧密地联系起来。这样，借助对“德性即知识”命题的确认和“德性即技艺”观点的抛出，技艺这一概念实际上被知识化、伦理化、艺术化。然而斯多亚派何以将技艺、知识、德性等如此重要而复杂的概念相并置，并时常等同起来？对于喜用技术性术语的该学派而言，这是基于可自圆其说的严肃的哲学讨论，还是仅为体系建构而放弃概念清晰性的权宜之举？最关键的，这一思路能否解决柏拉图—亚里士多德的技艺难

---

① F. E. Sparshott：*Zeno on Art：Anatomy of a Definition*，FromJ. M. Rist（ed）：*TheStoics*，Berkeley，1978，p. 276.

② ［古希腊］亚里士多德：《尼各马可伦理学》，廖申白译注，商务印书馆 2003 年版，第 173—174 页。

③ Aristotle：*Aristotle in 23 Volumes*，Vol. 20. Rackham，H（trans.），Cambridge，MA，Harvard University Press；London，William Heinemann Ltd.，1981，1216b2—10.

④ A. A. Long，D. N. Sedley：*The Hellenistic Philosophers*（Vol. 1）：*Translations of the Principal Sources with Philosophical Commentary*，Cambridge University Press，1987，p. 259.

⑤ Ibid.，p. 263.

题,或者对其有所突破?欲解决以上问题,显然必须对相关概念和教义予以界分和剖析,以逐步勾勒出斯多亚派的技艺图景。

一、技艺之源:作为特殊技艺的知识

在严格意义上,亚里士多德视知识(epistêmê)为纯粹的理论考虑,主要涉及必然、稳定的原理、原则。而技艺则是在变动、偶然的生活世界中对于这些原则的应用;它必须建立在由慎思和理论科学所提供的普遍前提的基础上。但在广泛的意义上,亚里士多德有时也在视技艺(相对于经验)为知识的相似物的意义上将这两个词互换使用。在斯多亚哲学中,由于"德性"的联结作用,技艺具有了亚里士多德的强意义上的"epistêmê"的某些特征,因此这两个词被更加频繁地作为同义词来使用。

与亚氏的一个重要不同是,斯多亚派似乎从未区分过纯粹科学与实践科学或经验科学①。这一点在坚持心理学一元论(即坚持灵魂的一致性而否认其内部非理性的存在,坚信"无人故意作恶")的早期斯多亚派中最为明显。因为坚持心理学一元论的同时实质上就暗示了理智德性内部,尤其在实践理智与理论理性之间不加区分的倾向。按照这种理论,知识可以直接地影响行动,因而对于好的决定、判断乃至活动具有决定性。在理论化与寻求一种好生活的目的之间是没有差别的②。而且从斯多亚派的角度看,我们并不需要过于严格地考察认知科学和生产技艺之间的界限。例如医学,无论是在理论上还是实践中,大都被认为是认知性的,尽管它最终的功能是造成健康③。因此,亚里士多德对"epistēmē"和"technê"所做的界分在大多不精悉数学的斯多亚者这里趋于模糊。

另外在亚里士多德所强调的确定性问题上,斯多亚派的观点确实较为接近亚里士多德。具体而言,斯多亚派将知识界定为"理解或认知"(katalêpseis),一种通过理性论证、安全而不变的东西。它是绝对不可动摇的,具有内在稳定性的④。

---

① A. A. Long, D. N. Sedley: *The Hellenistic Philosophers* (Vol. 1): *Translations of the Principal Sources with Philosophical Commentary*, Cambridge University Press, 1987, p. 264.

② I. Hadot: *Seneca und die griechisch-ramische Tradition der Seelenleitung*, De Gruyter, 1969, p. 101.

③ A. A. Long, D. N. Sedley: *The Hellenistic Philosophers* (Vol. 1): *Translations of the Principal Sources with Philosophical Commentary*, Cambridge University Press, 1987, p. 264.

④ Ibid., p. 256.

而按照芝诺的定义，技艺也是“katalêpseis”系统化的结果，但芝诺使用该词更强调的是对知识的一种抓住、掌握。这种动态的、当下获得的事实，显然缺少知识那样的稳定性。而且在严格意义上，知识更是一种品格(diathesis)，没有程度之分。而技艺则是一种习性(hexis)，允许有程度和质的差别。然而在一种松散的意义上，斯多亚派也用“hexis”来界定知识[①]，并将知识与技艺混合使用。因为正像有学者所推证的，斯多亚派似乎倾向于在两种意义上使用“hexis”和“technê”：“hexis”在狭义上指有程度变化的质，宽泛意义上有时也指“diathesis”；狭义上的“technê”是对应于“hexis”的技术(techniques)，广义上却也包括一般的技艺以及知识(epistēmē)[②]。

然而除了这种概念上的含混性外，一个根本性原因还在于，在斯多亚派这里，技艺所需要的知识不是柏拉图式的理念知识，而是一种关于自然及其秩序的面向实践生活的知识；一种直接源于生活，并可以服务于个体至福的伦理性知识。这种知识的内容可以通过转化人的存在方式，而形成一种对于个体的特定的自我知识。在斯多亚派看来，基于个体信念的感性认识是真理性认识，因此一个人可以真实地诉说他在生活中所感觉、所经历的，并且在对技艺的训练中成为他所想要成为的。而人们通过持续地在现时中捕捉、练习，在动态、点滴中积累技艺知识，并加以系统化，技艺就不仅是可学的，而且成为可教的。可见，斯多亚派对知识的力量，以及人获得知识或技艺的能力是具有巨大确信的。

正是基于这种对人的实践生活的兴趣，斯多亚派还将知识和实践理智(phronēsis)同用于实践推理，并将后者一并称为技艺。尽管亚里士多德和斯多亚派都在某些情况下将技艺与知识互换，但亚里士多德至多将实践理智类比于技艺，而斯多亚派却直接将实践理智等同于一种技艺。出于对德性一致性的坚持，在斯多亚派看来，实践理智不仅是一种理智德性，而且还是一种提供生活技艺的德性总体。他们不仅将实践理智定义为一种“关于善、恶和非善非恶的知识”[③]，而且认为德性就是一种以各种形式存在的实践知识[④]。而依照塞克斯都

① A. A. Long, D. N. Sedley: *The Hellenistic Philosophers* (Vol. 1): *Translations of the Principal Sources with Philosophical Commentary*, Cambridge University Press, 1987, p. 256.

② Jedan, Christoph: *Stoic Virtues: Chrysippus and the Religious Character of Stoic Ethics*, Continuum, 2009, p. 71.

③ [古希腊]第欧根尼·拉尔修:《名哲言行录》(希汉对照本)，徐开来、溥林译，广西师范大学出版社 2010 年版，第 683 页。

④ A. A. Long, D. N. Sedley: *The Hellenistic Philosophers* (Vol. 1): *Translations of the Principal Sources with Philosophical Commentary*, Cambridge University Press, 1987, p. 378.

(Sextus Empiricus),斯多亚派还将实践理智界定为一种提供关于生活技艺的善恶知识[①]。例如克律西波就说过,实践判断就是一种涉及生活之事的技艺[②]。

但在将实践理智称为一种技艺时,斯多亚派并没有忽视亚里士多德所言的技艺目的的外在性问题。他们只是在认识到技艺产品可能的不可控性的基础上更注重技艺活动的实施过程,即将对产品的关注引向对行动者的关注。所以他们将技艺的实施与实践推理做了以下类比:明智或完善的人有一种对于任何生活情境下的善与恶的洞见。而一个熟练的工匠,也会知晓在他所实践的每个节点上怎样做是最合适的。如同这个熟练的工匠,明智的人在感觉和行动等方面都能做出恰当的反应,他做一切都做得很好,表现出有德性或行动上的一致性。在此过程中,就像技艺的施展有时重于技艺的产品一样,获得某种目标(某种自然之物)可能不是在人控制之内的,但是正确运用实践理智的这个过程是重要的:始终关注生活情景的可变性的基础上,完善人的能力,以正确的方式做正确的事。然而斯多亚派做此解释的具体缘由和意义,还需从技艺目的本身的角度,从对作为技艺的德性的讨论中进一步挖掘。

二、技艺之"型":作为技艺之技艺的德性

如果说技艺的自主性在其与知识的关联中得以落实,进而解决了"知"的问题,那么与德性的关联则担保了技艺目的的有益性问题,即"行"的一面。对于技艺的目的,芝诺将其界定为"为了生活中的某个有益目标"。也就是说,技艺的行为不一定是道德上善的,但应是得到人们认同且有益于人的生活的。而对于总体的生活目的,中期斯多亚者安提帕特(Antipater of Tarsus)则用一个描述推测性技艺的方案重新诠释了斯多亚派"与自然一致的生活"的正统教义:"作一切在自己权能之内的事情,持续、不动摇的做,以获得与自然相一致的东西"[③]。例如在围绕这个定义而争论的射箭之例中,这个目标可比作射手做一切在其权能之内的事情以射中目的,而不是射中目标;因为鉴于风力等偶然因素的影响,是否射中目标不是人所控的,人所能把握的只能是尽力施展射技这个过程。阿弗洛

① Hans von Arnim:*Stoicorum Veterum Fragmenta* (Vol. 2), Teubner, p. 909.

② Ibid., p. 598.

③ Gisela Striker: *Essays on Hellenistic Epistemology and Ethics*, Cambridge University Press, 1996, p. 300.

狄西阿的亚历山大(Alexander of Aphrodisias)将这种不能按照确定步骤实现目的,而是易受偶然性影响的技艺称为"推测性技艺"(stochastic technê)[①],用以解释斯多亚派作为生活艺术的德性概念。也就是说,虽然无须忽略外在目标,但一种技艺更重要的目标可能是享受过程;德性行为的关键是持续地按照自然法则去做,而不是获得自然的东西;是选择本身,而不是选择的东西,才是一个更内在的目的。作为行为评价的标准,这个内在目的使技艺活动摆脱了运气、机巧和其他不可控力的威胁。也正是基于这个目的,并将德性视为一种技艺的技艺,斯多亚派真正将我们引向对技艺之理解与使用的合理之途。

在斯多亚派伦理学中,"德性"无疑代表着唯一的、最高的价值。然而也正是这个概念同时承载了最丰富的含义,并具有了诸多的同义词。斯多亚哲学家用不同表述来界定德性:某种形式的知识,一致的品格,一种一贯的、坚定的、不可改变的完美理性,或灵魂主导部分的特定品性等[②]。斯多亚派不仅将德性视为一种知识形式,而且用技艺来描绘这种作为知识的德性状态的特点。其重要意义在于,如果将德性定义为一种技艺和知识,那么就不仅坚持了德性的可教、可学、可习,同时还坚持了行动的可正确性、可精确性,同时将技艺和逻各斯密切相连起来。这种与亚里士多德截然不同的立场,即承认一种伦理的技艺,与他们对"diathesis"(状况、习性)与"hexis"(习性、品质、状态、凝聚力)两个概念的理解差异有关。亚里士多德认为"hexis"是"diathesis"的一种特殊形式,但它比其他的"diathesis"更稳定、持久。德性是一种稳定的"hexis",它使一个人准备现实的以某种方式而行动。但在克律西波看来,德性不仅是"hexis",而且更是一种"diathesis"。一种不是"diathesis"的"hexis",可能是某种类似于发脾气或喝醉酒的倾向。倾向可能会构成品格中的某些优点或缺点。但德性或恶一定不仅止于此,它们还是一个人心灵符合自然和理性的状况(diathesis)[③];这种状况才是价值的所在地、决定善恶的根本和在人权能之内的。斯多亚派在一般意义上将技艺界定为"hexis",是因为技艺代表着一种有程度之分的行动状态,正如一般人(即处于有德性和恶这两个极端点中间的人)的有程度变化的灵魂状态

---

① Alexander of Aphrodisias: *On Aristotle's Topics* 1. Johannes M. Van Ophuijsen(trans.), Cornell University Press, 2001; Duckworth, 2001, 32,10—34,1.

② A. A. Long, D. N. Sedley: *The Hellenistic Philosophers* (Vol. 1): *Translations of the Principal Sources with Philosophical Commentary*, Cambridge University Press, 1987, pp. 377—378.

③ F. E. Sparshott: *Zeno on Art: Anatomy of a Definition*, FromJ. M. Rist (ed): *The Stoics*, Berkeley, 1978, pp. 282—283.

(hexis)。然而在古代思想中,技艺还一直被视为与心灵的优点相关。一种德性被定义为一种技艺,正是对这种优点的特殊展示[1]。斯巴夏特(Sparshott)精辟地概括了这种关系:这种优点的展示一定是"hexis",因为"diathesis"一定是"hexis";但作为技艺,它只是"hexis",而作为德性,它还是"diathesis"[2]。技艺借助德性而超出了自身!由于知识也是"diathesis",由此便可以如此阐发德性与技艺的关系:通过一种稳定的知识框架,作为德性的知识与作为德性的技艺,即知道什么是对生活有用的与制造对生活有用的,就可以很好地相互结合。德性这种特殊的技艺就体现在一种有把握的、不可动摇的对于生活的任一节点上何为正确的一种洞见。正是以德性作为技艺之"型",斯多亚派向我们暗示了理解技艺目的的另种进路。我们可将这种"型"的构造大致勾勒为:作为德性的技艺首先表明了对知识和能力的获得;其次表征着系统地运用这种知识的一种能力、意志、倾向;再次意味着需在生活中通过训练而显示其自身。而具体来说,德性作为技艺之"型"的命意可体现为以下诸方面:

首先,斯多亚派认为,不同且高于其他一般技艺的是,自然使人天生就有一种对德性这种技艺的爱好和获得这种技艺的能力。而自然(神、理性、逻各斯)就是一个以技艺的方式创造万物的匠师,因而自然与技艺、技艺与人的命运在生命的始点处就密切关联。在生命序列中与神最为亲近的人应该模仿神,做一个自己生命的匠师或塑造者,也就是努力获得德性,实现自然目的。因此技艺和自然不是对立的;相反在斯多亚派看来,一种自然的生活总是面向德性[3],而一般的技艺则可协助人过一种自然的生活。

其次,斯多亚派视德性为技艺之技艺,并将这门生活技艺与其他一般技艺较好地统合起来。塞克斯图斯在批评斯多亚派的"生活技艺"(technê peri ton bion)这一理念时曾提到"这种技艺无法实践"的问题[4]。然而斯多亚派的可能回应是,生活中的个人,无论处于何种角色,具体实践何种技艺(生产性的、表演性的、推测性的等),都会不同程度地涉及运用和实践德性的问题。获得德性并不具体属于某一类人,德性也不可能只体现于某一类行为之中。更重要的是,按照

---

① F. E. Sparshott: *Zeno on Art: Anatomy of a Definition*, FromJ. M. Rist (ed): *The Stoics*, Berkeley, 1978, pp. 282—283.

② Ibid., p. 283.

③ Hans von Arnim: *Stoicorum Veterum Fragmenta* (Vol. 3), Teubner, p. 227.

④ Sextus Empiricus: *Outlines of Pyrronism*, Benson Mates (trans.), Oxford University Press, 1996, pp. 239—249, pp. 88—101.

斯多亚派的思路，具有德性这种技艺的贤哲（斯多亚派所谓的道德和理智上完善之人）还会使德性之外的技艺成为一种改进、升级的技艺，并且将之完美地融入德性的生活，从而接近于一种德性的行为①。通过将技艺引向生活的目的，德性不仅使直接的伦理实践活动本身表现的有德性，而且还使狭义上的技艺活动表现的具有德性的特点。所以一个真正的斯多亚者不会为了某项技艺比赛的失败而生气，也不会因为不能获致所寻求的自然之物而烦恼，因为即使没有这些也能达到他的真正目标②，即尽全力实施技艺这个过程本身。实际上，将德性作为一种技艺，在某种程度上正是为了言明德性的这种实践性。

最重要的是，与德性的实践相对应，德性的技艺之喻暗示的是德性需要不懈的训练。按照斯多亚派对生活目的的理解，德性的行为在于获得关于自然法则的知识，并且持续地按照这种知识去做，正像训练一种普通的技艺。由于“贤哲”在某种程度上只是一种道德理想，这些训练本身甚至比训练结果更重要。尤其是对于技艺的结果依赖于外在因素的技艺来说，行为者更直接的目标不在于取得预想的后果，而在于尽可能将技艺完整、完美地实现出来，因为这种行为本身即体现着对自然之有序、和谐的遵循。当然严格说来，以上安提帕特的射箭之喻可能并不是一个完美的例子。说射手射箭主要不是为了射中而是尽全力射中确实有些牵强之处。因此很多学者建议最好是将斯多亚派对获得自然事物的态度与人们玩游戏时对获得比赛胜利的态度相类比③：对技艺的掌握主要是为了尽一切努力扮好自己的角色，而不是其他。贤哲在技艺中的自我训练、自我塑造是基于对自然命令的遵循，以使自己的目的不受障碍，同时完成神的意志。这种努力本身并不受偶然性的影响，因而一定会成功地得以实现。况且，在其他条件都相等的情况下，能够最出色地施展技艺的人也最有可能获得成功。

其实关键问题在于，我们需要从作为目的的德性类似于技艺这个视角理解这一问题，而不是从技艺所获得的外在物或技艺的对象角度思考问题。斯多亚派的德性是在一种在外在物中进行选择的艺术，它是一种稳定、不具有程度之分的灵魂状态，一种协调一致地做事的能力或倾向。因此德性体现在行动中而不是后果上；德性不是与外在善相并列、同属一个范畴的东西。说射箭的目的在于

---

① Christoph Jedan: *Stoic Virtues: Chrysippus and the Religious Character of Stoic Ethics*, Continuum, 2009, p. 71.

② Gisela Striker: *Essays on Hellenistic Epistemology and Ethics*, Cambridge University Press, 1996, p. 109.

③ Ibid., p. 309.

恰当地实践、有德性地行动，是因为它本身显示了德性这个最终目标，体现了一种作为生活样态的德性。以正确的、适当的方式射向目标则体现了一种持续一致的德性行为。德性显然不等于德性的行为。与之相关的是，斯多亚派还真正将哲学作为一种生活方式、一种技艺来实践。由于大多数人并不能按照自然的要求而成长为一个贤哲，这种技艺又是治疗性、拯救性的。

三、技艺之首：作为治疗灵魂之技艺的哲学

毋庸置疑，斯多亚派的治疗情愫与其对哲学和生活本质的理解有关。在他们看来，生活就是一种自我考验，哲学则提供给人一种自我检视、治疗灵魂的技艺，而且是一种对于总体生活的最高级的技艺。其目的是培养一种完美的、可称之为有德性或智慧的灵魂品性（diathesis tes psyches）①，从而在整体上塑造人的生活。因此哲学是有用的、实践的、需要训练的。正如身体锻炼和医学治疗之于身体健康，灵魂的健康也需要一系列修炼和治疗技艺。如此我们不仅可以通过一般技艺来类比地理解哲学，而且还可以反过来以哲学这门总体技艺，从整体生活的角度去指导、规约一般技艺。而这也正暗合柏拉图和亚里士多德的技艺之喻的题中之义。因此斯多亚派从多种角度将哲学这门灵魂技艺和其他技艺相并置，并在这种反思性的类比和比较中进一步深化和完善其技艺主题。

一方面，哲学作为一种致力于灵魂健康的技艺，其目的在于这种技艺的训练过程及其本身，而不是外在于它，因此不完全同于医学、航海技艺，甚至也不同于舞蹈等表演性技艺。哲学技艺以灵魂为对象，以关心灵魂或获得德性为目的，而其产品则是改造后的灵魂状态，也就是德性或智慧。这种德性会构成一种内在的目的，从而导致德性的行动。而德性的行动会指向所有的德性，从而塑造一种德性的生活。贤哲的好生活或幸福，就是以这样一种艺术的方式展现的。就贤哲获得幸福这个目的而言，哲学这门技艺似乎不是推测性的。因为贤哲总是恰当、一致地实践这种技艺，并最终获得幸福。虽然他可能会有意识地或慎重地尝试寻求健康、财富等偶然之物而最终失败，但他却不会无法实现他的真正目的。其次，哲学技艺的实践和作用方式显然也不能简单地类似于射箭、航海等技艺，因为它更多的是施加一种内在性的影响，实践和改造的主体则指向人的内心世

---

① John Sellars: *The Art of Living: The Stoics on the Nature and Function of Philosophy*, Ashgate, 2003, p. 168.

界。其目标就在于与自我维持一种健康的关系，并架构起一种好的生活方式。

另一方面，"askēsis"（训练、锻炼）一词在哲学修习中的重要性同样得到凸显。也正是在这个意义上，以幸福为目的的智慧或哲学又可被视为一种推测性技艺。因为对这种技艺来说，更重要的是施展经过训练的技艺的这个过程，而不是可能受到外在因素影响的结果。对于斯多亚派而言，作为最高级技艺的哲学不仅是一种理性论证，而且还需加以反复练习。尽管存在于完善行动中的德性没有程度之分，但是对德性活动的练习却存在程度之分。以生活作为训练的质料和场所，人的生活可以看成是一种不断训练行为能力，以获得德性的过程。因此，与亚里士多德不同，斯多亚派更喜欢用"askēsis"而不是"ethos"（习惯、风俗）来界定哲学教化和理性训练的重要性。但斯多亚派不是简单地反对习惯在德性教化中的作用，而是强调通过修身练习而过一种再习惯化的生活。要过这种生活，无须否弃自我，但需要进行持久不懈的训练，去实践已经建立的哲学理论。不仅是哲学家，任何想获得善的人都要知道和实践这种理论，就像医生、音乐家实践其技艺以成为一个很好的医生或音乐家一样。[①] 鉴于贤哲以外的人都可以说是不完善的、不健康的，通过训练、实践而获得渐进的进步就成为一个人获得灵魂康复或道德进步的主要途径或过程。因此福柯评论道，斯多亚派所倡导的修身实践是一种奠基于众多自我技艺的真理实践。它标示着一种对未来生活的身心准备，以在一切外在事务中保持德性的状态。因此"technê"，以及作为其重要构成的"asēksis"都是面向生活（bios）的；"bios"不是作为认知对象而是作为一种体验之所，使行为体主体化而不是客体化。[②]

四、结语：人与一种有技艺的生活

总之，斯多亚派对技艺，包括德性这种技艺之技艺、哲学这门最高技艺乃至一般的技艺，是极为推崇的。而这种推崇以及其技艺图景的建构又是建立在对人的本质、生存境况及其生活目的的理解基础之上的。在斯多亚派的视阈下，一方面，人本质上是一种具有技艺（尤其是德性这种技艺）天赋和能力的技艺动物，

---

① Richard Valantasis: *Musonius Rufus and Roman Ascetical Theory*, *Greek, Roman and Byzantine Studies*, Vol. 40, 1999, p. 218.

② ［法］米歇尔·福柯：《主体解释学（法兰西学院演讲系列，1981—1982）》，佘碧平译，上海人民出版社 2010 年版，第 346、377 页。

积极而能动地施展技艺体现了人性的卓越和人艺术性的生活样式。另一方面，尽管人是地球上最为尊贵的生物，但人在身体毫无装备的条件下生存于世，因此技艺对于人是必需的。人不仅需要面向生产和制造的一般技艺，而且还需要照看对人的自我结构和功能之使用的自我技艺。而且这种技艺情结更多的是基于个人生活总体的自我关心，而不是对抽象的人类整体生活的关顾。因此爱比克泰德有言，在任何事情上，有技艺的人总是优越于没有技艺的人。而任何拥有生活的科学（知识）的人，一定是他自己生活的主人。[①] 有技艺的人将基于明智和最好的品格做一切事情，组织自己的生活。[②] 在这个意义上，他比一般人过着更有技艺的生活，更接近人之目的的生活。

而对一个斯多亚者来说，个人的生活目的无非就在于通过学习、训练和检验集求知与修身为一体的技艺，获得最大的自然健康。就其来源来讲，技艺知识需要人借助感觉知觉在实在的日常经验生活中习得；而学习知识的目的也是实践，以在变幻的现象世界中捕捉对生活的真正有益之物，最终在自我一致性中实现艺术的生存。而就其内容来看，这种实践性知识首先是人的知识，关乎人性的基本事实以及由此得出的行为规范。因为一种好的生活总是建立在对“什么是人”和“什么对人是好的”的理解基础上的。只有对人好的、人可把握的才是真正与生活目的有关，并可担保幸福的东西。就其路径而言，这种技艺知识是通过以生活为质料的修习获得，最重要的是依照恰当的目的而持续训练，并将其内化为自我的一部分。只有在认识人之本性和潜能的基础上真正掌握了作为生活技艺的智慧和作为技艺之技艺的德性，人才可以进而把握、控制好其他技艺，从而使技艺真正有益于生活。而凭借这样一种有技艺的生活，人就可以在寻求满足自然所需的同时实现自身价值，达到“是”与“应当”“知”与“行”的合一。

---

① Epictetus：*The Discourses of Epictetus*，Robin Hard（trans.），Christopher Gill（ed.），J. M. Dent；Rutland，Vt.：C. E. Tuttle，1995. 4. 1.

② A. A. Long，D. N. Sedley：*The Hellenistic Philosophers*（Vol. 1）：*Translations of the Principal Sources with Philosophical Commentary*，Cambridge University Press，1987，p. 362.

王阳明廉洁思想与当代价值的实现

宋 臻[①]

【摘 要】阳明"心学"是有别于"理学"的一种儒家思想诠释进路,这种差别主要不在于具体价值指向,心学依然恪守传统儒家价值理想,差别在于对传统思想的诠释立场发生了重大的变化。"心学"破除了"理学"关于"天理"外在于"人心"的观点,认为理在心中,克服了理与物二重化的理论缺陷,通过肯定心体(良知)与物一体同流,提出从心即理、知行合一、天下不治根在有司失职等廉政思想,由此探寻教化普通臣民、稳定社会秩序的救世之方。这一思想,对于今天教育引导公民树立正确的廉洁观,具有重要的启发意义。

【关键词】王阳明; 廉洁思想; 当代价值

一、阳明"心学"廉洁思想的历史渊源

王阳明生活的时代,从社会层面看,市井生活日趋发达,不少百姓已不再秉持"重义轻利"的传统,弃文经商,崇尚实利一时成为社会潮流。从政治层面看,皇帝骄奢、官宦专权、政治腐败、军备废弛,纲毁纪坏。"正德末、嘉靖初……能者方成,拙者乃毁;东家已富,西家自贫;高下失均,锱铢共竞;互相凌夺,各自张皇。"(顾炎武,《天下郡国利病书·歙县风土论》)处于官学地位的程朱理学因僵化而对此种状况无能为力,王阳明遂以良知之学代之而兴。

阳明心学强化心的本体性及其伦理道德属性,强调以"良知"格民心之非、破心中之贼,在"心学"理论中包含了丰富的廉政思想,究其廉洁思想与中国传统廉洁思想一脉相承。老子说圣人"廉而不刿"(《老子》第五十八章),这是说廉是一种重要的人生品格,但需要不断的磨炼才能获得。孟子说:"可以取、可以无取,取伤廉。"(《孟子·离娄下》)孟子将廉洁与义利关系相联系,认为廉是支撑伦理

---

① 宋臻,宁波大学马克思主义学院讲师,主要从事社会发展与公民教育研究。

关系的核心概念,廉与君臣、父子等人伦操守相联系,不居“不义之室”,不食“不义之禄”,君子爱财,取之有道。墨家则认为,廉、义、爱、哀四行乃君子之道,廉作为一种君子所应具备的行为品格,与清白做人相联系。韩非子认为,如果为政者“毁廉求财,犯刑趋利,忘身之死者,盗贼是也”。(《韩非子·忠孝》)因此,法家将廉视为国之“四维”之一,是为政者最重要的品格。晏子提出“廉者,政之本也”。(《晏子春秋·内篇杂下》)有学者认为,晏子是中国思想史上第一个明确提出廉政命题的思想家。而《吕氏春秋》则有《忠廉》《诚廉》两篇,专门讨论廉政问题,认为廉是对为官者提出的基本道德要求,是检验官员操守的准绳。

汉代以后,儒家思想上升为国家意识形态,但儒家思想也兼收并蓄了其他学派关于廉洁的正确内容,最终使廉的观念成为儒家文化中塑造完善人格的重要内容之一,成为维系政治、经济、道德生活的核心概念。到了朱熹理学思想占主导地位时期,廉洁观念作为“天理”的核心要素,成为封建统治阶层重要的治国理政之道,成为官员和普通民众必须遵循的生活原则。

应该看到,传统中国社会以血缘和宗亲伦理为社会基础,在此基础上,形成了“家—国—天下”的社会治理结构,传统的廉洁思想是为维护这一社会形态而服务的。王阳明的思想并不是要跳出这一社会结构,相反是希望通过理论的变革,使这一结构能够更加稳定,其廉洁思想具有鲜明的维系封建社会伦理关系的功能。

二、阳明“心学”与新的廉洁观

阳明“心学”以前,理学传统的廉洁思想主要以“天理”的形式,抽象地实现塑造完善人格的使命,存在着诸多不足。通过“天理”要求知识分子围绕“修身、齐家、治国”三个维度塑造自己的人格,容易产生“知”和“行”的分离,在“廉”和“利”发生冲突的时候,人们往往会选择“利”而忽视了“廉”。

在阳明看来,天理与人欲并不矛盾,人有私欲的追求本是正常之事,但绝不能陷于私欲不能自拔,要通过寻找心中的“良知”的行动,使“天理”显现出来,廉就自然体现在这一过程中。“致良知”不是用抽象的说教告诉人们什么是廉、如何恪守廉,而是要求人们通过行动找到内心的“良知”,超越功利之私心。但这不是一个容易的过程,“良知”也好,“廉”也罢,不会自然显现出来,需要通过现实行动的不断磨砺才会显现。所谓“圣贤不以功业为念,而心存天理,虽不计功而功业随至”。王阳明廉洁思想的特别之处也在于此:注重知行合一,通过“致良知”,

引导人们正确认识心与物的关系，并在此基础上深化主体对廉的认知。

阳明心学力求“知行合一”，有助于建立主体廉洁意识。第一，王阳明的廉洁思想强调主体性，“人人天地性，个个圣贤心”，关键在“发明本心”。在王阳明看来，人对外物的认知是一种本能，心的本体就是“至善”。将这种本能发挥到极致就能够心如明镜，映照万物，此时的心便是天理。诚如程颢所言，“天下之事，唯义利而已”（《二程集·河南程氏遗书》卷十一）。《大学》教育人们临财勿苟得，《左传》“子罕不以玉为宝”的故事，《后汉书·杨震传》“天知，神知，我知，子知”的故事，都反映了廉的观念在破解义利难题时所体现的重要作用。但是有“廉”的知识未必能帮助人们在行动中正确处理义利关系，必须将人固有的“明德”明到“至精至一”处的一种生命境界。“心即理”就是达到“此心无私欲之蔽”的明觉境界，廉的观念必须内化为决定“心”之趋向的“至善”。即王阳明所说：“此正学问窾要，不可不明。信如所言，则是心外有理，理外有心矣。凡人视所不当视，听所不当听，声色牵引得去，皆知识累之也。知识忘而视听聪明，即心即理，岂更有理为心所循耶？”[①]人只有在内心寻到这个“理”，才能克己修身，处理好多变的利益关系，应对复杂的外部环境。

第二，阳明廉洁思想的重点是旨在通过“致良知”，要求人们从行动中认知廉是社会生活安身立命之道，引导人们将廉的观念作为正确社会关系的原则。将廉洁观念作为指导人们确立正确社会关系的指导思想，并非阳明心学的创造发明，但心学改变了传统的认知模式，强调实践对于认知的重要作用。“致良知”是指在实际行动中实现良知，知行合一，这使廉的观念从认知层面转化为本体层面，由此形成了通过廉的观念来协调人际关系的功能。在江西，王阳明通过树立“南赣乡约”的方式，让廉洁思想成为处理社会关系的思想武器。王阳明发现，赣南地区官吏鲜能持廉守法[②]，究其原因，是朝廷薪俸太低，连最基本的养家糊口都做不到。所以，他认为朝廷必须保证官员的基本生活，在此基础上，他们方可“责以廉耻节义”。他向朝廷提出，既要处理腐败分子，也要调整官吏的收入和负担。对于乡民，他既要求他们互相帮助、彼此扶持，也对屡教不改者实行严厉的制裁措施。“民约”方式把人与人联系起来，形成一种公共观念，打破了个人自扫门前雪的情况，而廉洁观是维系这种公共观念的重要部分。个人通过这种廉洁观念，明确了自己在社会中所应秉持的伦理观，有助于人们在共同的社会生活中

---

① 黄宗羲：《明儒学案》，沈芝盈点校，中华书局1985年版，第857页。

② 王守仁：《王阳明全集》（新编本）（第二册），浙江古籍出版社2010年版，第645页。

厘清彼此的关系,从而维系社会的稳定。

第三,王阳明提出了一系列落实廉洁思想的措施。俗话说:“官清民风正,吏廉民自安。”在封建时代,统治阶级出于维系权力结构的需要,也采取了一些廉政措施,如设立回避制度、谏诤制度、科举制度、刑罚制度、御史巡查制度等一系列制度,并对清官给予广泛的宣传和表彰等等。这样举措其根本目的,虽然没有跳出黄宗羲所说的君主将天下视为私产的逻辑,但在一定程度上维护了社会的相对公平与稳定,是符合当时社会的特点的。在王阳明的廉政思想中,他提出了一些新举措,譬如:主张奖励廉洁官员;用减少事权的办法削减冗员,采取选贤任能的举措,主张“用人之仁,去其贪;用人之智,去其诈;用人之勇,去其怒”①;主张官吏不宜频繁调动,应久任其职;提出要综合考查官吏名实,“既已纳其言,又必考其行;欲将委以重,则必老其才”②;还有如应急用人要打破时例;治理奢靡浪费,大兴醇厚之俗;等等。

王阳明以“绝世之资倡其新说,鼓动海内”,以知行合一的方式致“良知”,严格要求自己,不仅自身保持廉洁正气,还影响和带动了身边的人,其传奇的一生,成就了“立德、立功、立言”三不朽的奇迹,成为后世做人、做事、为官的一面镜子。但应该看到,包括王阳明廉洁思想在内的传统封建社会的廉洁观念以及廉洁文化,固然反映了人民对风清气正的社会生活状态的内在愿望和要求,代表了人民性和进步性,毕竟是封建统治本身的产物。因此,尽管这些思想对于现代社会而言具有一定的现实意义,但并不能全盘皆收,而应以扬弃的方式批判地加以继承。当前,我国社会经过30余年的快速发展,经济、政治和文化诸领域都发生了巨大的变革,社会亟需廉洁文化,群众迫切渴望风清气正的社会环境,廉洁文化建设将在很长一段时间内保持其独特的重要地位。要结合历史唯物主义,对传统文化中优秀的廉洁思想批判地继承,并在此基础上建设符合中国特色社会主义建设需要的新的廉洁文化。

三、王阳明廉洁思想当代价值的实现

不难发现,王阳明的廉洁思想是对传统廉洁文化在方法论上的创新,通过对

---

① 王守仁:《陈言边务疏》,《王阳明全集》卷九,上海古籍出版社2011年版,第318页。

② 王守仁:《送吕丕文先生少尹京兆序》,《王阳明全集》卷二十九,上海古籍出版社2011年版,第1159页。

理学传统的改造，发展出新的廉洁思想，有其独特的历史地位。作为一种源自传统文化的塑造完善人格的修身理论，带给我们的启示是多方面的。要在新的历史条件下用好阳明的廉洁思想，塑造好现代人的廉洁观念，可以从三个方面加以讨论：一是要从追求完美的圣人品格向培育合格的现代公民转向；二是要在现代生产生活方式下，继续坚持“知行合一”的本体论廉洁观；三是要用廉洁观念克服西方文化中的消费主义对我们的冲击。

阳明“心学”产生前，廉洁观受限于外在的“天理”思想，难以构建起自我与外部世界的意义关系，而“心学”的“知行合一”要求能打破这种约束，重新建立起自我与外部世界的积极关系。这对公共领域不断扩大，人与人的互相关联性不断提升的现代社会而言，无疑具有十分重要的理论和实践价值。在现代社会的生活环境下，廉洁观被纳入现代公民的责任与义务范畴，具有维系权利义务平衡关系的功能。每个人都应意识到，所谓好的生活，唯有建立在人人廉洁的基础上方有实现的可能。廉洁不仅是个人思想观念水平高低问题，也不只是少数掌握权力的官员的事，而是每个人都必须践行的现实问题，是创造更好生活的思想前提和保证。知行合一的廉洁观念，将在培育公民主动参政议政、改善社会治理水平、最大限度发挥现代政府的管理职能以及现代企业、社会组织的社会功能等方面发挥积极作用。

王阳明所说的心即理，实际上是指普遍的道德规范与个体的道德意识的合一。只有把普遍的道德律令转化成个体的信念、情感、意向等内在道德意识，才能有效地影响主体的行为。传统社会的廉洁文化是以自律为本位的文化，而现代廉洁文化则是要求人们做到自律与他律协调一致。这种一致性包含着对自我和他人的尊重与监督，包含着个人对社会、对国家的责任。传统廉洁文化主要依靠道德榜样的激励作用和权力赏罚机制发挥功能，而现代社会的廉洁文化则要求人们对廉洁的意义、作用、形成机制与核心价值观的内在联系等进行深刻的反思，要求人们能由自发的廉洁观转向自觉的廉洁观，要培育符合社会发展需要的新型廉洁文化，并使廉洁的理念入每个人的头脑和心灵，成为自己的行动准则。可以说，随着现代社会新的生产和生活模式形成，传统社会形成的各种力量消解之后，传统的廉洁文化面临着现代转向问题。在社会转型时期，对人们的廉洁观提出了更高的要求，要求人们不仅要做到一般意义上的清正廉洁，更要进一步思考，在工业化、信息化的社会条件下，廉洁观念应该如何更好地在社会生活中发挥监督、引导和约束作用，最终构建中国特色的新消费文化观念。

四、结语

认识的进展往往是通过突破既定的思路、超越常规的框架而实现的。今天我们研习王阳明的廉洁思想,并不能简单地照搬王阳明的廉洁思想来为今人所用,但我们可以借助古代先哲的智慧思考我们的当下与未来。我们看到,近年来国家在反腐倡廉方面取得了十分可喜的成绩,但光靠国家层面是远远不够的,究其根本,还是要反身自问自己是否在廉洁问题上做到了知行合一。做到了这一境界,才应验了阳明廉洁思想中所倡导的"致"与"知"的统一,这些对于今天我们培育和践行社会主义核心价值观,帮助公民树立廉洁意识,都具有积极的意义。

参考文献:

[1] [明]王守仁. 王阳明全集(新编本)(第二册)[M]. 浙江古籍出版社,2010.

[2] [明]王守仁. 王阳明全集[M]. 上海:上海古籍出版社,2011.

[3] [清]黄宗羲. 明儒学案(上、下)[M]. 北京:中华书局,2008.

[4] [清]顾炎武. 顾炎武全集[M]. 上海:上海古籍出版社,2012.

[5] 杨国荣. 王学通论——从王阳明到熊十力[M]. 上海:华东师范大学出版社,2003.

◆伦理学基础理论研究

内在理由与伦理生活

徐向东①

【摘　要】道德评价在人类生活中具有一个重要作用,但道德理性主义的盛行往往使得道德评价的复杂性本身没有得到应有的重视。伯纳德·威廉斯提出的内在理由概念可以被理解为特别针对道德评价对道德理性主义提出了一个重要挑战。然而,威廉斯的观点也招致了一些重要批评。本文旨在面对这些批评来澄清和捍卫威廉斯的内在理由概念,在此基础上揭示它对于我们理解伦理生活的本质的一些含义。

【关键词】伦理;道德评价;内在理由;伯纳德·威廉斯

人们普遍同意道德评价在个人生活和社会生活中发挥着一个重要作用。与此相比,道德评价自身的复杂性却没有得到充分关注。两个简要的事实足以说明道德评价的复杂性。第一,道德评价可以对道德上敏感的行动者产生实质性的影响,例如影响他的自我认识乃至他的自尊心,因此就产生了一个问题:仅仅从一个单一的观点(例如传统道义论的观点)来看待道德评价是否恰当?第二,

---

① 徐向东,浙江大学人文学院哲学系教授,主要从事伦理学、政治哲学、早期现代哲学以及分析哲学的教学和研究。

负面的道德评价，例如道德谴责或责备，比一些理论家所设想的要复杂得多，因为行动者是否能够按照所要求的方式来行动，不仅取决于他在自己的认知视野内是否能够合理地认识到有关的道德理由，也取决于他的心理系统的其他要素，甚至取决于他在采取或者打算采取一个行动时的心态和处境。道德理性主义的盛行是导致道德评价的复杂性受到忽视的一个主要原因，因为这种伦理学往往提出两个相关论点：其一，道德要求是绝对命令（大致说来，当其他考虑与道德考虑发生冲突时，后者必须推翻前者）；其二，对道德理由的认识必然会产生道德行动的动机。不过，早在 20 世纪 70 年代，菲利芭·福特就已经论证说，脱离了行动者的主观的道德欲望，就无法理解道德理由的概念。① 尽管福特的整个论证从现在来看仍过于简单，但她提出了一个值得严肃考虑的论点：假若一个人还没有看到他如何有理由服从道德要求，就不能说道德要求对他来说是不可避免的。福特的论点，如果可靠的话，就对道德理性主义提出了一个重要挑战。伯纳德·威廉斯从不同的角度提出了类似的主张。②③④ 在威廉斯看来，如果一个行动者无论如何都不能通过慎思把某个所谓的道德理由与其主观动机集合可靠地联系起来，就不能合理地认为他应该按照那个理由来行动。

威廉斯的观点在激发很多批判性讨论的同时也受到了严厉批评，本文旨在讨论他对所谓的“内在理由”的论证，并试图回答对其观点提出的几个重要批评。在第一部分，我将澄清威廉斯的内在理由概念并重构他对内在理由的论证。在第二部分，我将批判性地考察一些理论家对威廉斯的内在理由概念的批评，并进一步阐明威廉斯对实践合理性和实践慎思的关系的理解。在第三部分，我将试图揭示威廉斯的内在理由模型对于我们理解伦理生活的本质的一些含义。总的来说，本文旨在对实践慎思的内在理由模型提出一个澄清和捍卫。

---

① Philippa Foot: *Morality as a System of Hypothetical Imperatives*, reprinted in Philippa Foot: *Virtues and Vices*, University of California Press, 1978, pp. 157—173.

② Bernard Williams: *Internal and External Reasons*, reprinted in Bernard Williams: *Moral Luck*, Cambridge University Press, 1981, pp. 101—113.

③ Bernard Williams: *Internal Reasons and the Obscurity of Blame*, reprinted in Bernard Williams: *Making Sense of Humanity*, Cambridge University Press, 1995, pp. 35—45.

④ Bernard Williams: *Replies*, From J. E. J. Altham and Ross Harrison (ed.): *World, Mind and Ethics*, Cambridge University Press, 1995, especially pp. 186—194.

一、威廉斯对内在理由的论证

当一个行动发生的时候，行动者本人可以寻求一个理由来说明他为什么履行这个行动，其他人也可以试图理解他为什么履行那个行动。就一个行动的理由而论，理由的自我赋予和第三人的赋予往往是不对称的，这种不对称性最明显地出现在道德理由的情形中，尽管在非道德行动的情形中也很常见。在某种意义上说，这种不对称性类似于在自我知识的情形中的不对称性，而且与我们即将讨论的内在理由和外在理由的区分有关。这个区分与我们对实践合理性的理解具有重要关联，一个简单的例子足以说明这一点。你在12层楼的一个办公室里工作，从窗户往外看，你看见有黑色的浓烟从下面飘上来，于是就认为这栋楼着火了。为了逃生，你立即开门从楼梯里飞快往下奔去。你逃离的理由或动机是你认为这栋楼房着火了，你想要逃生。从你自己的观点来看，这个理由不仅说明而且也辩护了你所采取的行动。然而，尽管你相信这栋楼着火了，你的信念事实上是假的：你看见一道黑烟滚滚而上，是因为有人用投影仪把浓烟的画面投射到你办公室的窗户上，而你自己并不知道这一点。因此，从第三人的观点来看，你逃离这栋楼的理由其实是不可靠的，没有对你的行动提供任何辩护。当然，你可以争辩说，“在我所能得到的最好的认知条件下，我的信念（楼房失火了）对我来说是真的，或者至少是有根据的，因此我采取那个行动的理由不仅说明了我的行动，而且也对它提供了辩护”。因此，假设一个人认为，按照他所具有的任何合理的认知标准，他的信念具有恰当根据，那么立足于那个信念以及相关欲望的行动就不仅得到了说明，而且也得到了辩护。然而，从第三人的或者客观的观点来看，一个自我赋予的理由也许并不具有充分合理的根据。

这个例子也说明了动机性理由和辩护性理由的区分。一个理由因为激发了一个行动因而对它提供了一个说明，但也许并不因此就辩护了那个行动。然而，只有在某些恰当的条件下，一个人才能认识到一个辩护性的理由；如果他没有理性的认知渠道认识到这些条件，而我们却认为他应当从这样一个理由来行动，那么他如何能够从这样一个理由来行动呢？进一步，假设我们认为他有很好的理由要以某种方式行动，而他自己还没有认识到这样一个理由，或者甚至不可能认识到这样一个理由，那么，在没有按照这样一个理由来行动时，他是否是实践上不合理的或者没有理性辩护呢？威廉斯提出内在理由和外在理由的区分，其目的就是要论证一个很大胆，也很容易遭受误解的主张：不仅所有行动的理由都是内在理由，而且，只要一个动机性的理由满足了程序合理性的要求，它也是一个辩护性的理由。在这里，说一个理由是“内在的”就是说，在经过恰当的慎思后，这个理由能够与行动者的主观动机集合发生可靠联系。凡是不能满足这个条件的理由都是所谓的“外在理由”。由此可见，在提出内在理由的概念时，威廉斯是在试图把行动的理由、实践合理性和行动者的主观动机集合联系起来。但是，需要立即指出的是，当威廉斯提出内在理由和外在理由的区分时，他实际上是在讨论对“一个人有理由做某件事情”这一陈述的两种解释，而不是在声称存在着两种类型的理由，即所谓的“内在理由”和“外在理由”。他所要说的是，我们可以对一个理由陈述提出两种解释：内在的解释和外在的解释。他的目的是要表明，如果一个理由陈述表达了一个行动的理由，那么对它提出的外在解释就是错误的。威廉斯只是在这个意义上认为一切行动的理由都是内在理由。此外，他也不否认这一事实：即使一个行动者还没有（或者不可能）把一些理由看作是他行动的理由，这些理由可能也依然存在，只不过不是他采取行动的理由而已。[①]

威廉斯对内在理由的论证开始于如下问题：某些考虑，若要算作一个行动的理由，必须满足什么条件？他为行动的理由指定了两个条件。第一，每当一个人出于一个假定的理由而行动时，这个理由必须出现在对相应行动的某个正确说明中。只有当一个假定的理由以某种方式激发一个行动时，它才对那个行动提供了说明。在威廉斯看来，一个假定的理由的动机力量必须存在于行动者的内在的心理状态中，或者说必须在其内在心理状态中来寻求。于是他就否认了这一主张：能够存在着这样的行动理由，这种理由的存在并不依赖于行动者在其主观动机集合中有一些要通过行动来实现或满足的要素。由此可见，第一个条件的根据就是如下主张：我们履行一个行动，是为了实现或满足我们想要获得的某个目标。这显然是一个直观上合理的主张。第二，行动的理由要通过它们在实践慎思中的作用来加以理解。威廉斯提出这个条件，是因为他所关注的焦点就是人类行动的典型范畴，即意向行动，而在这种行动中我们往往需要进行有意识的慎思。如果一个人有一个行动的理由，经过慎思后能够承认他确实具有这样一个理由，那么这个理由就不仅激发了一个行动，也为它提供了理性支持。因此，如果某些考虑是一个经过慎思的行动的理由，那么它不仅说明了那个行动，也在某种程度上辩护了那个行动。但是，实践慎思需要动机上的驱动力，因此行动的理由必定在如下双重意义上是内在的：一方面，行动者履行某个行动，是为

① 正如我们即将看到的，对威廉斯的观点的这种解释公正地对待了他自己在这个问题上的见解。

了满足他的主观动机集合中的某个要素；另一方面，这个行动在他的主观动机集合中具有慎思的基础。

威廉斯的观点是建立在一种休谟式的动机模型的基础上，不过他对这个模型做了两个重要的修正。首先，他对动机的理解比休谟的理解更为宽广。威廉斯所说的主观动机集合实际上类似于唐纳德·戴维森所说的“赞成态度”，即行动者指向某个描述下的一个行动的精神态度。[①] 在戴维森这里，赞成态度包括一切能够具有动机效应的东西，例如欲望、需要、本能、激励、各种道德观念、审美原则、经济成见、社会习俗、公共目标和私人目标、公共价值和私人价值等等。也就是说，凡是行动者在某个观点下视为好的或值得向往的东西都是戴维森所说的“赞成态度”，因此有别于纯粹的认知信念。对于威廉斯来说，主观动机集合还可以“包括评价的倾向、情感反应模式、个人忠诚、把行动者的承诺体现出来的各种计划”[②]。其次，威廉斯的实践慎思概念也超越了休谟所能允许的那种工具性的因果推理。在威廉斯看来，慎思至少包括下面这样一些东西：认识到一个行动“将是实现一个人所看重的目标的最方便、最经济、最令人愉快的方式”；思考如何可以把对各种关注的追求结合起来；在有关的目的发生冲突的情形中，思考哪一个目的要被赋予最大的分量；发现实现某个目的或计划的“构成性的解决方案”[③]。因此，对威廉斯来说，慎思不仅在于发现实现某个目的的恰当方式，更重要的是要认识到一个人是否确实有理由采取某种行动。

以上是对威廉斯的内在理由概念的必要澄清。我们现在可以把他对内在理由的论证分为两个部分。第一个部分旨在表明所有行动的理由都必须是内在的而不是外在的。第二个部分旨在表明并不存在外在的行动理由。为了论证这一点，威廉斯试图表明，如果一个所谓的外在理由确实说明了一个行动，它就必定可以被归结为一个内在理由陈述。按照威廉斯为行动的理由所指定的两个条件，我们可以把他的论证的第一个部分重建如下：

(1)如果存在着一个行动的理由，那么它必须能够说明那个行动。

(2)“除了激发行动者采取一个意向行动的东西外，没有什么东西能够说明

① Donald Davidson: *Actions, Reasons, and Causes*, reprinted in Donald Davidson: *Essays on Actions and Events* (second edition), Clarendon Press, 2001, pp. 3—10.

② Bernard Williams: *Internal and External Reasons*, reprinted in Bernard Williams: *Moral Luck*, Cambridge University Press, 1981, p. 105.

③ Ibid., p. 104.

那个行动”①。

(3)能够激发行动者采取一个行动的东西必定是他通过慎思而达到的，而慎思必须以他先前具有的主观动机集合作为起点。

(4)因此，所有行动的理由都必定与行动者的主观动机集合具有可靠的慎思联系，在这个意义上是内在的。

第二个前提显然是这个论证的关键，不过，它在某种意义上是含糊的。我们或许认为，能够激发一个人行动的东西不一定要与他目前的主观动机集合发生联系——换句话说，那样一个东西无须是行动者的主观动机集合中的某个要素。然而，威廉斯的论证的第二个部分似乎否认了这一点。在他看来，如果一个理由确实是我采取某个行动的理由，那么它就必定与我的主观动机集合具有某种慎思上的联系。威廉斯试图用一个例子来说明这一点。欧文·温格拉夫的父亲力劝他去参军，因为这样就可以维护他们家的从军传统和家族的自豪感。威廉斯认为，当欧文的父亲要求他去参军时，他是在对欧文提出一个外在理由陈述，因为欧文自己根本就不想当兵——他不仅痛恨一切与军队生活有关的东西，而且也在积极尝试一种完全不同的生活。欧文的父亲要求他从军的理由是，那是他们的家族传统。但是这个理由对欧文来说是一个外在理由。现在，为了论证起见，我们不妨假设确实存在着欧文参军的一个外在理由。既然行动的理由必须出现在对行动的说明中，那个对于欧文来说是外在的理由在某个特定场合或许能够成为另一个人行动的理由，因此就会出现在对那个人的行动的说明中。一个理由在如下意义上是外在的：它(被认为)确实存在，但被认为要按照这样一个理由来行动的人却没有被它激发起来行动。现在，如果欧文最终确实参军了，那么那个外在理由就能说明他的行动。外在理由的倡导者于是就可以声称外在理由毕竟是存在的。这似乎是一个有力的论证，因为我们可以自然地问道：理由的存在怎么可能依赖于行动者的欲望、目的或动机？如果你没有欲望服从道德要求，难道那就意味着不存在让你服从道德要求的理由吗？威廉斯的观点很容易遭受批评或误解，确实就是因为我们倾向于认为理由尤其是道德理由的规范有效性不可能取决于个别行动者的主观欲望。外在理由的倡导者正是立足于这个基本的直观来批评威廉斯。不过，威廉斯已经预料到外在理由的倡导者会提出这样的回答：

---

① Bernard Williams: *Internal and External Reasons*, reprinted in Bernard Williams: *Moral Luck*, Cambridge University Press, 1981, p. 107.

> 有人可能会说，一个外在理由陈述是可以用下面这种方式来说明的。这样一个陈述意味着一个理性的行动者会被激发起来恰当地行动，它能够具有这种含义，因为一个理性的行动者确实就是这样一个行动者：在其主观动机集合中，他有一个一般的倾向做（他相信）有一个理由要他做的事情。因此，当他最终相信有一个理由要他做某件事情时，他就会被激发起来做那件事情，即使他以前既没有做那件事情的动机，也没有任何这样的动机——这种动机可以用我们在对慎思的论述中所考虑的任何一种方式与做那件事情相联系。①

外在理由的倡导者似乎提出了这样一种观点：一个理性的行动者就是这样一个行动者，他倾向于做他相信有一个理由要他做的事情，即使这样一个理由与他的主观动机集合没有任何慎思上的联系。反过来说，如果一个行动者还没有从这样一个理由来行动，或者至少具有行动的动机，那么就可以认为他是无理性的。由此我们不难看到外在理由的观念与道德理性主义的关联：道德理想主义者（典型地，例如 John McDowell 和 Thomas Nagel）倾向于认为，对于一个理性行动者来说，一个认知信念本身就足以向他提供采取某个行动的动机。这个问题涉及认知主义和非认知主义之间的争论，在这里我将不予以讨论。在这里我们所要追究的问题是：即使一个人确实以某种方式形成了一个与其动机集合没有任何慎思联系的信念，这样一个信念如何能够成为他采取某个行动的动机？对于威廉斯来说，这样一个信念的内容恰好就是我们所要询问的。威廉斯反问道："当一个人最终相信有理由要他做某件事情时，如果他最终相信的不是'如果他理性地慎思，他就会被激发起来恰当地行动'这一命题，或者不是从这个命题中得出的某个东西，那么他最终相信的是什么呢？"② 换句话说，在威廉斯看来，如果一个人最终相信他以前并不相信的一个假定的外在理由陈述，那么他相信这个陈述，是因为他现在能够通过慎思把那个陈述与他的主观动机集合可靠地联系起来。他现在可以相信这个陈述，大概是因为他能够在他目前的动机集合以及他对外部环境（例如某个行动的场合）的知觉或反思的基础上承认和接受这样一个理由陈述。这样，威廉斯就可以继续断言并不存在所谓的外在理由。我们可以把他的论证的第二个部分总结如下：

①② Bernard Williams: *Internal and External Reasons*, reprinted in Bernard Williams: *Moral Luck*, Cambridge University Press, 1981, p. 109.

(1)假设(按照外在理由的倡导者的观点)一个人有一个外在理由做某件事情,而且,如果他理性地慎思,他最终就会被激发起来做那件事情。

(2)实践慎思是出于行动者可以得到的动机。

(3)在慎思是出于一个外在理由的地方,“行动者的慎思就没有动机的起点”[①]。

(4)如果一个假定的理由要激发并因此说明一个行动,它就必须设法与行动者的主观动机集合发生联系。

(5)因此,不可能存在着既说明了行动又激发了行动,但不能经过慎思与行动者的主观动机集合发生联系的行动理由。

(6)因此,就行动的理由而论,“所有外在理由陈述都是假的”[②]。

二、实践慎思与道德动机

那么,威廉斯的论证是否可靠呢?或者说,他的论证是否成功地表明确实不存在外在的行动理由呢?这个问题有点复杂,因为我们不太清楚威廉斯的论证究竟是要对一般而论的理由提出一种鉴定分析,抑或只是对行动的理由的必要条件提出一个说明。[③]有一些考虑可能是一个行动者在其理性认知视野下得不到的,但其他人可以认为这些考虑构成了行动的理由。即使一个人没有看到某些考虑对他来说构成了行动的理由,这可能也不意味着那些考虑本身不是行动的理由。然而,我相信威廉斯并不一般地反对这个观点,因为他的主要目的是要阐明两个问题:第一,我们有什么行动的理由;第二,在某些实践合理性条件下,在按照那些理由来行动时,我们如何得到辩护。按照我的理解,他的核心主张是:如果一个假定的外在理由陈述确实具有真值条件,那么它实际上表达了一个内在理由。我们需要弄清楚的是,甚至在对他的观点的这一解释下,他的论证是否可靠。

威廉斯的论证的关键前提是:除了激发行动者采取一个意向行动的东西外,没有什么东西能够说明那个行动。在威廉斯看来,能够激发一个行动者行动的

---

①② Bernard Williams: *Internal and External Reasons*, reprinted in Bernard Williams: *Moral Luck*, Cambridge University Press, 1981, p. 109.

③ 这个区分大概对应于简·汉普顿在鉴定的内在主义(identification internalism)和动机的内在主义之间的区分,参见 Jean Hampton: *The Authority of Reason*, Cambridge University Press, 1998, pp. 53—82。

东西必须与他的主观动机集合在慎思上具有某种联系。因此，如果一个行动者被认为有理由行动，那么这样一个理由也必须具有这种联系。这表明，如果一个行动的理由因为激发了一个行动因此必须能够说明那个行动，那么就没有任何外在理由陈述能够满足这一要求。在这里，我们必须把“激发一个行动”这一说法解释为“对行动者具有动机影响”。为了维护威廉斯的主张，我们无须认为对行动者具有动机影响的理由也必须引起行动者采取某个行动，因为这个理由或许不是行动者在经过全面的考虑后所具有的理由。因此，威廉斯的内在理由模型也允许意志软弱的可能性。不过，有批评者（例如 Rachel Cohon）指出，当威廉斯声称“除了激发行动者采取一个意向行动的东西外，没有什么东西能够说明那个行动”时，他对“动机”这个术语的使用是不明确的。大体上说，我们可以在两种意义上来理解“具有动机作用的东西”这一说法。在一种意义上，“动机”指的是欲望、目的、情感反应模式或者行动者的主观动机集合中的其他要素；在另一种意义上，“动机”指的是引起行动者行动的东西。如果威廉斯是在第一种意义上来理解这个术语，那么他好像就先验地排除了外在理由的可能性，因为一个外在理由，按照定义，就是在慎思上与行动者的主观动机集合没有任何联系的理由。倘若如此，威廉斯就没有在实质上表明外在理由是不可能的。另一方面，如果“具有动机作用的东西”这一表达式应该被解释为“引起行动者行动的东西”，那么威廉斯就没有成功地表明外在理由是不可能的，因为即使我们承认引起一个人行动的东西必须是一个内在原因，但是，按照外在理由的倡导者的说法，不在行动者的主观动机集合中的东西，或者与其主观动机集合没有任何慎思联系的东西，也有可能会引起行动。

威廉斯或许并不否认与主观动机集合没有任何慎思联系的东西也有可能引起某种行为，例如，经过进化适应，在正常条件下我们都能对环境刺激做出某种反应。但是，一般来说，这不是我们通常所采取的意向行动的情形，也不是按照理由来行动的典型情形。甚至也有可能的是，如果一个人已经具有稳定的道德品格，他也可以自发地或直接地按照他对某个境况的知觉来行动（例如以某种方式帮助一个有需要的人），而无须经过有意识的慎思。不过，在这种情况下，如果经过反思或回顾，他可以承认他采取那个行动的理由或动机与他的主观动机集合具有某种联系，那么这种情形就算不上是对威廉斯的论证的反例。威廉斯之所以强调行动的理由必须与行动者的主观动机集合具有可靠的慎思联系，并不仅仅是为了突出一个行动的理由的动机方面，也是为了表明，一个理性的行动就是这样一个行动——行动者履行这个行动的理由必须与他目前的动机集合具有可靠的慎思联系。正如约翰·麦道尔正确地观察到的，在威廉斯这里，一个人的主观动机集合中的要素对他来说并不具有或者仅仅具有这一含义：他有理由做的事情只是有助于满足那些要素的事情；更重要的是具有这一含义：在决定他有理由做什么时，那些要素"控制"了他的慎思方向。[①] 对于威廉斯来说，不管我们如何具体地设想理性行动的概念，一个理性的行动至少是一个行动者在满足某些程序合理性的条件下、在其主观动机集合的基础上产生出来的行动。于是，证明外在理由存在的唯一方式，正如麦道尔注意到的，就是通过表明，"如果行动者理性地慎思，那么，不管他原来具有什么动机，他最终都会被激发起来行动"[②]。换句话说，外在理由的倡导者必须能够表明，存在着某种理性慎思，它不仅与行动者现存的动机集合没有任何联系，而且也能激发行动者行动。也就是说，他们必须表明，可以用一种完全不依赖于行动者的现存动机的方式把行动的动机产生出来，而且由此产生出来的行动在某种意义上依然是理性的。

由此我们可以看到，对外在理由的一个合理论证不仅需要表明这样一种理性慎思是可能的，也需要说明外在理由的概念如何能够合理地得到理解。对外在理由的最有力的论证是由麦道尔提出来的。他的论证也可以被划分为两个部分。第一个部分旨在表明，有一种不依赖于行动者的现存动机的理性慎思。第二个部分旨在反驳威廉斯的核心主张：行动的唯一合理性就是内在理由的合理性。为了恰当地评价麦道尔的论证的第二个部分，我们需要对实践合理性的概念提出一些进一步的说明，这是下一节要做的事情，现在我们首先处理他的论证的第一个部分。

在"什么算作行动的理由？"这个问题上，麦道尔和威廉斯其实没有原则上的分歧。麦道尔可以同意威廉斯的观点：能够作为行动的理由的东西必须能够说明相应的行动，而且在某些条件下也能辩护相应的行动。他们之间的主要分歧表现在两个方面。首先，麦道尔认为，威廉斯对外在理由的否认会导致一个怀疑论的结论：只是对那些有动机按照道德考虑来行动的人来说，道德理由才是行动的理由。麦道尔对这一结论很不满，他对威廉斯的批评也是从理性主义的观点提出来的。其次，麦道尔也很反感这个思想：任何理性慎思都必须以行动者现存的动机作为起点。需要注意的是，如果主观动机集合本质上是由休谟式的动机构

---

① John McDowell: *Might There Be External Reasons?* reprinted in John McDowell: *Mind, Value and Reality*, Harvard University Press, 1998, pp. 95—112.

② Bernard Williams: *Internal and External Reasons*, reprinted in Bernard Williams: *Moral Luck*, Cambridge University Press, 1981, p. 109.

成的，那么我们最好把麦道尔的观点理解为：不需要借助于先前的动机，理性信念本身就能产生动机。但是，在这个解释下，麦道尔的论证是有缺陷的，正如我们即将看到的。此外，为了合理地维护自己的观点，威廉斯就必须像休谟那样认为，认知信念可以在行动理由的产生中发挥一个重要作用。通过从现存的动机进行慎思，一个人或许能够逐渐认识到某些考虑构成了他采取某个行动的理由。

然而，麦道尔争辩说，无须通过从现存的动机进行慎思，我们也可以发现或认识到一个行动的理由，因此内在理由无须抢先占据外在理由可以占据的空间。在行动者能够把一个理由识别为一个行动的理由之前，一个外在的理由是可以独立地存在的。在我看来，威廉斯无须否认存在着这个意义上的外在理由；他所要强调的是，如果这样一个理由能够成为行动者采取某个行动的理由，那么他必定可以从现存的动机入手，通过慎思发现和承认这样一个理由。然而，在麦道尔看来，理性慎思不一定要从现存的动机入手，我们完全可以不通过威廉斯所设想的那种慎思而接受一个外在理由，并因此把它与某些内在理由陈述联系起来。我们无须受到威廉斯的误导，错误地认为所有行动理由都必须与现存动机具有慎思上的联系。因此，我们也无须像威廉斯所建议的那样，去设想一种以现存动机为起点的慎思，并通过这种慎思把动机产生出来。于是，为了证明外在理由的存在，我们就必须放弃这一思想：任何行动的理由都必须是通过慎思而达到的。现在的问题是：若不经过那种与主观动机集合相联系的慎思，我们怎么能够“看到”某些考虑作为道德理由而凸现出来并因此对我们产生动机上的影响呢？理性主义者或许认为，通过某种“理智直观”，我们就可以发现世界或者我们所面对的境况的某个本质特点。但是，即便我们确实具有这种能力（在道德的情形中，这是 John Mackie 已经论证反对的一个观点），又是什么东西保证这种直观或者由此产生的信念能够对我们产生动机上的影响呢？有可能的是，动机或者动机上的影响来自这种理智直观的结果与我们本来已经具有的动机系统（可能包括道德品格或者道德承诺）的相互作用。但是，在这种情况下，动机或者能够产生动机效应的理由是可以按照威廉斯的内在理由模型来说明的。因此，为了说明外在的行动理由的存在，麦道尔就不得不认为，通过一种类似于改变信仰的神秘转换，我们就可以认识到一个行动的理由。实际上，他认为这种转换的可理解性就在于我们突然之间就能发现或意识到了一个外在理由：

> 在这里，转换的观念将会充当在动机方向上发生一种可理解的转变的观念，这种转变严格地说并不是这样来实现的：通过那种由现存动

> 机来控制的实践推理，一个人最终就会发现他先前并未认识到他所具有的某些内在理由，于是就实现了一种转变。但是，如果这种转变的结果就是正确地考虑问题的一种情形，为什么这样一个过程不应算作某个人突然之间就意识到某些外在理由——他在按照有关方式来行动时一直都具有的理由——的过程呢？①

麦道尔的这段话，甚至从好的方面来说，也是含糊不清的。如果一个理由是一个人在按照有关的方式来行动时一直都具有的，而在某个特定场合，他没能认识到那个理由，或者即使认识到了，那个理由也没有对他产生动机上的影响，只是因为他的实践推理是有缺陷的，或者他恰好处于精神沮丧或意志软弱的状态，那么这样一个理由实际上已经是威廉斯意义上的内在理由。退一步说，至少对我本人来说，很难设想一种没有经过慎思的转变何以可能发生，而如果确实发生了，又如何是理性的。我们可以同意可能存在着这样一些情形：甚至只是根据理论推理（仅仅涉及对纯粹认知信念进行操作的推理），我就能够看到我有某个行动的理由，而那个理由是我以前未曾认识到的。然而，我并不确信存在着这样一种情形：一个人突然之间就可以合理地持有一个他原来并不具有的信仰，而且，在其背景信念中，还没有什么东西可以为这样一个信仰的可信性或者可理解性提供任何基础。无须否认，确实可以存在着一些在我们目前的认知视野中我们无法理性地认识到的理由，之所以如此，要么是因为我们不是充分理性的，要么是因为我们缺乏有关的知识或信息，抑或是因为二者。当然，也有可能的是，我们能够认为某些考虑构成了一般而论的行动理由，但没有动机按照那些理由来行动。假设我相信你有理由转学到法学院，因为你已经不再对哲学感兴趣，并不断地抱怨说研究哲学绝不可能让你有一个好的生活前景。在这种情况下，我能够接受你要转学的理由，但无须把它也看作是我要采取类似行动的理由，因为我并不具有与你一样的背景动机，例如，我确实相信哲学提供了追求一个有意义的生活的最佳方式。因此，即使存在着一些可以被我视为理由的考虑，这个事实仍然符合如下主张：对于那些考虑所支配的行动，要是我无论如何都产生不了兴趣，那些考虑就不会构成我行动的理由。对于一个所谓的外在理由来说，只有当我对它所阐述的事情具有某些实践关注，并能够通过慎思把它与我的动机背景

① John McDowell：*Might There Be External Reasons*? reprinted in John McDowell：*Mind*，*Value and Reality*，Harvard University Press，1998，p. 102.

联系起来时,它才有可能是我采取行动的一个理由。

因此,麦道尔的论证在我看来存在两个根本问题。首先,麦道尔错误地认为,当一个人因为有了一个稳定的品格因而能够正确地考虑问题时,他对其实践智慧的行使无须涉及任何慎思。其次,为了把自己与威廉斯对立起来,麦道尔认为,在把某个"外在的"理性评价标准施加给一个行动者时,我们的做法是完全可理解的,即使那个行动者在充分理性和充分知情的情况下仍然无法理性地承认有关的考虑。然而,这个观点也是有问题的。我将首先考虑第一个问题。麦道尔对外在理由的正面论证主要是立足于亚里士多德所说的具有实践智慧的人,并在很大程度上借助于大卫·威金斯对这个概念的分析,①因此,我将对威金斯的观点提出一个简要分析,以便看看威金斯的观点是否能够对麦道尔提供一个支持。

麦道尔认为"正确地考虑问题"这一概念在哲学上并不神秘。一个人能够一下子正确地考虑问题,大概是因为他已经在某种伦理教育下习惯于采取某些恰当的行为模式。因此,如果他已经把某些情境看作是(比如说)道德上相关的,他大概就会自动地做出某些恰如其分的反应。这个说法是我们可以同意的。不过,当一个具有美德的行动者通过行使实践智慧而做出恰当的道德判断时,我们不太清楚这一过程是否涉及实践慎思,因为至少我们可以说,那个行动者之所以能够正确地考虑问题,是因为他已经有了一个稳定的道德品格。在这样一个行动者这里,即使他无须明确地做出有意识的慎思,但正确地考虑问题的能力不仅与他的道德品格具有慎思上的联系,也依赖于这样一种品格。为了证明存在着外在的行动理由,外在理由的倡导者就需要表明,当行动者具有一个新的动机时,这样一个动机的产生并不涉及与行动者的现存动机具有任何慎思上的联系。因此,有美德的行动者的情形似乎没有为麦道尔所要论证的见解提供任何支持,因为只要这样一个行动者正确地认识到道德要求他做的事情,道德品格自身就能为他按照这种认识来行动提供动机基础。在这种情形中,这样一个行动者是否需要从事一种有意识的慎思与威廉斯的论证无关,因为威廉斯仅仅是在主张:一个所谓的外在理由,若要成为行动者行动的理由,就必须与行动者的现存动机具有可靠的慎思联系。而且,威廉斯并没有对慎思可以采取的形式做出任何限制。实际上,麦道尔自己认识到了道德品格的内在本质。例如,他写道:"我之所

---

① John McDowell: *Are Moral Requirements Hypothetical Imperatives*? reprinted in John McDowell: *Mind, Value and Reality*, Harvard University Press, 1998, pp. 77—94.

以使用‘恰当的教育’这一概念，其目的只是要平息形而上学怪癖的威胁，而不是把它作为某种伦理理论中的一个基本要素，就好像我们能够独立地认识到作为一种良好的伦理教育的那种东西，能够使用那种东西来说明伦理真理，把伦理真理看作一个得到了恰当教育的人将会做出的判断所具有的一个性质。”①由此可见，麦道尔所要否认的是，一个理由作为理由而具有的力量取决于行动者的主观动机。然而，如果这就是他想要论证的观点，那么他所采取的策略就很容易受到攻击。

为了合理地理解麦道尔的意图，我们最好认为他是在说，实践慎思无须完全取决于行动者的现存动机，或者无须完全是由后者来控制的。在麦道尔的论证中，他之所以求助于威金斯对亚里士多德的实践智慧概念的分析，其理由就在于此。威金斯认为，我们并不需要把实践慎思限制到有关目的—手段的推理，而这一点实际上是威廉斯所同意和强调的。此外，甚至当慎思是针对目的—手段而进行的时候，它也不是一种形式推理，因为对亚里士多德来说，慎思并非主要在于寻求手段，而是要恰当地规定目的。只有在这项任务已经完成后，才有寻求手段来实现目的的问题。正是在对目的的规定中，实践智慧被认为发挥了本质作用。然而，实践智慧的行使，正如麦道尔正确地认识到的，是不能用规则的形式表达出来的，也就是说，实践智慧不是按照任何已被形式化（或者可以被形式化）的规则来行使的。这是威金斯在解释亚里士多德的实践慎思概念时所要论证的，而麦道尔自己在另一篇文章中也很好地阐明了这一点。② 其实，威廉斯可以认同他们两人对实践智慧的理解，因为他自己也提出了一个类似的主张：慎思不可能只是一种形式推理，至少因为想象在慎思中具有一个重要作用。不管怎样，从亚里士多德的观点来看，实践慎思不可能是一种形式化的东西，因为我们之所以进行慎思，就是为了在“什么东西对我们是好的”这一问题上达到一个真实判断，而这种判断不可能以规则的形式被提前总结在我们所具有的理论知识中。正如亚里士多德所说：

> 与行为以及与“什么东西对我们是好的”这一问题有关的事情，就像健康问题一样，是变动不居的。对实践知识的一般论述就具有这一

---

① John McDowell: *Might There Be External Reasons*? reprinted in John McDowell: *Mind, Value and Reality*, Harvard University Press, 1998, p. 101.

② John McDowell: *Virtue and Reason*, reprinted in John McDowell: *Mind, Value and Reality*, Harvard University Press, 1998, pp. 50—76.

特点，而对特殊事例的论述就更加缺乏精确性了；因为它们既不属于任何技艺，也不是知觉的对象，而是，在每一个特定事例中，行动者自己考虑与特定场合相适应的东西，正如在医疗和航海这两门技艺中我们碰巧也可以看到的那样。①

实践慎思将不得不敏感于我们对特殊情境的正确知觉。②在亚里士多德看来，实践智慧所要求的这种知觉是一种洞察力，即一个具有实践智慧的人“看穿”某个对象或状况的伦理相关性的那种能力。③ 因此，在威金斯的解释下，亚里士多德就“实践慎思”所说的一切不过就是这个主张——正确的实践慎思要求实践智慧，而实践智慧不是一种演绎性的理论知识，正如他所总结的那样：

具有最高的实践智慧的人是这样一个人：他具有与所要慎思的情境的重要性相称的真正有关的关注和真正相关的考虑，能够最大限度地用这样的关注和考虑来瞄准一个状况。最好的实践推理就是其小前提来自于这样一个人的知觉、关注和鉴别的推理。这个小前提记录了他在这一状况中认为他必须采取行动的那个情境的最突出的特点。有了这样一个小前提，一个相应的大前提就被激活了，后者详细说明他的关注的一般含义，而正是因为有了那个关注，那个特点就成为这一状况中的突出特点。④

总的来说，一个具有实践智慧的人不仅理解了一般的道德原则的真正含义，也因为积累了经验和智慧从而能够正确地认识到他所处的情境的哪些特点是道德上相关的，并把这种认识和鉴别与他所具有的一般的道德知识联系起来，最终做出与实际境况相称的道德判断并采取相应行动。然而，明显的是，在威金斯对

① Aristotle: *Nicomachean Ethics*, Terence Irwin (trans.), Hackett Publishing Company, 1999, 1104a7—9.

② 这种关于道德判断的观点现在被一般地称为“亚里士多德的特殊主义”。对这种观点的说明和捍卫，参见 David Wiggins: *Deliberation and Practical Reason*, reprinted in A. K. Rorty (ed.): *Essays on Aristotle's Ethics*, California University Press, 1980. 特别是第 54—105 页、第 168—194 页。

③ Aristotle: *Nicomachean Ethics*, Terence Irwin (trans.), Hackett Publishing Company, 1999, 1142a24—30.

④ John McDowell: *Are Moral Requirements Hypothetical Imperatives?* reprinted in John McDowell: *Mind, Value and Reality*, Harvard University Press, 1998, p. 234.

这种亚里士多德式的实践慎思的说明中，没有什么东西具有麦道尔所暗示的那一含义：正确地考虑问题的能力无须涉及任何形式的实践慎思（在与行动者的现存动机具有某种慎思上的联系的意义上）。如果一个人已经具有了实践智慧，他当然就能像亚里士多德所说的那样把一个状况的某些特点知觉为伦理上相关的突出特点。但是，这并不意味着那种能力不是以某种方式与他的动机结构和有关的认知信念相联系——实际上，这种联系确实存在，而且取决于他对有关状况的知觉、关注和鉴别。在这个问题上，麦道尔似乎已经混淆了一些不同的东西。首先，一个具有实践智慧的人确实可以直接按照他所认识到的理由来行动，但麦道尔错误地认为这种能力不涉及任何慎思。因此，麦道尔似乎把两个问题混淆起来：一个问题是，对于一个人来说，什么东西是好的是否取决于他的欲望；另一个问题是，他对"什么是善"的认识是否需要慎思。其次，即使如何行使实践智慧是不能用规则来总结的，但麦道尔错误地认为一个具有实践智慧的人在打算采取行动时不需要进行慎思。

麦道尔认为威金斯对实践慎思的论述支持了他的观点。但是，从威金斯的论述中我们能够挑选出来与麦道尔的意图相宜的唯一东西就是这一思想：实践慎思不是立足于一种封闭的、自我完备和自相一致的系统。人们往往是从现存的动机集合入手来进行慎思，但也有可能的是，现存的动机集合也需要在时间上得到理性的反思和审视。在这点上，最通常的情形就是这样一种情形：一个人可以认识到他的现存动机（欲望、偏好等等）是不一致的。例如，欲望的满足不仅取决于能力和资源，也取决于某些外在条件。因此，我们经常发现，在一个特定情形中，满足一个欲望就不能满足另一个欲望；在这种情况下，我们就需要对有关的欲望做出反思性的评价，并在必要时对它们进行合适的修改，这样也就改变了我们原来的动机结构。不过，也有可能的是，新信念的形成能够帮助我们认识到我们以前具有的某些欲望可能是不合理的。然而，我们并不清楚对现存的动机集合的理性修改是否必须用麦道尔所设想的那种方式来完成。更不清楚的是，一个人是否能够完全独立于他的现存的动机结构和目前的背景信念来形成一个新的动机。假设一个人突然之间就皈依一个新的信仰，但是，在实现这种"皈依"的时候，他既没有任何先前的动机要他这样做，也没有让人看到他有理由要这样做。在这种情况下大概就不能认为他是实践上合理的。当然，我们无须就此否认一个人可以在某种非理性力量的感染下接受他原来并不信奉的某个信仰，例如，就像帕斯卡在回答他对上帝存在的著名论证的批评时所说的那样，通过长期参与某种宗教仪式，一个人或许可以接受某个宗教信仰。但是，在这种情形中，要么他的那种突然的皈依是非理性地产生的，要么他的内心深处其实已经有了某种宗教倾向，对那种宗教仪式的参与只是触发了他的那种倾向。我们无须狭窄地认为一个人的动机能力只是涉及他目前明确地意识到的欲望，因此我们也无须假设那些欲望充当了一个过滤器，决定了哪些考虑能够打动他，哪些考虑不能打动他，因为要是没有某些其他东西，欲望本身也不一定能够理性地决定动机。欲望当然是行动的最明显的直接动机，但动机能力可能也涉及其他东西，例如想象力、敏感性、对一个即将采取的行动的合理性的初步意识。我们应该否认的是：不管一个人是否明确地意识到了他的现存动机，麦道尔称为“理智直观”的那种东西，能够完全独立于他的现存动机把一个新的动机产生出来。

三、规范性与伦理生活

到此为止我希望我已经表明：当威廉斯断言一切行动的理由都是内在理由时，他是正确的。当然，在回答有关的批评和非议时，我已经对威廉斯的主观动机集合的概念做了适当扩展，使之包含按照理性信念来做出评价的倾向，但我相信威廉斯能够接受这种扩展。此外，很容易看出，只要一个人具有基本的合理性，他的主观动机集合就不可能是封闭的：一旦他获得了新的知觉经验或新的信念，他就会以某种方式合理地修改他原来的动机。然而，理性慎思，即一个人逐渐认识到他有理由行动并形成这样一个理由的过程，不可能完全分离于和独立于他的现存动机。麦道尔和威廉斯之间的真正分歧，从根本上说，并不在于这一问题：即使一个人以前并不认为某些考虑是他行动的理由，但经过某种慎思，他是否能够认为那些考虑向他提供了行动的理由（或者构成了他行动的理由）？我们可以设想两种情形，在其中任何一种情形中，一个所谓的外在理由对于一个特定的行动者来说并不是一个行动的理由。首先，这样一个行动者在他的认知视野内无法理性地认识到那个理由。其次，在他的认知视野内，他确实能够理性地认识到构成那个理由的有关考虑，但是，对于被认为要按照那个理由去做的事情，他无论如何都产生不了兴趣。我们能够理解其他人行动的理由，甚至有时候分享了那些理由，但并不认为有关的考虑也向我们提供了行动的理由。行动的理由是相对于行动者的兴趣或关注而论的，但这个事实不是不符合如下主张：理由判断在某种意义上是一般性的。应该注意的是，在威廉斯对内在理由的说明中，对理由的理性认识和理性慎思的概念具有核心的重要性。麦道尔和威廉斯之间的实质性的分歧乃是体现在这个问题上：内在理由的合理性是否穷尽了行动的实践合理性的范围？更确切地说，他们之间的分歧就在于这一问题：是否存在着这样一种评价行为的标准，这种标准甚至是充分合理和充分知情的行动者都无法得到的，但又可以被有意义地和合法地用来评价一个行动者的行动的合理性？

对这个问题的回答显然取决于如何理解"充分合理"(full rationality)这一概念。当威廉斯说"行动的唯一合理性就是内在理由的合理性"①时，他是在提出一个规范主张。不过，他的主张很容易遭受误解，因为它具有这样一个含义：实践慎思的内在理由模型不仅产生了激发性的理由，也产生了辩护性的理由。此外，这个模型还要求，一个理由，为了成为一个行动的理由，就必须与行动者的主观动机集合具有可靠的慎思联系。然而，对于威廉斯来说，当我们说主观动机集合中的任何要素产生了一个内在理由时，这一说法并不是无条件的，因为这样一个要素可能是立足于虚假的信念。在这种情况下，即使一个假定的理由与行动者主观动机集合具有慎思联系，也不能认为行动者有理由行动。换句话说，真正算作一个行动理由的东西不仅必须与行动者的主观动机集合具有可靠的慎思联系，而且有关的信念也必须满足某些认知合理性的要求。威廉斯鉴定出实践合理性必须满足的三个基本条件：

(1)一个行动者的主观动机集合中的一个要素不会向他提供一个行动的理由，如果那个要素的存在是由虚假信念来决定的，或者，如果在那个行动与那个要素的满足的相关性上他持有一个虚假信念。

(2)一个行动者的主观动机集合中的一个要素不会向他提供一个行动的理由，除非他有一切有关的真信念。

(3)如果一个行动者还没有正确地慎思，他的主观动机集合中的一个要素就不会向他提供一个行动的理由。

为了看到这一点，我们不妨考虑威廉斯提出的一个例子。我相信我面前的那杯液体是杜松子酒，但它其实是一种与杜松子酒在现象性质上没有明显差别的油。进一步，假设我想喝一杯杜松子酒加奎宁水的饮料，那么，我有理由把奎宁水加在那杯液体中把它喝下去吗？假设我实际上不知道这一差别，那么，当我把它们混合起来喝下去时，我或许可以被认为确实有理由这样做。然而，如果你

① Bernard Williams: *Internal and External Reasons*, reprinted in Bernard Williams: *Moral Luck*, Cambridge University Press, 1981, p. 111.

已经知道那杯液体其实是一种油，那么，从你的观点来看，你就会认为我没有理由那样做。在不考虑有关信念的真假的情况下，在理由的自我赋予和他人赋予之间是没有差别的，因为在前一种情形中，我是用我的信念的内容加上有关的欲望来说明我的行为，而在后一种情形中，你是用我的信念（我相信那杯液体是杜松子酒）和我想喝那杯混合饮料的欲望来说明我的行为。只有当我们考虑到了有关信念的认知地位时，这种差别才会产生。因此，要是我已经知道那杯液体是一种油而不是杜松子酒，我就不会认为我有理由把它与奎宁水混合起来，然后喝下去。这样我们就提出了一种反事实的慎思要求，而在这个要求下，内在理由的合理性就得到了保证，因此一个内在理由就不仅说明了某个行动，而且也辩护了那个行动。威廉斯于是就对上述主张施加了如下限制性条件：

(1)一个行动者的主观动机集合中的一个要素不会向他提供一个行动的理由，如果那个要素的存在是由虚假信念来决定的，或者，如果在那个行动与那个要素的满足的相关性上他持有一个虚假信念。

然而，即使一个人的有关信念不是虚假的，这个事实对于他有一个内在理由行动也仍然是不充分的。假设我想得到收录有阿尔弗雷德·布伦德尔演奏的贝多芬钢琴奏鸣曲的全套光碟，一家音乐唱片商店正在低价促销这套光碟，而我却不知道这一点。在这种情况下，你可以说我确实有理由在那家商店买那套光碟——或者更好地说，要是我已经知道那家商店正在低价促销那套光碟，我就有理由去那家商店买那套光碟。这样我们就得到了第二个限制性条件：

(2)一个行动者的主观动机集合中的一个要素不会向他提供一个行动的理由，除非他有一切有关的真信念。

然而，即使一个行动者没有虚假的信念，并具有一切有关的真信念，但如果他不能做出正确的实践慎思，他就没有内在理由行动。这种情况时常会发生，比如说，当行动者具有某种认知缺陷，或者受到了强制、毒瘾、情绪不安等因素的影响时。[①] 这样我们就得到了最后一个限制性条件：

---

① 如果正确的实践慎思要求实践智慧这样的东西，那么它显然就取决于行动者自己的生活经验或道德见识（在道德慎思的情形中）。因此，认知上的缺陷是有程度的，这就是为什么我把它与实践无理性的情形区分开来。

(3)如果一个行动者还没有正确地慎思,他的主观动机集合中的一个要素就不会向他提供一个行动的理由。

威廉斯认为,这三个条件规定了实践慎思的充分合理性。现在的问题是:它们对于保证行动的合理性是否已经是充分的呢?明显的是,这三个条件旨在保证威廉斯所提出的一个基本主张,即:只有当存在着一个可靠的慎思途径,把一个假定的行动理由与他的主观动机集合联系起来时,他才有理由(或者,才应该)做某件事情。这些条件至少关系到修正行动者在慎思过程中出现的事实错误,因此可以被认为体现了这样一个休谟式的承诺:一个行动的合理性只取决于有关信念的合理性和推理的正确性。虚假信念和有缺陷的推理只能挫败行动者对所要追求的目标的成功实现。因此,至少从工具合理性的观点来看,我们可以很自然地认为这些条件构成了(至少部分地)行动者行动的实践合理性。威廉斯自己实际上就是这样认为的,例如,他写到:

> 我们之所以就事实和推理(不同于审慎考虑和道德考虑)提出这样一个一般的观点,理由其实很简单:任何一个进行理性慎思的行动者,在其主观动机集合中,都普遍地关心具有事实上和理性上正确的信息。……按照这种内在主义的观点,已经有一个理由要把正确信息和正确推理的要求写入一个可靠的慎思途径的概念中,但没有一个类似的理由把审慎和道德的要求写入那个概念中。①

威廉斯为实践合理性所指定的这些条件在如下意义上确实是基本的:只要行动者并不满足其中的任何一个条件,他就会做出不合理的行动。现在的问题是:这些条件是否足以把握我们对实践合理性的一般理解?对这个问题的回答显然取决于我们如何理解实践合理性的概念,或者更确切地说,取决于我们想要利用那个概念来服务于什么目的。这个进一步的问题不能完全通过定义来解决,而是与我们对实践合理性和规范性的关系的理解密切相关。可能有一条从实践合理性通向规范性的途径(不管它是多么模糊),但并非一切规范都是实践上合理的,或者说,其合理性至少在不同的个体或者不同的群体之间

① Bernard Williams: *Internal Reasons and the Obscurity of Blame*, reprinted in Williams: *Making Sense of Humanity*, Cambridge University Press, 1995, p. 37.

是有争议的。[①] 考虑一下那些涉及宗教、文化约定、社会习惯等等的规范。在与这种规范有关的问题上，我们几乎不能达到全体一致的看法。进一步，如果道德规范在其实际运用中不能与一般意义上的伦理生活实践分离开来，而后者同样不能与人类生活的其他方面分离开来，那么，在道德合理性问题上，我们很有可能也达不到某种全体一致。不过，需要注意的是，在这里我不是在否认可能存在着道德客观性和道德真理这样的东西，我也不是在否认我们对这种东西确实抱有某些期望，不管我们是出于什么样的动机。审慎和道德的要求是那种需要实质性的理由来支持的东西，其本身就是理性慎思的对象，因此在实践合理性的最深层次上就不能成为那种合理性的基础。这种要求或许确实具有某种把理由产生出来的力量，但是，在我们能够看到那种力量之前，我们需要寻求一条途径，以便表明服从那种要求是实践上合理的。因此，在这种要求的合理性还没有被确立起来之前，它们不能被建构进入一条可靠的慎思途径的概念中。也正是因为这一缘故，当某些人由于缺乏适当的动机基础而没能看到他们有理由采取不同的行动时，我们可以认为他们是不领情的、不顾及别人的、令人厌恶的、自私自利的、粗暴无礼的等等，但最好不要说他们是无理性的。[②] 当然，这种思想方式并不排除这一可能性：我们能够有理由做一个审慎的和道德的人，正如威廉斯正确地观察到的：

> 有人或许会说，每一个理性的慎思者都决定接受道德的约束，正如他决定接受真理或可靠推理的要求。但是，若是这样，那种约束就是每一个人的主观动机集合的一部分，每一个正确的道德理由也将成为一个内在理由。然而，对这个结论得有一个论证。当一个人声称道德约束本身应该被建构进入一个理性慎思者的概念中时，他不可能无中生有地得到那个结论。……如果我们有了那个想法，那毫无疑问是因为我们已经做出了这一假设：对于与我们打交道的大多数人来说，某些类型的道德理由就是内在理由。[③]

---

① 在这里，我们可以粗略地把规范理解为对人们的行为或行为方式具有某种初步的约束力的原则或准则。不过，稍后我会对这个概念提出一个更精确的理解。

② 休谟明确地认识到，我们应该把审慎理解为一种美德，而不是把它理解为一种实践合理性。我们需要把实践合理性与其他类型的评价规范区分开来。

③ Bernard Williams: *Internal Reasons and the Obscurity of Blame*, reprinted in Williams: *Making Sense of Humanity*, Cambridge University Press, 1995, p. 37.

现在，麦道尔正确地认识到，“按照理由来进行的说明要求我们对‘事物理想上将是什么样子’有一个概念，为了为批判性地评价任何实际的人类个体的心理系统充当基础，这样一个概念必须充分独立于这种心理系统是如何运转的这一事实。特别是，在理想的方向和一个特定的行动者的动机把他推入的方向之间，必须存在着一个潜在的裂隙”[①]。如果人类个体的思想、决定和态度可以被认为是通过心理过程产生出来的，而我们可以对那些东西的合理性做出判断，那就意味着我们有一个相对超越于任何实际的人类个体的心理系统的合理性标准。但是，这种超越性并不意味着我们所使用的合理性标准必定具有一个完全不依赖于实际的人类心理的来源，除非麦道尔提出额外的论证来表明确实如此。如果麦道尔就此争辩说，为了获得这种批判性的评价，就必须把我们与我们的现存的动机基础分离开来，甚至在我们这里实现某种非理性的转变，那么他的论证就缺乏充分的理性说服力。[②] 假若按照某些考虑来行动会对一个人的个人完整性造成严重威胁，他就无法合理地接受那些考虑，认为它们向他提供了行动的理由。可以被合理地接受为行动理由的东西，必须以某种方式与行动者在理性反思下所形成的根本承诺相一致，或者至少不与那些承诺形成根本对立。人们或许认为一个人有理由采取某个行动，但是，除非他自己理性地认为按照这样一个理由来行动符合他的利益，或者符合他的一般关注，否则他就不会把这样一个理由视为要他行动的理由。然而，对于威廉斯来说，当一个人以这种方式来看待一个所谓的外在理由时，他已经经过慎思把这个理由与他目前的动机集合联系起来，因此实际上已经把那个理由转化为一个内在理由。

在这里，需要注意的是，威廉斯并不否认理由可以在本体论上先于一个人对它们的理性认知而存在。他想要强调的是，能够成为行动理由的东西必定是这样一种东西：在充分合理和充分知情的情况下，行动者能够通过慎思把这种东西与其动机集合联系起来。这个说法显然并不意味着从行动者的主观动机集合中产生出来的一切行为都是合理的。为了使得一个行动变得合理，除了满足前面所说的程序合理性要求外，一个人大概也需要满足实践合理性方面的其他一些要求，例如对周围世界（包括其他人）保持开放但又不盲目相信、具有自我反思的意识、善于听取别人的理性劝告和说服等等。威廉斯对实践合理性的理解在某

① John McDowell: *Might There Be External Reasons?* reprinted in John McDowell: *Mind, Value and Reality*, Harvard University Press, 1998, pp. 104—105.

② 这一点与威廉斯对如下主张的反对特别相关：道德必然性是我们所具有的唯一必然性，因此，当道德考虑与其他形式的实践考虑发生冲突时，前者必须无条件地推翻后者。

种程度上表达了启蒙运动的人的理想，但他反对把那些在一般的理性能力的审视下仍然得不到理性接受的东西先验地“写入”实践合理性的要求中，其中可能就包括某些道德观念、宗教信仰或伦理生活理想。然而，即使威廉斯认为这些东西不能被先验地“写入”实践合理性的要求中，他对内在理由的设想并不妨碍这样一种可能性：在适当的条件下，行动者或许有理由接受他原来并不接受的某些道德观念、宗教信仰或伦理生活理想。他想要说的是，如果这种可能性发生，它是通过一种内在的转化而发生的，而不是通过麦道尔所说的“没有慎思的转变”而发生的。一种伦理生活的真正可能性在于一个人必须通过理想反思自愿接受这样一种生活，或者拒斥一个特定的伦理生活理想，抑或对这样一个理想进行修改——总而言之，伦理生活不可能是，也不应该成为一种从外面强加给一个人的东西。道德评价也是如此：用一个人甚至在充分合理和完全知情的情况下也无法合理地接受的道德语言来批评或指责他，在威廉斯看来，不仅毫无道理，而且实际上显示了对其人格的侵犯。我们并不需要一个在道德上吹毛求疵的社会，我们所需要的是一个不仅具有充分的理性宽容，而且每个人在重大事情上都经过认真的理性思考才决定如何行动的社会。在这样一个社会中，通过用威廉斯所设想的那种方式来发现行动的理由，我们不仅做到了首先要对自己的言行负责，也能够学会如何用一种有益于社会进步的方式与世界和他人相处，正如他所说：

> 在严肃的问题上认真地达到的具有实践必然性的结论，实际上是一个人认为自己要承担责任的事情的典范。这一点与如下事实相联系：那些结论或多或少地构成了一个人的自我发现。然而，导致那些结论的思想基本上不是关于一个人自己的思想，而是关于这个世界和周围环境的思想。通过思考一个不依赖于自己而存在的世界，一个人就可以发现一些关于自己的东西，这一点必定是真的——不仅对实践推理是真的，在更加一般的意义上也是真的。即使这一点仍需在哲学上加以理解，但它不是一个悖论。对实践必然性的认识必定涉及立刻去理解一个人自己的能力和无能，理解世界所允许的东西，而对一个既不是简单地外在于自我、又不是意志之产物的限度的认识，就是能够把一种特殊的权威或尊严赋予这种决定的东西。①

① Bernard Williams: *Persons, Character and Morality*, in Williams: *Moral Luck*, Cambridge University Press, 1981, pp. 130—131.

这就是说，在任何具体情形中，我们可以通过理性慎思来发现什么事情是我们必须做的，或者不能做的，由此得到一个具有实践必然性的结论。我们能够接受这样一个结论，认为它对我们具有权威，或者至少能够对我们产生动机上的影响，不仅因为它是我们按照实践慎思的内在理由模型得出的结论，而且从根本上说也是因为它体现了我们此时对我们自己以及我们与世界的关系的理解。由此可见，威廉斯明确地认为，当我们通过慎思得到一个具有实践必然性的结论时，这样一个结论的理性权威并不仅仅在于一个人的实际的心理系统（尽管这样一个结论确实是通过内在的心理过程达到的），而且也在于他与外部世界的一种他能够合理地理解和认同的联系（这一点显然更加重要）。威廉斯眼中的理性行动者显然不是那种故步自封的、孤立的或者原子式的主体，而是首先存在于与世界和他人的联系中、具有对自己负责和充分尊重他人的思想意识的行动者。这种思想意识在"一切行动的合理性都只能是内在理由的合理性"这一说法中得到了恰如其分的体现。我们有理由相信我们的理性能动性正是以这种方式形成并随着时间的扩展而不断地得到塑造的，而在威廉斯这里，我们称为"自我"的那种东西显然也没有固定不变的界限。这不是否认价值（或者对价值的认知）在自我的形成和塑造中具有一个中心地位，威廉斯只是提醒我们去注意对价值认知的复杂性以及在各种价值之间所存在的错综复杂的关系，正如他在《伦理学与哲学的限度》中进一步说明的。

从这个观点来看，麦道尔和威廉斯之间的争论归根结底关系到这样一个问题：我们的伦理生活究竟需要有多么规范？威廉斯显然并不否认我们的思想和行动都受制于规范评价。但是，威廉斯竭力反对把一个理性的个体无论如何都不能合理地接受的"理由"强加于他。在这种情况下，即使人们坚持认为此人"应该"按照这样一个理由来行动，他们也必须给予他一个机会，让他表明他为什么没有这样一个理由，或者要不然就让他认识到他原来的想法为什么是错误的或者有缺陷的。当然，也有可能的是，在某个特定时刻，在他们之间无法达成任何共识。在这种情况下，他们最好都各自悬搁判断，这也是理性宽容的一个要求。这种以平等尊重为基础的相互间的理性说服本身就是伦理生活的一个要求，与用强迫、威胁、支配之类的方式来"要求"人们去做某件事情相比，也是道德进步的一个标志。因此，威廉斯的理性行动者是能够分享某些理由或者能够占据一个公共理由空间的行动者，因为理性行为标准确实不是由任何一个个体的实际的心理系统来决定的。

麦道尔对威廉斯的最终批评是，威廉斯对行动理由的论述"过分心理主义"，因此没有为规范评价留下足够余地，因为"实践合理性的关键方面固然需要用内在理由概念所允许的那种慎思来加以纠正，更重要的是要求对单纯的个人心理事实实施某种类似的超越"①。麦道尔试图用逻辑（更确切地说，用弗雷格对心理主义的逻辑概念的批评）为类比来论证其主张。弗雷格认为，逻辑，若要在我们对心理活动的判断中占据一个地位，就不能仅仅以有关心理转变是如何发生的事实作为基础。相应的，麦道尔认为，如果我们不能从关于心灵的操作的一组独立资料中得出一个恰当的理论理性概念，我们也不能类似地得出一个恰当的实践理性概念。然而，这种类比论证，作为对外在理由的存在的一个论证，显然是有缺陷的。首先，如果一个人无论如何都看不到逻辑定律对其理论思维的正确性施加了必要的规范约束，他就不能把逻辑定律作为一个外在的事实来加以接受。例如，设想一个来到地球的外星人，在他所生活的星球上具有一个与我们的逻辑系统完全不同的逻辑系统。只有当他在理性反思下认识到他需要纠正自己的理论思维时，他才有可能接受逻辑定律，把它们视为正确的理论推理的必要前提。逻辑定律的有效性，即它们对理论思维所具有的那种规范力量，当然并不取决于一个人是否想要做出正确的理论思维；但是，只有当一个人认识到正确思维的必要性时，他才有动机去理解逻辑定律及其有效性根据。威廉斯并不否认道德能够具有一种独立于我们的实践推理的规范力量。他所要否认的是，实践规范（包括道德规范）被认为所具有的那种规范的约束力，能够独立于我们把某些相关的考虑看作行动的理由这一事实，向我们提供理性评价的基础。换句话说，即使实践规范被认为具有某种规范力量，它们也不是独立于我们对那种力量的认识和理解而具有那种力量。其次，在伦理生活的情形中，麦道尔的类比本身并不精确。如果人类心理能够被广泛地解释为包含了对人类利益和人类关怀的考虑，那么道德本身无论如何都只能被视为人类心理的一个产物。②规范性考虑是为了满足人类生活的正常需要而突现出来的。因此，威廉斯的内在理由模型旨在强调一个健全的观点：当我们试图对别人做出道德评价时，确信我们已经真正地理解了那个人，或者至少从一个同情的和负责任的观点把我们要对他加以

---

① John McDowell: *Might There Be External Reasons?* reprinted in John McDowell: *Mind, Value and Reality*, Harvard University Press, 1998, p. 108.

② 休谟对道德的本质和起源所采取的那种自然主义的探讨，之所以比某种超验探讨更恰当，其理由就在于此。此外，值得指出的是，那些被认为是先验的规范或许有其经验起源。对这个问题的一个卓越论述，特别是相关于逻辑，参见 Bernard Williams: *Practical Necessity*, From Williams: *Moral Luck*, Cambridge University Press, 1981, pp. 124—131.

评价的那件事情彻底弄清楚。从威廉斯的内在理由概念中我们可以引出的一个教训就是：对人的平等尊重应被视为道德评价的一个基础和前提，一个好的社会应该是一个彻底消除用各种可能的方式（尤其是借“道德”之名）来支配其他人以获得自己的私人目的的社会。

参考文献

[1] ARISTOTLE. Nicomachean ethics[M]. Translated by Terence Irwin. Indianapolis: Hackett Publishing Company, 1999.

[2] NUSSBAUM M C. Love's knowledge: essays on philosophy and literature[M]. New York: Oxford University Press, 1990.

[3] DARWALL S. Impartial reason[M]. Ithaca: Cornell University Press, 1983.

[4] WILLIAMS B. Ethics and the limits of philosophy[M]. Cambridge, MA: Harvard University Press, 1984.

[5] COFFA J A. The semantic tradition from kant to Carnap: to the Vienna Station[M]. Cambridge: Cambridge University Press, 1991.

激发大学生道德主体性养成的心理学策略

魏彩霞[①]

【摘　要】心理学研究发现，道德行为从发动、进行到终结，都受诸如心灵基本结构、主导情绪、心理发展模式、人的理性阐释能力等复杂心理活动的制约。因此，要想有效地激发大学生的道德主体性，可以采用社会交换理论、道德层次理论、道德判断双加工理论、社会认知理论、移情理论、曝光效应等相关理论和研究成果，针对大学生道德动机、道德内容、道德决策、道德意志、道德情感、道德监督提出相应的策略和方案，为大学生的道德行为提供合理的解释和心理支撑，激发其自觉践行公民道德规范的积极性和主动性。

【关键词】社会交换理论；道德层次理论；道德判断双加工理论；移情理论

道德主体性是指道德行为主体在道德决策时能够根据社会道德规范进行自我判断、自我选择、自我督促和自我实践。在现代社会，随着市场经济的深入，传统道德终极依据——“天命”“上帝”等观念纷纷被“祛魅”，代之而起的是以个人独立性、自主性和自由性为根本原则、以人格自我认同为履行道德责任前提的现代道德范式。大学生虽然已大致掌握了当代道德规范的基本要求，但在面对道德决策时能否自主选择并践行社会主义核心价值观还是一个不小的挑战。各种实验证实，道德行为从发动、进行到终结，都受诸如心灵基本结构、主导情绪、心理发展模式、人的理性阐释能力等复杂心理活动的制约，只有为道德行为提供合理的解释和心理支撑，才能激发人们自觉遵守公民道德规范的积极性和主动性。因此，借鉴认知心理学、社会心理学、道德心理学、生理心理学等相关理论和研究成果，针对性地采取相应策略和措施，显得尤为必要。

---

① 魏彩霞，博士，浙江工商大学马克思主义学院副教授，主要从事思想政治教育与伦理学研究。

一、道德动机:社会交换理论
——肯定自利需求,培养道德理性

马克思曾经说过,人类所有的行为都和利益有关,满足自利需求是人的天性。这和人类生命存在的本原性境况有关:“被抛弃于世的人,在死亡驱赶下谋求生生不息的生存,其直接的动机和目的,就是如何消解如上存在困境。”[①]然而,人生是艰难的,“自然赋予人类以无数的欲望和需要,而对于缓和这些需要,却给了他以薄弱的手段。……不但人类所维持生活的食物不易为人类所寻觅和接近,或者至少是要他花了劳动才能生产出来,而且人类还必须备有衣服和房屋,以免为风雨所侵袭;虽然单就他本身而论,他既然没有雄壮的肢体,也没有猛力,也没有其他自然的才能,可以在任何程度上适应那么多的需要”[②]。人类作为感性存在者而具有欲望的冲动性、生命的自保性以及利益追求的自我性等特性,决定了人们具有按照个人欲求和利益去行动的倾向性,个人的需要和利益是驱动人类实践活动的重要动力和源泉。

然而,单靠个人能力是难以满足个体需求的,同他人合作就成为人们最常采用的策略。这不但是人类长期进化的结果,也是现实理性的选择。大量心理学研究也表明,互惠合作是人类行为的一个极有力的决定因素。例如,在囚徒困境中,人们发现背叛可以实现个体利益最大化。但人类的活动并不是一次性的零和博弈,而在共同的生活中表现为关系的交互性、利益的相关性和情感的共通性,这就决定着人们互惠合作的可能和必要。这一结论也得到了实验的证实。在对社会两难(social dilemmas)问题的研究中,学者们发现,当人们并不知道什么是最好策略时,50%的人选择相互合作,在接下来的20到30次的实验时,选择合作的人下降到30%左右。其后有一个修复的过程,到达比较稳定的水平时,60%的人选择合作。这是一个U形的曲线,它反映了人们在决策时的“学习”的过程。[③] 因此,虽然关注自我利益是人的天性,但为了满足个体长远利益、实现利益最优化,人们逐渐养成了在一定程度上克制自我欲望,与他人互惠合作,在自利、利他之间达到一种平衡的行为策略。为此,人们制定出共同遵守的

① 唐代兴:《利益:规范伦理的逻辑起点与目标指向》,《伦理学研究》2013年第3期。

② [英]休谟:《人性论》(下册),关文运译,商务印书馆1983年版,第525页。

③ 陈欣、叶浩生:《两难中合作行为研究的回顾和展望》,《心理科学进展》2007年第5期。

道德行为规范来引导人们，“在谋求利益的生存过程中遵循利益的普遍性（即互惠性）和利益的限度性（即节制性）原则，激励人真正创造出人的生活，促进人人生命的完美存在”①。

大学生作为即将走向社会、追求独特人生目标的个体，遵守社会规范是其实现长远目标、与他人和社会保持亲密关系的最佳策略和必要选择。为此，大学生应发挥自己的主体性，提升道德理性，自觉践行道德规范，努力在利己和利他、个体和群体利益之间达到一种平衡，在与他人互惠合作、包容关爱的基础上实现个人价值和社会价值的统一，体现其独特的人生意义。

二、道德内容：道德层次理论——遵守基本道德，追求高尚美德

在当今时代，随着社会组织逐渐从血亲社会转化为由陌生人组成的公民社会，人们所遵守的道德规范也发生着相应的改变。有学者提出公民道德层次说，最具代表性的是美国法理学家朗·富勒（Lon Luvois Fuller）。在他看来，道德可区分为“义务道德”（morality of duty）和“愿望道德”（morality of aspiration）。前者“确立了使有序社会成为可能或者使有序社会得以达致其特定目标的那些基本原则”，规定了人们在社会交往中的基本义务和行为底线，是社会得以维系的基本条件；后者指“善的生活的道德、卓越的道德以及充分实现人之力量的道德”，它不是人们所必须遵循的个人义务，而是人们的价值观念、精神层面的追求和自我超越。在富勒看来，道德的“最低点是社会生活的最明显的要求，向上逐渐延伸到人类愿望所能企及的最高境界”②。

富勒的这种区分对当下人们道德规范的养成具有积极的借鉴意义。在市场经济环境中，如果还是一味地要求社会普通大众遵循大公无私、自我牺牲的传统美德不仅不可能，也不现实。因此，越来越多的人接受并认同将公民道德区分为基本道德和公民美德两个层次，分别对应不同的道德要求：基本道德遵循无害原则，多用否定性语言表达，如“不要随地吐痰”“不要伤害他人”等，其目的就是督促个体在追求自利的过程中不要损害他人的基本权利和公共利益，核心主旨就是公平与正义，这是公民的基本义务，也是维护社会正常运转的根本保障；而美

---

① 唐代兴：《利益：规范伦理的逻辑起点与目标指向》，《伦理学研究》2013 年第 3 期。

② ［美］富勒：《法律的道德性》，郑戈译，商务印书馆 2005 年版，第 12 页。

德则遵循关爱原则,作为一种利他行为,它不计个人得失或需要牺牲自我利益,因此它不是基本义务而是个体自主追寻的人生境界。人们在自主践行道德规范时,无论是哪一层次,都应该被认可和尊重。

当代中国,随着市场取向改革的不断深化和扩展,已经走向了普遍法治的公民社会,对道德也就提出了新的要求。现代意义上的公民道德:"意指孕育于公民社会之中的、以公共利益作为价值皈依的、位于人类心灵深处的基本道德和政治秩序观念、态度和行为取向,它包含民主、平等、自由、秩序、负责任等一系列最基本的价值命题和伦理判断,它以正确理解的个人利益为前提,使公共利益成为个人利益的延伸,其目标是努力取得公共利益与个人利益的协调一致。"[①]因此,在培养大学生道德主体性时,首先要把道德教育的目标从传统的美德范式进入"理性—规约"范式,督促其在追寻个体利益时平等、理性地看待他人利益,自觉遵循互利、互信、互尊的道德规范。这是社会对合格公民的基本要求,也是做人的底线和准则。

当然,正如亚当·斯密所说:"遵行正义是一种正确的行为,应该得到肯定和赞同。但是它并没有任何真正的积极的善行,所以不值得给予感激。绝大多数情况下,正义只是一种消极的美德,只是不让我们去伤害别人。"[②]以理性利益诉求为核心的规范性道德教育虽然要求承认个人利益、"利己"的合理性,但个人利益和利己行动绝不是道德追求的全部。作为社会中漫长进化的个体,人人都有向善的天性,都有悲天悯人的人道主义情怀。道德心理学家通过实验也证实,"无论是在私下里还是在公开场合,人们都试图维持一个积极的道德自我意象"[③]。一个大学生作为受过良好教育的高素质个体,在能力和条件允许的前提下,应该努力提升自己的道德境界,在遵循社会基本道德规范的基础上,追求高尚的君子之德,学会关爱和帮助他人,促进和维护社会的良序运转和发展。

---

① 刘翠霞:《"公民"还是"美德"——中国语境下"公民美德"概念的适用性考察》,《道德与文明》2011年第4期。

② [英]亚当·斯密:《道德情操论》,韩巍译,西苑出版社2005年版,第72页。

③ 李宏翰、于娟:《道德自我受胁及其应对机制》,《广西师范大学学报》(哲学社会科学版)2013年第1期。

三、道德决策:道德判断双加工理论——解决生存压力,激发利他动机

近年来,认知神经心理学家在对道德判断脑机制实证研究的基础上提出了道德双过程加工理论。该理论认为:道德判断涉及两个不同的加工系统,一个是深思熟虑的认知推理过程,另一个是相对内隐的情绪动机过程,这两个系统协同作用,共同促成道德判断。但在电车困境(trolley problem)和人行桥困境(footbridge problem)研究中,脑成像显示,“在被试完成道德判断后的12至18秒内其右侧颞顶联合区(RTPJ)才表现出显著的激活。RTPJ是典型的认知中枢,主要负责推测和判断他人的行为意向、目的和动机,它的延迟激活说明:道德判断先于认知加工完成”①。特别是当面对冲突时,强烈的情绪直觉常常在情绪和认知的相互竞争中胜出,主导道德判断。神经学家们推断,这可能与情绪加工的速度较认知推理更快有关,也可能是由于情绪因素对道德判断的影响都是在无意识的状态下自动完成的,故人们很难意识到情绪直觉对其道德判断的影响。总之,越来越多的研究证实,在道德决策过程中,“道德情境能诱发情绪体验,内外源性情绪能影响道德判断;情绪因素不仅参与了道德判断的全过程,还是道德判断中不可或缺的重要成分;有意识的认知推理过程和情绪启动的直觉过程共同作用促成了道德判断,认知与情绪是道德判断中难以分离的两个重要过程”②。

既然情绪在道德判断在中发挥着重要的作用,那么启动人们积极的情绪是不是就能提升人们道德行为的动机呢?社会心理学给出了肯定的答案。例如,艾森(Aliee Isen)和勒温(Paula Levin)在实验中发现了1毛钱效应(the dime effect):无意中只是得到了1毛钱的人中近9成的人会帮忙他人;而没有得到1毛钱的人仅有1人提供了帮助。③ 还有很多类似的实验也都显示,心情会影响人们的行为。不论大人还是孩子都是如此,不论好的心境是来自于一次成功,或是因为想到高兴的事情,还是源自其他任何积极的经验。“积极的轻松心境能够显著地促进帮助行为”④成为学者们的共识。同样,人们的负面情绪如果被引起

---

①② 谢熹瑶、罗跃嘉:《道德判断中的情绪因素——从认知神经科学的角度进行探讨》,《心理科学进展》2009年第6期。

③ 彭凯平、喻丰、柏阳:《实验伦理学:研究、贡献与挑战》,《中国社会科学》2011年第6期。

④ [美]戴维·迈尔斯:《社会心理学》,侯玉波等译,人民邮电出版社2006年版,第354页。

了，也会带来消极的后果。学者们做了一系列的实验，就不同方式诱发的厌恶情绪对道德判断的影响进行了考察。他们发现，“由臭气、肮脏环境、以往厌恶经历和恶心电影片段所诱发的厌恶情绪都使被试对随后的道德事件做出更苛责的评判。被试对自身情绪体验的敏感性越高，这一效应越明显，而且几乎所有被试都认为自己的道德判断没有受到外源性厌恶情绪的影响”[①]。各种跨文化研究也都得出了类似结论。

这就启示我们，在激发大学生道德主体性时，不能只是要求其提高自我修养，还应该从其情绪入手，促进其积极情绪体验。首先，要了解大学生身心状态，解决他们在学习、生活、未来发展等方面的困惑，提升其实现人生目标的效能感；其次，助其掌握幸福的相关规律和提升幸福指数的策略与技巧；再次，培养其全面、客观地认识和评价社会负面现象的能力，规避社会败德行为的消极影响；同时，美化校园环境、举办丰富多彩的文体活动也可以起到积极的道德情绪催化作用，激发其自觉践行公民道德规范的主体性。

四、道德意志：社会认知理论——加强制度建设，净化社会环境

人和动物的最主要的区别就是人有理性，理性包括工具理性和情感理性。情感理性可以让人们感知到人性中的温情与关爱；生理学家在人类大脑中发现的镜像神经元细胞等生理组织，也促使人们在观察或想象他人困苦时产生感同身受的移情体验，从而自主地、能动地把人道主义关怀发扬光大，满足人类认同感和归属感的基本需求。而工具理性则可以促进人们认知、评估、反省自身行为，在面对道德决策时根据感受到的群体规范、舆论压力及角色定位来为个人或社会寻找恰当的行动方案，实现利益最大化或最优化。具体表现在如下几个方面：(1)感知道德情境；(2)自我责任归因；(3)评估道德行为对时间、经济、自由等个体利益造成的损耗；(4)评估违背社会规范后内心及社会舆论的压力；(5)评估个人能力。

由此可见，道德行为是道德主体先前经验、情绪状态、社会文化、制度环境等综合作用的结果，它们以道德图式储存在人们的记忆和心理当中，影响人们的道

① 谢熹瑶、罗跃嘉：《道德判断中的情绪因素——从认知神经科学的角度进行探讨》，《心理科学进展》2009 年第 6 期。

德决策和行为。其中，环境因素作为社会背景对人们的道德决策和道德行为起着潜移默化的引导作用。事实上，诸多认知心理学家都认为，人的行为是人格与环境的函数，“在任何场合下，引导我们做出反应的不仅仅是我们内在的态度，同时还有我们面对的情境”①。或者说，道德是“情境和制度的产物，其实质即道德品质与情境的博弈”②。著名的“斯坦福监狱实验”也提醒人们，性格没有人们想象的那般重要，善恶之间也并非不可逾越，环境的压力可以改变人们的行为，道德是人格和环境交互作用的产物。

当然，环境包括制度环境、社会文化环境和自然环境几个部分。其中制度环境尤为重要。这是因为，制度作为人的存在方式是决定人发展的一个非常重要的因素，它构成人的发展的现实生活世界，并作为一种既定的力量限定、规范和塑造着人的交往活动和社会关系，从某种程度上说，它直接赋予了人的本质规定和决定了人的思想观念。正如罗尔斯所说，“社会的制度形式影响着社会成员，并在很大程度上决定着他们想要成为的那种个人，以及他们所是的那种个人”③。例如，在中国出现多次老人摔倒不扶的或见义不为的事例，很多人都谴责旁观者的漠视，但是分析之后就会发现，不扶或不救并不一定是道德冷漠，而是经过评估助人代价后做出的理性行为。如果助人代价太大，那么助人行为也会变得艰难。而在很多西方国家，在《好撒马利亚人法》的保障下，人们在助人时则没有类似顾虑。

因此，在激发大学生道德主体性的过程中，仅仅灌输大学生养成君子之德、高尚人格是远远不够的，还需社会、学校、家庭共同努力，共同打造一个公平正义、和谐温馨的洁净社会。对此，首先，建立健全相关法制，保障人们的合法权益，打消道德主体的后顾之忧；其次，严惩败德行为，净化社会环境，避免德福不一；再次，加强媒体自身伦理管理，清理低俗言论，激发社会正能量。大学生身处其中，自然也会成长为合格公民，甚至是道德精英。否则，即使其在校内或课堂上树立了高尚的道德信仰，但在缺德、麻木的社会现实面前也会瞻前顾后，甚至无动于衷。

---

① [澳]迈克尔·A.豪格等：《社会认同过程》，中国人民大学出版社 2011 年版，第 100 页。

② 彭凯平、喻丰、柏阳：《实验伦理学：研究、贡献与挑战》，《中国社会科学》2011 年第 6 期。

③ [美]约翰·罗尔斯：《正义论》，何怀宏、何包钢、廖申白译，中国社会科学出版社 1988 年版，第 1—3 页。

五、道德情感：移情理论——发现身边感动，发挥朋辈效应

所谓“移情”，是指当面对或想象他人困境时，人们在镜像神经元（作用于观察、模仿学习）、脑岛（与消极情绪，如饥饿、恐惧、厌恶有关）和前扣带回皮层（与同情有关）等神经机制的作用下产生的感同身受的心理体验。它是人类进化的结果，也是预测亲社会行为和道德行为的重要因素。诸多实验都证明，“我们之所以能够成为有道德的人，能够按照道德所要求的行为方式来对待他人，移情在其中发挥着至关重要的、核心性的作用”①。

因此，培养大学生的道德主体性，其是否具有移情能力是其关键。具体来讲，可通过角色扮演、反思体验、艺术感染、分享体验、情绪追忆、情景讨论、换位思考、作品分析等途径和渠道。当然，学习道德榜样也是最常用的策略，通过道德榜样的人格魅力感染并促进大学生的道德行为。事实上，美国社会认知学家班杜拉在多年研究基础上证实：“示范观察学习一直被认为是传递价值、态度以及思想和行为模式的最有效的手段之一。”②然而由于多年来道德榜样太过高大全，虽然道德榜样众多，但社会示范效应并不明显，甚至产生了榜样可敬、可爱但并不可学的现象。

当然，社会心理学家们在观察中也发现，虽然有地位、有能力的榜样影响力更大，相比之下，人们更愿意模仿和自己在年龄、性别、生活经历、家庭背景等方面类似的榜样。诸多研究也证实，多数大学生都认为他们从朋友以及同学那里学到的东西要多于从书本和教授那里学到的内容，在共同的学习和生活中，同龄人之间发挥着越来越重要的作用，他们之间可以相互学习、共同成长，发挥积极的朋辈效应。因此，应鼓励大学生从小事做起，从自我做起，寻找身边的感动，通过对同学、朋友道德行为的感知、观察、体验，学会关爱和帮助身边的同学，提升其移情能力。这也符合移情“重近轻远”“重亲轻疏”的规律。

事实上，很多研究表明，在道德主体性养成的过程中，同伴关系是培养移情

---

① ［美］迈克尔·斯洛特：《情感主义德性伦理学：一种当代的进路》，王楷译，《道德与文明》2011年第2期。

② ［美］A. 班杜拉：《思想和行动的社会基础：社会认知论》上册，庞维国等译，华东师范大学出版社2001年版，第63页。

能力的重要平台,友谊是道德发展的一个重要背景。这是因为,“与自己信任的密友具有共同的道德经验,是评价和修正自己的道德标准和道德原则的一个重要背景。也就是说友谊提供了评价自己道德标准的一个机会。通过友谊,人们不仅可以洞察自己的道德生活,而且可以超越自我,从他人的立场出发去看待道德领域发生的事件,甚至可以激励个体在已有的道德经验水平上去思考和发展新的道德价值观和道德原则”①。与家人之间血缘亲情不同,同伴之间的关系更平等、更自由,大学生在与同伴交往中可以发现自己与他人分离的界限,有利于在合作中内化尊重、诚信、关爱、互助、善良等公民道德规范,在面对合作与竞争、人情与公义的决策中也可以有效地进一步促进其对公平、正义、民主、平等等现代公民规范的关注和思考。

六、道德监督:声誉机制
——提升道德责任,避免道德推脱

1986年美国密歇根大学的Alexander在《道德体系生物学》一书中提出了“间接互惠”的概念,即助人者所得到的报答不是来自受助者,而是被其他助人者帮助的其他受助者。在其看来,正是在人类漫长的进化中形成了基于间接互惠的合作,并发展出了人类的道德体系,“间接互惠才是人类道德、伦理和法律体系的基础”②。实现和保证间接互惠的则是“声誉机制”。所谓声誉就是“个体从第三方接收到的关于他们伙伴的信息,并基于这些信息决定如何行事”③。而声誉的传递是通过语言进行的。由于几乎不需要成本,而且比真实的交往进行得更快,因此个体可以在没有和他人交往时就获得其信息并进行奖励和惩罚,从而促进合作。

既然声誉影响社会合作,那么道德评价能力显得尤为重要。但道德心理学家在研究中发现,当个体评价自己与他人的道德水准时会出现“优于平均效应”,即当人们将自己与他人比较时,通常会在一些积极的个人特质(如智慧、诚实)上给自己打出高于平均值的分数。对此,认知偏差理论认为:“人们在对自己和他人道德判断上的双重标准来源于人们在评价自己的行为的时候,更注重行为意

---

① 石伟:《友谊和道德发展关系的理论和研究》,《心理学动态》2000年第2期。

②③ 刘国芳、辛自强:《间接互惠中的声誉机制:印象、名声、标签及其传递》,《心理科学进展》2011年第2期。

图而非结果;但在评价别人的行为的时候则正相反,关注结果而非意图。"[①]相比于了解他人,人们更容易感知自己的心理动态,从而产生道德伪善现象。心理学研究证实,"即使内省也无法使被试更多地认识到自己的偏向,更不会减少个体在知觉过程中使用这种偏向"[②]。也就是说,在评价自己和他人相同的道德行为时,我们认为自己更道德,更公正。即使个体做出了不道德行为,自我服务偏见也会导致道德推脱现象,通过道德辩护、委婉标签、有利比较、责任转移、责任分散、忽视或扭曲结果、非人性化、责备归因八个相互关联的认知机制,"重新定义自己的行为使其伤害性显得更小、最大程度地减少自己在行为后果中的责任和降低对受伤目标痛苦的认同"[③]。虽然受教育程度越高,道德推脱水平越低,但在缺乏强有力的制约和监督机制和氛围下,仅仅靠自觉很难让人们自觉遵守高标准的道德规范。

为了避免这种现象,提高大学生的道德评价能力显得尤为必要。对此,可以采取案例分析或时事评论等形式,让大学生公开谈论自己的观点,互相启发,共同思考,厘清偏激观念,培养公正客观的道德舆评能力。辩论的过程也是实现大学生道德自我教育的过程。心理学研究证实,"当我们主动用自己的语言去解释某些事时我们会记得最牢,……直到我试着讲出自己的见解我才真正理解它们"[④]。对任何知识而言,仅仅是听来的效果远远比不上自己收集、整理、讲解后留下的印象深刻,特别是公开发表某观点更能促使人们对其进行理解和思考,提升思想认知,激励人们的行为。这是因为:"当人们对论点进行仔细思考的时候,他们依赖的不仅仅是信息自身所具备的说服力,同时也依赖自己对信息做出回应时的想法。当某个论据引人深思的时候,它才最具说服力。那些经过人们深层而不是肤浅的思考之后所产生的态度变化会更加持久,更能对抗反击,并且更能影响行为。"[⑤]在互相辩论启发的基础上,加深对道德问题的认知和思考。同时,发挥积极的曝光效应:公开谈论并宣讲自己的道德观点不但要接受他人和社会的监督,其本身也是一种公开承诺,可以实现自我监控,提升道德自觉,增加践行公民道德的自主性。

---

① 孙嘉卿等:《道德伪善的心理机制:基于双加工理论的解读》,《中国临床心理学杂志》2012 年第 4 期。

② 张玮、佐斌:《"旁观者清"还是"旁观者不清"?——偏向知觉的非对称性研究》,《心理科学进展》2007 年第 4 期。

③ 杨继平、王兴超、高玲:《道德推脱的概念、测量及相关变量》,《心理科学进展》2010 年第 4 期。

④ [美]戴维·迈尔斯:《社会心理学》,侯玉波等译,人民邮电出版社 2006 年版,第 121 页。

⑤ 同上,第 183 页。

结　语

虽然道德是一定社会向人们提出的处理个人与他人、个人与社会之间各种关系的特殊行为规范，但道德判断在本质上是一个高度自觉、自主、自为的心理加工过程，是个体自我意识的展示和表现。大学生经过近20年的人生经验和知识积累，抽象逻辑思维能力增强，具有一定的道德认知力和判断力，但理性思维还不成熟，根据其心理相关理论针对性地提出相应策略和方案是提高大学生德育实效性的关键和积极尝试。

德性伦理与现代社会:谁的困境?

——兼与李建华、胡祎赟和龚群先生商榷

方红庆[①]

【摘　要】德性伦理学以行动者为中心,关注道德主体自身的品格,区别于规范伦理学以规则为基础的根本特性,但是其当代复兴之路却遭遇了现代困境。根据阿奎那的教诲,一条可能的出路在于把德性伦理建立在道德的自我性基础之上,并且根植于善的形而上学之中,从而为道德自我注入实质内容和统一性基础。总之,德性伦理学的现代困境首先是现代社会本身缺乏统一的道德自我或导致自我的破碎化,其次才是德性伦理学的困境,即缺乏强有力的形而上学基础,两者既不能混为一谈,也不能秩序颠倒。

【关键词】德性伦理;困境;自我性;善的形而上学;阿奎那

德性伦理的复兴是当代伦理学的一个重大事件,它在很大程度上是对现代伦理学和现代社会双重困境的反思结果。但是当代德性伦理学的复兴之路并非一帆风顺,有学者认为它在现代社会必然会遭遇困境,其中颇具代表性的就是麦金泰尔的德性伦理的现代社会困境论,即德性伦理学根植于传统社会,因此,它不适应现代社会而必然会面临现代社会结构转换的困境。

李建华和胡祎赟的《德性伦理的现代困境》一文基本上沿袭了麦金泰尔的思路,并最终得出结论说:"现代社会结构的公共转型乃是导致传统美德伦理(学)逐渐式微并陷入深刻危机的最终原因。"[②]龚群的《德性伦理与现代社会——回应德性伦理的现代困境论》[③]对这篇论文做出了回应,他坚持德性伦理学对于现代社会的必要性,并提出三条理据:(1)反对麦金泰尔的自我的碎片化观点,主张在现代社会中发生的只是人格的变化;(2)现代社会依然需要德性,只是相对于

① 方红庆,浙江义乌人,浙江工业大学政管学院讲师,哲学博士,主要研究康德哲学和当代西方知识论。

② 李建华、胡祎赟:《德性伦理的现代困境》,《哲学动态》2009年第5期,第39页。

③ 龚群:《德性伦理与现代社会——回应德性伦理的现代困境论》,《哲学动态》2009年第5期。

传统社会，德性的位置发生了巨大的改变；(3)功利主义和道义论没有穷尽现代社会的伦理需求，而德性伦理是它们的重要补充。但是，实际上龚群依然沿袭了麦金泰尔对于现代社会和德性伦理的基本关系的界定，而他们之间的分歧仅仅在于在现代社会提倡德性伦理的失败到底意味着德性伦理的一般困境，还是仅仅表明古代德性伦理在现代的困境。笔者认为德性伦理学与社会转型之间没有必然的联系，德性伦理学的真正困境在于它缺乏可靠的形而上学基础。

一、德性伦理与社会转型

社会转型是否是伦理转向的充要条件？这个问题又可以分为两个子问题：(1)一门伦理学是否必定要同某一个时代或某一社会类型相联系？(2)一门伦理学是否有其自身存在的内在根据？对于第一个问题，笔者认为，武断地给一个理论贴上时代或社会类型标签的做法是危险而又不近情理的。麦金泰尔在回顾亚里士多德的德性伦理传统的时候，就把伦理学与城邦结构的关系问题视为是我们亟待解决的问题，否则就会危及整个亚里士多德理论的结构。因为我们知道，我们可以继承思想，却无法继承时代，亚里士多德所生活的那个时代已经永远去如黄鹤了，如果亚氏伦理学同他的时代是不可分割的，那么我们如何能够真正继承他的伦理学呢？

当代很多研究德性伦理学的学者们把它们之间的不可分离性作为一个前提，进而得出德性伦理在现代存在适应性困难的结论。在笔者看来，李建华和胡祎赟就犯了这种错误：他们预先把社会划分为古代社会和现代社会，把伦理学也相应地划分为德性伦理和规范伦理，预设古代社会与德性伦理相适应，现代社会与规范伦理相适应，进而以我们所处的社会是现代社会这一事实为由，顺理成章地得出德性伦理在现代社会必然遭遇困境的结论。同时，这样一个结论也是混淆视听的，因为，这个结论似乎告诉我们，出问题的只是德性伦理的一方，而现代社会本身却没有什么问题或至少在处理德性伦理与现代社会之间的关系时不用考虑，这实际上会遮盖现代社会本身存在着深刻的危机这一事实，转而单纯去改造德性伦理以适应现代社会，从而完全忽视了用德性伦理去引导和改造社会这一伦理学具有的特殊的教化功能。

对于第二个问题，笔者认为德性伦理学具有更为强烈的理想特征，因为它涉及的是我们行为者本身的道德品质，一种单纯内在的特质，并不是直接可观察的，总之，德性伦理要求更高的道德自律。所以，它从诞生以来一直便同现实社会，无论是古代社会，还是现代社会，保持着相当的距离。从历史的角度看，古代社会向现代社会的转型并不一定会导致德性伦理的毁灭，德性伦理的理想特性恰恰是它在剧烈社会变革下的生机所在，因为人性总是存在某些稳定持久的东西，或者说，人类社会不管如何变迁，总是崇尚某些共同的道德品质，诸如勇敢、果断、诚信等等。亚里士多德的形而上学的人性论固然是我们所要抛弃的，但是我们并不一定要接受完全历史性的人性。因此，笔者同意龚群说："因此，并非是在一般意义上，德性伦理在现代社会遭遇困境；如果说有困境，也仅仅是在传统德性的意义上。即使如此，人们也不能认为亚里士多德式的德性伦理对于现代生活没有意义。"[①]但是他的论证却显得有些拙劣而且犯了同李建华先生一样的错误，他说："现代社会是一个契约社会，一个通过契约来确定身份的社会，人们有着自由的身份。在现代社会，职业领域的规则要求而不是德性要求成为伦理学关注的重心，责任或义务成为现代伦理学的中心概念。因此，复兴德性伦理学，把传统社会的规范伦理学模式推广到现代社会，必然不合时宜。"[②]

这是一个典型的乞求问题(question-begging)论证，因为它事先预设了现代社会同德性伦理学是不相容的，进而以此为据，得出德性伦理学的现代复兴是不合时宜的结论。也许龚群先生会说他只是认为德性伦理学不能够成为现代伦理学的中心，然而，这并不能表明德性伦理学不能在现代社会得到推广，而只能说德性伦理学应该作为规范伦理学的一个有益补充。笔者相信这也是龚群所要表达的一个基本思想，然而即使是这样一种观点，在笔者看来也是偏颇的，因为它在骨子里依然蕴含着这一预设，而我们的问题恰恰是：德性伦理学为什么不可以凌驾于规范伦理学之上成为现代伦理学的中心呢？这便涉及如何定位伦理学的问题。笔者认为，"伦理学的首要任务似乎应当是处理基本生活领域，而非自我实现的事情"[③]这样一种对伦理学的定位在根本上是错误的。首先我们抛开这种非此即彼的逻辑不管，单单把德性伦理学视为是一种关于自我实现的伦理学在根本上就已经错误了，笔者稍后将详细论述这一点。

笔者深为担忧的是，国内学界把麦金泰尔的德性伦理的现代社会困境论当成理解伦理学与现实社会关系的一个基本范式。事实上，这种论调的根源在于社群主义，正如瑞斯特(J. M. Rist)批评社群主义包含了两个错误的观点：(1)强调传统的反个体主义方面；(2)传统会随时间推移"合理地"发展。前者导致对道

① 龚群：《德性伦理与现代社会——回应德性伦理的现代困境论》，《哲学动态》2009年第5期，第43页。
② 同上，第41页。
③ 李建华、胡祎赟：《德性伦理的现代困境》，《哲学动态》2009年第5期，第36页。

德的客观安全基础的随意态度;后者则导致不能区分个人传统的本质特征和偶然特征。①

总之,当代伦理学的德性转向表明,单纯的规范或制度不足以满足整个社会的伦理需求,伦理学也不应该成为一门单纯的技艺学,也许我们可以在尼采身上寻找到灵感:形而上学地看待道德。当然,我们不是要把伦理学视为一门形而上学,而是要让伦理学保持形而上学的特性。笔者认为,德性伦理学很好地实现了这一点,并且它应该在格位上高于规范伦理学,因为前者是后者的向导与最终指向。

二、麦金泰尔的德性概念及其缺陷

麦金泰尔企图在历史传统中寻找一个统一的、核心的德性概念。这个概念的一个特征就是"它的运用总是需要承认对于社会和道德生活中的某些特征的某些在先的解说,因为对它的界定与解释必须依据这些在先的解说"②,麦金泰尔把这种在先的东西称为"概念背景",它构成了德性概念的先决条件。麦金泰尔把这个德性的核心概念分为三个阶段,每一个阶段都有各自不同的概念背景,但是前一阶段严格地决定后一阶段,反之则不然,它们共同构成了一个当代德性伦理理论。

德性的核心概念的第一要素就是"实践",意指任何融贯的、复杂的并且是社会性地确立起来的、协作性的人类活动形式。通过实践,内在于该活动的善可以实现,这意味着它必须在某些卓越标准之下活动,即同善的规则保持一致。第二个要素就是人生的叙事秩序,总的说来,它为我们提供了过完整的生活所必需的统一性,并且构成了自我的意义的源泉。第三个要素就是道德传统,这便同某个共同体相关。麦金泰尔认为,"我"的生活故事始终穿插在"我"从其中获得"我"的身份的那些共同体的故事中。这句话不仅点明了第二个要素为第三个要素提供了本质性内容,而且反过来说明共同体的故事又对自我本质的塑造提供修正方案。总之,自我本质是有个人身份、社会身份和历史身份共同塑造的。

进而麦金泰尔给出了德性定义:"德性是一种获得性的人类品质,对它的拥有与践行使我们能够获得那些内在于实践的善,而缺乏这种品质就会严重妨碍

---

① John M. Rist: *Real Ethics: Reconsidering the Foundations of Morality*, Cambridge University Press, 2002, p. 25.

② [美]A. 麦金太尔:《追寻美德:道德理论研究》,宋继杰译,译林出版社2003年版,第236页。

我们获得任何诸如此类的善。"[①]因此,麦金泰尔的德性依然是社会性的、历史性的德性,缺乏形而上学的根据。事实上,麦金泰尔依然受语言哲学转向以来对形而上学保持某种隔绝或审慎态度的影响,它直接导致了麦金泰尔的德性伦理学缺乏形而上学维度,只想在历史实践的维度内寻找德性的根基。从上面对德性的定义来看,这种定义表现出一种令人绝望的"形式"特征,因而,麦金太尔对康德伦理学的形式特征的批评反过来同样适用于他自身。

形而上学研究和道德研究是密不可分的,这个传统源自于柏拉图,他试图通过对自然本身基本性质的探究来证明存在一种自然的和客观的道德,即为道德提供实在论的形而上学基础。对于柏拉图来说,《理想国》的目的在于解释由智者们所导致的道德相对主义问题的严重性,道德必须建立在一种特定的形而上学之上。在下一节中,笔者将引入阿奎那的德性伦理学,他作为一个新柏拉图主义者,实际上践行了柏拉图的这一传统,正如斯坦普(E. Stump)和克赖茨曼(N. Kretzmann)所说,"他的伦理学完全建立在他的形而上学之上"[②],而德洛里奥(Andrew J. Dell'Olio)则更进一步认为"阿奎那的伦理学不仅根植于更大的形而上学观点之中,而且这个形而上学观点在本质上是有神论的"[③]。

此外,对道德的充分论述既依赖于我们对人性的诠释,也取决于我们划分人性的方式,正如瑞斯特所说,伦理学或明或暗地与人性相关,而最好的道德理论是与更真实、更可辩护的人性解释相关联的。[④] 许多现代道德哲学的批评者的一个基本判断是:在现代道德哲学中占主导地位的做法是以特定的客观原则或准则确定正确的行动,而不是以一个主体的品格为标准去描述好人,即个体的道德自我。笔者认为,这样一个判断基本上是正确的,但是这并不能得出德性伦理关注的只是"自我实现的事情"这一结论,因为任何一门伦理学都是一门关乎自我完善的事业,只是关注的重点不同而已。麦金泰尔批判现代道德哲学缺乏一个统一的道德自我概念,究其根由,是因为现代道德把道德义务的概念植根于普

---

① John M. Rist: *Real Ethics: Reconsidering the Foundations of Morality*, Cambridge University Press, 2002, p. 242.

② E. Stump, N. Kretzmann: *Being and Goodness*, From S. Macdonald (ed.): *Being and Goodness: The Concept of the Good in Metaphysics and Philosophical Theology*, Cornell University Press, 1991, p. 98.

③ [美]安德鲁·J. 德洛里奥:《道德自我性的基础:阿奎那论神圣的善及诸德性之间的联系》,刘玮译,中国社会科学出版社 2008 年版,第 49 页。

④ John M. Rist: *Real Ethics: Reconsidering the Foundations of Morality*, Cambridge University Press, 2002, p. 7.

遍原则或规范之正当性的启蒙筹划:现代的道德自我同所有欲望相分离,自我成为了一个完全自主的行为主体,一个缺乏实质的形式自我,从而远离个人可能获得的任何性格特征,只从一种单纯普遍和抽象的视角做出判断。现代道德哲学的一个主要批评者伯纳德·威廉斯认为:"一个特定的个体具有他自己的一套欲望和关注,或者就像我经常说的那样,具有他自己的生活计划,而那些计划有助于构成一个品格。"①

在某种意义上来说,现代道德哲学中的自我不是一个道德自我,因为它缺少善的概念,因而无法对道德选择做出评断。另外,因为其本质上的形式特征使得它缺乏在任何特殊方向上的塑造能力。因此,为了确定人类完善自我所需要的品格特征或德性本质,我们就需要首先考虑是什么构成了人类的善。

总之,麦金泰尔对德性概念的定义涉及一个重要概念,即实践的善,然而他的善概念在根本上是缺乏实质的。麦金泰尔的实践的善不过是整个人生的目的,然而因为德性的第二阶段即人生的叙事结构的目的在于决定一个人的行为并建立起他完整的善,于是我们发现,实践的善与德性概念不过是在相互规定,原地打转,而要使德性获得实质内容就必须像亚里士多德或阿奎那那样构建起一种客观善或者说引入善的形而上学维度。此外,伦理学总是同"自我"这一概念息息相关,尤其同德性和善的概念相关,所以接下来我将围绕德性、自我和善的概念来揭示德性伦理学的前世今生,从而得出德性伦理学必须具备某种形而上学维度才能立足于现代社会的结论。

三、德性、自我与善:德性伦理的形而上学基础

美德是一个人达到完善所需要的品格特征,因此,对它的本质的思考必须从人的自我完善的本质开始,那么到底什么构成了人类的善呢?善的形而上学构成了阿奎那的德性伦理学的重要组成部分,正如加拉格尔(D. M. Gallagher)所说:"对托马斯来说,善首先是一个形而上学概念。"②因此,在笔者看来,阿奎那给我们提供了重要启示,能够为德性伦理学在现代社会所遭遇的危机提供了一种合理的解释。

---

① [英]伯纳德·威廉斯:《道德运气》,徐向东等译,上海译文出版社 2007 年版,第 7 页。

② D. M. Gallagher: *Aquinas on Goodness and Moral Goodness*, From D. M. Gallagher(ed.): *Thomas Aquinas and His Legacy*, The Catholic University of America Press, 1994, p. 27.

阿奎那把善分为自然的善和超自然的善，前者是可以通过人类的自然能力达到的，后者则需要神圣恩典的注入，它们分别构造人类的自然目的和超自然目的。但是这种双重性对道德自我的统一性构成了威胁，挽救方式就是要把人类的善建立在一个足够丰富，因而可以容纳双重终极目的的关于善的形而上学基础之上。这里的“形而上学”指的是建立一个整体的“世界观”的尝试，而阿奎那的形而上学就是上帝中心论，他认为上帝是最具实在性的存在，是一切存在的源泉，一切存在的目标，不管这一个观念是通过理性还是通过启示达到的。总之，阿奎那的伦理学植根于其善的形而上学。

许多研究者认为，存在与善的可互换性论题构成了阿奎那伦理学的元伦理学，事实上也是形而上学基础，它源于奥古斯丁的“因为我们存在所以我们善”①。存在与善互换的路径有两个：柏拉图主义的“分有”路径和亚里士多德的“自然”路径。柏拉图主张善的理念是所有理念的理念，因而一切理念都分有了善的理念，即所有的事物都通过善的流溢过程而进入存在，并最终回归善。所以，在柏拉图看来，善的缺失就是存在的缺失。

亚里士多德是以目的论的方式来理解善的。善本身是通过本质的满足或完成而得到理解的，而同时这个本质又规定了事物的存在，所以善的满足就是存在的实现。一个事物之所以是善的是因为通过展现其固有能力而实现了内在于它的善，所以实现了的善就是一种内在于自然事物的一种状态。

我们可以看到，柏拉图主义的“分有”路径很容易为基督教神学所利用，只要把永恒的理念变成上帝就可以了。事实上，基督教的新柏拉图主义就是这么做的，因而“分有”路径很自然地被阿奎那用于解释人类的超自然的目的或善的神圣恩典的注入，而亚里士多德的“自然”路径则用于解释人类“自然”目的或善的实现方式。进一步而言，“自然”路径其实是“分有”路径的某种形式，因而，在自然的善与超自然的善之间并非截然两分的：自然的善和超自然的善只是人类分有神圣善的两种方式，前者从属于后者，并且这两种善构成了自然和超自然德性之间联系的形而上学基础。

那么，自然的善究竟意味着什么？存在与善的可互换性同自然的善之间有什么联系？自然的善又何以必须服从于超自然的善呢？“善”总是同“完善”的概念相联系，“完善”意味着事物的“完成”状态，因而预示着到达事物发展的终点或目的，只有在这样一种状态下，事物才是现实的，才是“善的”。“因此，在阿奎那

① Augustine：*On Christian Doctrine*，M. Dods(trans.)，T. &T. Clark Co.，2004，pp.1871—1876.

看来，成为完善的就是进入‘实现’，也就是一事物将潜在完全表达出来的状态”。事物从潜在向存在的过渡也是事物成为善的过程，这也是存在与善的可互换性的论题的真正含义所在。

自然的人类善是由“一种理想的生活方式”所构成，这种生活方式由那些使个人完善的所有善和行为构成，并且由实践理性以最完满的方式规定。然而，问题在于理性本身是否足以构成伦理的基础，或者说，理性是否能够足以成为道德行为的标准。

阿奎那当然认为理性可以成为衡量我们人类善恶的标准，因为他说：“我们通过诉诸理性谈论人类行动的‘善’与‘恶’。”[①]理性使我们区别于其他动物种类，理智和意志分别是我们的认知和意欲的理性能力，前者使得我们有意识地去从事实现我们自身本质的行为，实现潜在向现实存在的过渡；又因为人类行为道德行为是意欲的对象，因而后者使得我们实现本质的行为成为道德的、善的行为，使得存在与善保持同一。然而，我们不能单凭理性的沉思达到人生的完整，因为正如德罗里奥所说：“在阿奎那看来，不是人类理性自身，而是理性灵魂（即理智和意志两种力量）的满足或完善，构成了人类的善。由于理性灵魂不能通过自然理性所能获得的真或善达到其完善，人类理性自身的实现就不可能是人类的终极目的。”[②]人类理性自身具有局限性。虽然我们可以通过理想来切近人类的终极目的，却永远无法超越，这时需要的是神圣恩典的注入，即超自然的神圣的善或德性的存在。总之，人类的善不仅包括被有限的人类本质所规定的善，还有神圣的善，两者共同构成善的形而上学，从而为德性伦理学奠基。

那么，德性的本质究竟是什么呢？德性又是如何植根于善的形而上学之中的呢？总的说来，阿奎那的德性定义可以归结为如下四点：

(1)一种持久的性格特征，即整个个人的一种稳定的性格或习惯；

(2)使一个人采取一致的良好的行动，即现成地、便利地和快乐地行动；

(3)朝向人类善的实现这一目的；

(4)贯穿整个一生的时间。

从上述定义可以看出，首先，德性同习惯保持着密切的联系；其次，德性总是同行动保持着某种因果联系；再次，德性总是同善或人类的终极目的保持一致性关系；最后，德性不是我们可以选择的结果，它是我们灵魂的一种品质。

---

① T. Aquinas: *Summa Theologiae*, McGraw-Hill, 1968, p. 892.

② ［美］德洛里奥：《道德自我性的基础：阿奎那论神圣的善及诸美德之间的联系》，刘玮译，中国社会科学出版社 2008 年版，第 71 页。

从传统角度看,“习惯”这个词带有强烈的形而上学意味。亚里士多德把它当成一种永久的、难以改变的性质,进而认为各种知识和德性都是习惯。[①] 为了更好地体现阿奎那的习惯的趋向性和目的性,最好把它理解为现代哲学意义上的“性格”。性格总是体现了存在状态,因而习惯也总是代表着朝向某种完成或实现这一存在状态的目的,同时也代表着我们总是预备着采取行动,因而习惯其实就是阿奎那的德性定义的核心。

然而,以习惯为核心的德性为什么总是朝向善呢?难道是习惯本身就带有强烈的价值取向?这当然不可能,习惯总是有好有坏,习惯只是限定灵魂的能力,使这个能力以某种方式行动,因而习惯最终只不过是有可能实现善的一种中间状态。实际上,在此我们遭遇了德性伦理学自身难以克服的困难,但是这种困难的起因还是在于我们把德性伦理学视为是一门什么样的伦理学的问题。伦理学不同于其他任何一门学科,尤其是不同于自然科学,它的前提是一种价值设定。德性伦理学的一个先决条件就是对人类终极目的或善的设定。在笔者看来,它同规范伦理学的根本冲突就在于规范伦理学不承认这种设定,甚至认为根本无需这种设定,因为它们主张以规则为基础,认为规则本身就能提供道德的标准。另外,正如约翰·格雷所说的:“要讨论伦理问题,我们并不需要一个无所不包的体系。相反,我们探讨伦理问题仅仅是因为我们的道德观念并不能结合在一个无所不包的体系中。”[②]但是,这并不意味着伦理学可以无需形而上学的奠基,相反,由于对体系的承认已经默认了它的存在。所以,对德性伦理持过分悲观的态度的原因不是出在德性伦理学本身,而是他们自身的合理性标准出了问题,伦理学永远不可能完全合理。

笔者认为,亚里士多德的自然德性,乃至于麦金泰尔在当代对它的改造都无法完全为德性伦理学找到坚固的基础,阿奎那意识到了自然主义无法为德性伦理学筑基,人类的善或德性必须要寻求一种高于自然秉性的超自然的善或德性的存在。在中世纪,阿奎那综合了亚里士多德和柏拉图或奥古斯丁的传统之后,德性伦理学似乎也穷尽了它的理论可能性;此后,随着近代哲学的诞生,再加上语言学转向之后规范伦理走向了一个巅峰,德性伦理学几乎消声灭迹。综观当代德性伦理学的复兴,无论是以麦金泰尔为代表的亚里士多德式的自然德性伦理学,还是以德罗里奥为代表的阿奎那式的超自然德性伦理学,它们都没有脱离

---

① [古希腊]亚里士多德:《范畴篇 解释篇》,方书春译,商务印书馆2005年版,第30页。

② [英]格雷:《自由主义的两张面孔》,顾爱彬、李瑞华译,江苏人民出版社2002年版,第51—52页。

出传统框架的范围。这不禁让我们想要追问:两者之间是否存在一种中间道路?或者说,是否有一个东西可以取代上帝的形象?然而答案似乎都令人绝望,麦金泰尔在《追寻德性》之后对形而上学的默认,但又对阿奎那的神学保持审慎的态度,这些都反映了虽然德性伦理需要形而上学筑基,但是却始终无法以一种自信的态度在现代社会中寻找到一个可以取代上帝的价值形象。然而,这也是现代社会的困境所在,而不仅仅是德性伦理的困境。

更为激进一点地说,笔者认为德性伦理学所谓的困境根本不算困境,更加没有同现代社会的适应性困难。我们首先要做的就是抛弃对伦理学不可错论的偏见,认为伦理学必须能够解决社会的各种伦理困境,进而更要正确理解德性伦理学的本质。德性伦理学不是关于自我实现的伦理学,它是关注道德的自我筑基的伦理学,这是现代道德哲学所严重缺乏的东西,规范或规则在本质上是外在于自我的。现代社会是一个贫乏的社会,自我无可奈何地破裂,而新的统一的自我却杳无踪迹,规范伦理既因此而盛,同样也将因此而衰。

四、结语:当代德性伦理学复兴的内涵与展望

当我们回顾德性伦理学几千年历史的时候,我们可以发现德性本身的框架或形而上学基础发生了数次改变,因而当代德性伦理学的一大任务就是如何在现代社会中发现德性的形而上学基础。正是在这个方面,阿奎那对于当代德性伦理学具有特殊的启示意义。他向我们提供的这种关于德性的形而上学框架原理表明,德性伦理学本身必须关切人类总体的生存论状况。对这种生存论状况的把握是每一个时代的任务,只有很好地完成了这个任务,德性在这个时代才有了实质性的内容,才能契合这个时代的精神,满足这个时代迫切的伦理要求。然而,现代社会正处于一个人类生存境遇极度不稳定的状况中,它导致了我们把握德性内涵的困境,从而也是我们时代的伦理困境的根本原因所在。此外,人类生存境遇同德性的如此密切的联系决定了我们时代对德性伦理的呼唤,德性伦理当代复兴必须依循这个思路才有出路。

有鉴于我们时代的症候,笔者认为德性伦理应该成为现代社会的核心伦理。不过,现代伦理的格局必然是众星拱月式的,但是它绝对不会像规范伦理在过去几百年间所采取霸权式的做法,即排除其他伦理生存空间。德性伦理在格位上应该高于规范伦理,并且它的应用范围不应该定位于具体的道德行为,这是规范伦理应该主导的领域,德性伦理应该统摄人类整体的道德生活。我们始终相信

麦金泰尔的一个观点:“现代道德话语和实践只能被理解为来自古老过去的破碎了的残存之物,并且,在这一点被很好地理解之前,它们给现代道德理论家所造成的不可解决的问题将始终是不可解决的。”[①]现代道德吸取并发展了传统中具有实践性较高的部分而放弃了作为其整个伦理核心的德性伦理,从而为伦理学的当今的困境埋下了祸根。

现代社会的碎片化表明现代社会处于深刻的危机之中,但是我们不能反过来用危机中的现代社会当作是德性伦理危机的根源,因为这不仅不是德性伦理的危机,反而是德性伦理的契机。麦金泰尔正确地认识到冲突和对立同道德知识之间的关系:“对立与冲突在人类生活中具有核心地位,……是人类德性知识的一个重要来源和人类德性实践的一个重要环境。”[②]德性伦理的当代复兴正是为了解决现代社会的危机,而作为进行“危机公关”的角色的德性伦理是它的当代复兴的最主要内涵。至于德性伦理能否妥善地处理这场危机,进行一个好的危机公关则要看如何成功地定位德性伦理在现代社会中的位置以及如何理解德性伦理的本质。

另外,笔者忍不住想到中国伦理学的境遇,当西方人可以向上帝求援的时候,中国人又可以向谁求援?中国没有上帝。我们总说我们处在一个传统道德分崩离析,而新的道德体系又还没有完全建立起来的转型期社会:一方面,我们的社会已经充斥着各种规则,当然更需要关注的是它们如何得到切实的执行;但是笔者认为还有更为重要的方面就是如何为新的道德体系寻找到一个深厚的道德基础。这也揭示了我们要向古代思想攫取养分的方向:不要“形似”,要“神似”。我们的社会已经出现了过多的“形似”的传统道德的复兴,比如“跪拜礼”的重现,“守贞课”的出现,等等,不一而足。

① John M. Rist: *Real Ethics: Reconsidering the Foundations of Morality*, Cambridge University Press, 2002, p. 139.

② Ibid., p. 207.

论道德教化[①]

肖会舜[②]

【摘　要】教化不仅在于使人成其为人，更在于使人超越其个体性，成为普遍性的精神存在，从而获得真实的自由。笔者追溯中西方语境中的教化概念，明晰教化的实质，对传统道德教化与现代性道德教化进行批判性分析，旨在寻求适应现代伦理精神的道德教化。

【关键词】教化；伦理实体；现代性

教化，在中西方文化中都源远流长：一方面，由于个人只有经过教化方才与动物区别而成为人；另一方面，也只有经过教化才能使人脱离孤立的个体，即塑造具有普遍性精神的个体。教化实际上就是使主体实体化和实体主体化，把个体塑造成具有精神性的类存在，从而进入人道或人文的世界。

一、中西方语境中的教化

在中国古代，教化首先是指一种政治—伦理举措，所谓"明人伦，兴教化"是也。《说文解字》释"教"为："上所施，下所效也。"即是说，教化是通过政治教化来实现的，它要求统治者有一种较高的道德情操并承担一种先知觉后知、先觉觉后觉的道德责任，所谓"君子之德风，小人之德草，草上之风必偃"（《论语·颜渊》），"君者，民之原也；原清则流清，原浊则流浊"（《荀子·王霸》）。所以董仲舒说："凡以教化不立而万民不正也。夫万民之从利也，如水之走下，不以教化堤防之，不能止也。是故教化立而奸邪皆止者，其堤防完也；教化废而奸邪并出，刑罚不

① 本文系2012年度教育部人文社会科学研究青年项目《道德自我的伦理根基——教化论视野下的现代性道德哲学批判》（编号12YJC720041）阶段性成果。

② 肖会舜，哲学博士，绍兴文理学院法学院教师，主要从事伦理学原理、政治哲学研究。

能胜者，其堤防坏也。古之王者明于此，是故南面而治天下，莫不以教化为大务。立太学以教于国，设庠序以化于邑，渐民以仁，摩民以谊，节民以礼，故其刑罚甚轻而禁不犯者，教化行而习俗美也。”(《汉书·董仲舒传》)因此，从教化的目的来说，一方面，教化是为了维系传统社会的正常秩序并使人和谐相处的重要举措；另一方面，也更为重要的是，教化具有人文意义，即通过教化使人成为真正意义上的人。人之所以能够从动物界抽身，就在于人能够创制规范并赋予这种规范以生命的意义与人道的价值。人对于整个自然宇宙来说是微不足道的、渺小的，只有通过道德教化，开辟一个内在的人格世界，才能开启人类无限融合及向上提升自我的向度。“人只发现自身有此一人格世界，然后才能够自己塑造自己，把自己从一般动物中，不断地向上提高，因而使自己的生命力作无限的扩张与延展，而成为一切行为价值的无限源泉。”①自然性的人是有限的，但通过道德教化所开创的人格世界是无限的，它能够通过对具有普遍性意义的“天道”“天理”的契合而实现与“天地参”。

从教化的内容来看，“教”不是灌输抽象的客观知识和形式规范，而是“教以人伦：父子有亲，君臣有义，夫妇有别，长幼有序，朋友有信”(《孟子·滕文公上》)。“教以人伦”就充分体现了德性生成条件的各种人伦关系之间的互动，伦常礼俗不仅具有超越性，更具有现实性与客观性。如果说“教”体现的是人的向上的维度，那么“化”则指向道的下贯维度。没有“化”之一维，则“教”必流于空疏。“道”化而成“德”，“道”以“德”的方式呈现出来方可谓“化”也。《说文解字》释“化”为“教行也”，可谓精当。“化”是通过政治—伦理措施使“道”在社会生活各方面得到落实，使生活于其中的每一个人都受到共同体价值的型塑与精神气质的改变，畅行于社会的人伦规范、政教措施获得了理性的认肯与情感的支持，并进驻人的心灵，甚至作为一种无意识或潜意识而成为人的“第二天性”，正所谓“化民成俗”是也。教化是关乎人的整个伦理性存在的，它是人的心灵感受到共同体的普遍价值并以这种公共本质提升个体性的存在，获得生命的意义。“个人全部内在的经验、感觉、情绪和思想在接触外界的过程中，与外在的即他人的经验、感觉、情绪和思想等等联系了起来，个人的这一切内在之物必须让他人意识到，它以扩展了的形式显示着完整的人类本性，因为它本身即已为精神力量的种种扩展的、具体的努力所渗透。”②因此，教化不是单纯的对人的理智进行教化，

① 徐复观：《中国人性论史·先秦篇》，上海三联书店2001年版，第61页。

② [德]威廉·冯·洪堡：《论人类语言结构的差异及其对人类精神发展的影响》，姚小平译，商务印书馆1997年版，第30页。

而是对人的整个存在特别是人的情感进行引导和塑造，并固化为人的精神品质。“教”的目的在于“化”，“化”是指人的内在气质、欲望品质得到了彻底的转变，即人的情感、理智、意志能够以某种普遍性的价值为指引，“从而被塑造成型了一种深厚的、有着超出本能的个别性状态的、与他人甚至外物相通的旷达胸襟的精神品德，而且还截断了倒退到野蛮、粗鄙状态的回路”[①]。恰如荀子所说：“长迁而不返其初则化矣。”(《荀子·不苟》)管子也说：“渐也，顺也，靡也，久也，服也，习也，谓之化。”(《管子·七法》)由此我们可知，从本质上讲，教化乃是对人的情感的教化，使个别性的情感秉持理性的普遍性。当然，情感、欲望并没有因理性化、普遍化而丧失自身，而是使之具有与人相通的向度。这就说明教化不是单纯的理智教化，而是融理性于其中的情感教化。

古希腊的思想家们也认为德性不是天生的，而是通过学习和教化获得的。教化的希腊词“paideia”就是教人以德行，使某种普遍性的价值支配着人的思想和行动的意思，“教化的基础是一般意义上的支配人们生活的价值意识”。据词源学的考察，“paideia”最初的涵义是“儿童的教养”(child-rearing)，“它通常指人类身心一切理想的完美，一种完全的 kalolagathia，即 nobleness(高贵)和 goodness(善)，在智者时代，这个概念用来意指真正的理智和精神文化”[②]。总体上讲，西方语境下，教化更强调一种“形式”(form)并赋型于人心之上，因此在教化方式上，它更强调一种理智教化。因为在他们看来，理性与经验、感觉、欲望是绝对对立的，这种二分结构导致其主张通过理性对激情、欲望的绝对统治来获得灵魂的提升。德语“Bildung”一词也充分展示了教化的意义。史密斯(John H. Smith)通过对赫尔德关于“Bildung”概念的追溯，指出教化概念的意义与范围主要表现在如下几个方面：(1)单个事物形式(form)的提升；(2)教育(education)；(3)人类文化形成(the formation of human cultures)的过程和成就；(4)“人性”概念的历史演变(the historical unfolding of “humanity”)；(5)通过按照每一存在者都争取它的理想的有机形式的原则(principle)统一所有自然世界的科学的观点。[③]

可见，“Bildung”的主要含义是通过一种普遍性的形式对人的自然性的提升，使这种自然性符合人性和理性普遍性的概念。伽达默尔指出，“教化”一词从

---

① 詹世友：《道德教化与经济技术时代》，江西人民出版社2002年版，第5页。

② 杜丽燕：《人性的曙光——希腊人道主义探源》，华夏出版社2005年版，第184页。

③ John H. Smith: *The Spirit and Its Letter: Traces of Rhetoric in Hegel's Philosophy of Bildung*, Cornell University Press, 1988, p. 48.

词源上说，最初起源于中世纪的神秘主义，以后被巴洛克神秘教派所继承，再后通过克洛卜施托克那部主宰了整个时代的史诗《弥赛亚》而得到其宗教性的精神意蕴，最后被赫尔德从根本上规定为“达到人性的崇高教化”(Emporbidung zur Humanität，英文为 reaching up to humanity)。[①] 可见，教化本身就是一个赋形的过程，人最初是本于神所造就的，因此，对于人来说，教化就是使人性通过改变、提升以分有或合乎神性。不过，经历文艺复兴和启蒙运动之后，神性下堕为人性，而且人性丧失了精神的丰富性和完整性，因为人性要么直接等同于人的自然欲望，要么通过科学理性或工具理性来认识人的存在，从而把人肢解为没有任何精神和高贵气质的动物，法国启蒙思想家拉美特利的格言“人是机器”可谓道出了近代启蒙思想的人性观。神性或超越性的失坠，使得教化由此丧失了其根基，自由与必然陷入了二律背反的矛盾之中。德国人文主义者(如歌德、席勒、施莱尔马赫、赫尔德以及洪堡等)敏锐地意识到“Bildung”概念在人文科学或精神科学中的重要地位。洪堡指出：“当我们讲到德语 Bildung(教养)这个词的时候，我们同时还连带指某种更高级的、更内在的现象，那就是情操(Sinnesart)，它建立在对全部精神、道德追求的认识和感受的基础之上，并对情感和个性的形成产生和谐的影响。”[②]这样，教化(Bildung)就不仅只是形式(Gelild)，而是内在地包含着“形象”(Bild)，形象既可以指摹本(Nachbild，英文为 image)，又可以指范本(Vorbild，英文为 model)，而形式概念则不具有这种神秘莫测的双重关系。[③]

正如伽达默尔所认为的那样，“教化”概念在精神科学中有着核心的地位。因为从本质上说，精神的存在是与教化观念紧密联系在一起的。人之为人的显著特征就在于他能够从其动物性的生蛮状态走出来，脱离直接性与本能性的东西。而且，人还应该从其个别性的状态中走出来，使其精神的各个方面都习得一种普遍性，他不应该沉湎于他天生所是的那样子，而应成为他所应是的那样。“人类教化的一般本质就是使自身成为一个普遍的精神存在。谁沉湎于个别性，谁就是未受到教化的。”[④]教化之所以能够从其直接性的本能存在中抽身出来，就在于它本质上具有精神的理性。不过，精神的理性是一种教化的理性或生命

① [德]汉斯-格奥尔格·伽达默尔：《诠释学Ⅰ：真理与方法》，洪汉鼎译，商务印书馆 2007 年版，第 19—20 页。

② [德]威廉·冯·洪堡：《论人类语言结构的差异及其对人类精神发展的影响》，姚小平译，商务印书馆 1997 年版，第 36 页。

③ [德]汉斯-格奥尔格·伽达默尔：《诠释学Ⅰ：真理与方法》，洪汉鼎译，商务印书馆 2007 年版，第 21 页。

④ 同上，第 23 页。

的理性，它并不是通过理智而把“感觉”抹杀掉，而是使人的感觉欲望获得一种普遍性的形式，即获得一种“普遍的感觉”。也就是说，教化“它是一种这样的教育，引导个体把多样的特殊经验内在化，以便通过系统化并作为一般概念来表达并超越它们的特殊性。”①

二、教化的实质

上文已经追溯了“教化”概念在中西方语境中的内涵。那么，“教化”的实质是什么？或者说“教化”要成就什么？黑格尔一语中的：“教化的意思显然就是自我意识在它本有的性格和才能的力量所许可的范围内尽量把自己变化得符合于现实。”②黑格尔所谓的“符合现实”实际上指的就是具有精神的普遍性，即要尽可能地把人本身所具有的理智、情感、意志提升到普遍性的层次。但是这种普遍性的提升并不是要把人本身所具有的自然性根除殆尽，而是借助于教化所提升普遍性层次使其能够与他人、社会、历史在精神上进行沟通。自然性并没有丢失，而是保存在普遍性当中，在特殊性中将普遍性体现出来。人只有经过教化才能获得现实性，个体不再是作为单独孤立的个体而存在于世，因为人乃一社会性的存在，即我是作为“我们”之一员而存在的。“我们个体存在的个别性、特殊性、独立性只是相对的个别性，它不仅产生于包容它的统一性中，而且只能存在于其中。”③没有绝对的个体，个体总是受社会共体的熏染而成为定在和现实的，社会共体既是个体成长的基点，但成为社会的个体也是其归宿。黑格尔也指出：“个体的力量在于它把自己变化得符合于实体，也就是说，它把自己从其自身中外化出来，从而使自己成为对象性的存在着的实体。因此，个体的教化和个体自己的现实性，即是实体本身的实现。”④实体的普遍性和公共性是个体的本质，个体只有成为实体的一部分才是其自我实现。

不可否认的是，在具体的教化方式上，中西方文化之间甚至各学派间存在着差异，有的认为人只有通过朝向不变的存在即理念或神才能获得教化，而有的则从经验、历史的角度出发，强调对情感、欲望的节制，使欲望的满足获得一种合理

① John H. Smith: *The Spirit and Its Letter*: *Traces of Rhetoric in Hegel's Philosophy of Bildung*, Cornell University Press, 1988, p. 19.

②④ [德]黑格尔:《精神现象学》下卷，贺麟、王玖兴译，商务印书馆 1979 年版，第 44 页。

③ [俄]C. 谢·弗兰克:《社会的精神基础》，王永译，生活·读书·新知三联书店 2003 年版，第 58 页。

性与内在价值的支持。不管怎么样，道德教化都是通过对人的感性直接性的一种延迟、反思，使人获得一种普遍性的视野，从而使人能够站在一个超出自身即具有“他者”的向度来安排自己的个人生活与社会交往，并在社会交往的过程中，获得社会的认肯以及个人德性的提升。伽达默尔指出：“教化作为向普遍性的提升，乃是人类的一项使命。它要求为了普遍性而舍弃特殊性。但是舍弃特殊性乃是否定性的，即对欲望的抑制，以及由此摆脱欲望对象和自由地驾驭欲望对象的客观性。”①可见，教化所实现的普遍性其实是自由的表现，人不再受自然性的宰制，而是能够以精神的普遍性价值来决定并创造自我。此外，教化是没有自身之外的目的，因而“也不存在任何服务于达到道德目的的单纯合目性的考虑，而手段的考虑本身就是一种道德的考虑，并且自身就可以使决定性目的的道德正确性得以具体化”②。在教化这里，手段和目的的关系是内在的、有机的。这与对天赋的自然素质(talent)单纯的培养不一样，自然素质的训练和培养只是一种达到目的的单纯手段。而经过教化的东西，已然成为人自己的东西了，它已融入了人的存在。黑格尔说：“个体在这里赖以取得客观效准和现实性的手段，就是教化。个体真正的原始的本性和实体乃是使其自然存在发生异化的那种精神。因此，这种自然存在的外化既是个体的目的又是它特定存在；它既是由于在思维中的实体向现实的过渡，同时反过来又是由特定的个体性向本质性的过渡。这种个体性将自己教化为它自在的那个样子，而且只因通过这段教化它才自在地存在，它才取得现实的存在；它有多少教化，它就有多少现实性和力量。”③可见，正是通过教化，人的个别性存在向其本质性提升，而人的自在的本质也是通过个别性表现出来从而获得实在性和现实性，但教化后的个别性，就不仅仅只是个别性而已，而是体现了实体性的个别性。

其实，教化就是扬弃自然的自我从而获得现实性。但不幸的是，人们以为自然的特殊性或个别性的存在才是现实的，才是“我”的。现代性及其后现代性就是强调一种感性上的充分自我感，并把这种自我感看成真实的自我。个性在他们眼里就是特殊性，就是标新立异，就是与一切实在、他人相区别，并且竭力使这种特殊性取得实在性。其实这毋宁是取消了“我”性，因为“我们的精神生活只有通过交流、通过为我们及其他人所共有的精神要素的循环才能实现”④。没有他

① [德]汉斯-格奥尔格·伽达默尔：《诠释学Ⅰ：真理与方法》，洪汉鼎译，商务印书馆2007年版，第23页。
② 同上，第437—438页。
③ [德]黑格尔：《精神现象学》下卷，贺麟、王玖兴译，商务印书馆1979年版，第42页。
④ [俄]C.谢·弗兰克：《社会的精神基础》，王永译，生活·读书·新知三联书店2003年版，第59页。

人意识的渗透,单纯的自我感只能是虚幻的,自我意识只有借助于交流才能得到丰富并获得现实性,个性不在于与他人格格不入,而恰恰在于能够被他人理解并接受。所以黑格尔说:"如果个体性被错误设定为由自然和性格的特殊性构成的,那么在实在世界里就没有一个一个的个体性的性格,而所有的个体就都具有彼此一样的存在了。"他还说:"自我的目的和内容则完全属于普遍的实体本身,只能是一种普遍的存在。一个自然的特殊性,如果竟然成为目的和内容的话,那也只有是无力量的和不现实的东西。"①这一点,C. 谢·弗兰克也指出,即使是我们自己创造的某个东西、那个表现了我们个人的"我"之最根本、最独特的东西也并非来源于孤立的"我"这个封闭的、独立狭小的范围,而是来源于精神深处,在那里我们与其他人在一个终极统一体中融合在一起。俗语说:"越是民族的,就越是世界的。"这一点对于单个的个人也同样适用,最有独创性的、出类拔萃的人也是最具"全人类"性质的人。只有拙劣的艺术家才在作品中处处突出其特异性、单纯的"我"性,这是一种"伪"个性,真正的艺术家乃是在作品中展现人性中真正普遍的东西,即"我们"性的东西。

对于个人来说,其心灵情感受到教化即指个人的整个精神气质得到了具有普遍性的伦理规范和价值理念的型塑,这种型塑不是暴风骤雨式的,而是潜移默化式的。性与习成的方式使这种普遍性的价值成为了人的第二天性。"礼之教化也微,其止邪也于未形,使人日徙善远罪而不自知也。"(《礼记·经解》)"化"就是一种工夫,"化"实际上是使人的心智秩序得以确立,人的整个灵魂、心灵状态得到了彻底的改变,(广义的)理性在心灵各部分中居统帅地位,能够协调好与情感、欲望的关系,使整个的心灵不再拘于"意""必""固""我",而是具有普遍性的情理,克服、战胜了个别性的狭隘私欲,能够站在与他人甚至天地相"通"的立场来看待自我,获得"民吾同胞,物吾与也"(张载《醉名》)的博大胸襟。"化"更是一种成就,它使人的德性结构化为人的精神品质和性格质素而不是沦为一种偶然的善行,偶然的善行在受到极大利益诱惑或威胁逼迫时就会返回到受教化前的粗鄙状态。而由教化获得的"通"感是一种圣人气象,《说文解字》释"圣"为"通",实为确当。孔颖达疏:"圣者,通也。博达众物,庶事尽通也。"有学者称:"儒学所谓'性与天道'的形上本体,乃是在实存之实现完成历程中所呈现之'通'或'共通性',而非认知意义上的'共同性'。因此,这'通'性,非抽象的实体,而是一种把当下实存引向超越,创造和转化了实存并赋予其存在价

① [德]黑格尔:《精神现象学 下卷》,贺麟、王玖兴译,商务印书馆1979年版,第43、42页。

值的创生性的本原。”[①]故而可见，教化并不是要把个体的特殊性泯灭，而是提升着人性，使人性具有更为丰富的内涵，“内得于己，外得于人”(《说文解字》)。受到教化的心灵在世界中不再被物役所宰制，而是获得了一个无限性或不朽，它把自我投身于宇宙大化流行当中以获得无限大全的背景支持。教化就是要达到“自己把握其自己的自我”，“它不是把握别的，只把握自我，并且它将一切都当作自我来把握，即是说，它对一切都进行概念的理解，剔除一切客观性的东西，把一切自在存在都转化为自为存在”[②]。而且，教化的真理是获得自我意识与实体的统一，或者说是普遍的自我意识。自我意识的真理不是单个的存在物，而是单一物和普遍物、个体性和实体性的统一，或者说必须既是自为存在也是自在存在。

最后，我们还必须指出，由教化而获得的人格是一种健全的人格，它是一种“有生命的平衡”。也就是说，教化的目的是使人心中的情感和理智相互渗透，是情感化的理性或理性化的情感。没有理性的情感是自私的、狭隘的，无法与他者的情感相通，但没有情感的理性是没有生命、没有灵性的。单纯的理智必然是机械而抽象的，没有生命情感的灌溉，理性必然会退化成为毫无生气的逻辑形式。健全的理性必然是要照亮(enlighten)生命的。所以黑格尔指出现在道德教化的工作在于扬弃那引起固定的思想从而使普遍的东西成为现实的有生气的东西。因此，现代教化的实质在于如何使这种抽象的理智概念重新焕发出灵性的跃动和生命的情感感受，使我们的精神不再由于缺乏理性而狭隘，也不再由于缺乏情感而干涸。所以，教化的目的是成就一种健康的精神。这种精神的特点用弗洛姆的话说就是：“有爱与创造的能力……有自我身份感，这种身份感来自自身的经验，即自己是力量的主体和主动者的经验；能理解自身之内及之外的现实，即能够发展客观性及理性。”[③]

三、超越“伦理的专制”和“道德的独裁”

传统的道德教化有其强大的历史根基。社会秩序与心智秩序的同构性使得传统教化不是从天而降的，而是从文化传统、生活实践、人性自然的地基上进行的，日夕熏染，习于向善，进而成就善德。因为作为传统社会规范性力量的“礼”

---

① 李景林：《教化哲学》，黑龙江人民出版社 2006 年版，绪言第 14 页。

② [德]黑格尔：《精神现象学 下卷》，贺麟、王玖兴译，商务印书馆 1979 年版，第 40 页。

③ [美]E. 弗罗姆：《健全的社会》，孙恺祥译，贵州人民出版社 1994 年版，第 54—55 页。

不是理智思虑的结果，它是充分体现了伦理精神的典章制度，“礼仪三百，威仪三千，非天降也，非地出也”，而是本于人情、人性的，“礼作于情”是也。而且，传统社会中伦理生活的整体性与连续性也使其教化范式表现出“润物无声”的特点。不过，我们必须承认，传统的道德教化范式有其自身的弊病，必须向现代教化范式转化以适应时代状况及其要求。传统道德教化总体上体现出一种较强的道德观，这种较强的道德观人为地制造了人伦规范（义）与肉身欲求（利）的二元对立。而且，在传统社会中，“我们”具有绝对的统治力，以至于“我”的合理性要求也被剥夺了。“我们”在传统社会中无所不在，而“我”却始终处于缺席的境地。而且，传统伦理更多地具有自在的、直接的性质，它还没有与自为意识结合起来，亦即还没有在伦理自身内经历分裂，没有与特殊性结合，还处于“自然性伦理”阶段。

现代性道德教化在于从“我们”中解救出了“我”，这不能不说是启蒙以来的一项成就。“我”不是由“我们”得以说明和确立的，“我们”却是由“我”而获得存在的合理性。“我”与“我们”之间存在着不可逾越的鸿沟，“我们”之间不存在着一条神圣的存在之链，也就是说，“我们”不是“精神性”的存在，而只是“无内容的单纯自我相关”。正是在这一思维的支配下，道德完全成为自我决定的东西，它没有任何特定的内容，只是一种“自为的、无限的、形式的自我确信”。因此，在道德中，“我”也只是一意识主体，没有任何规定性，也不达到任何定在，这样一种形式的自我确信也容易从普遍性过渡到特殊性，因为这里所谓的“普遍性”与“特殊性”本身同出一源。“当自我意识把其他一切有效的规定都贬低为空虚，而把自己贬低为意志的纯内在性时，它就有可能或者把自在自为的普遍物作为它的原则，或者把任性即自己的特殊性提升到普遍物之上，而把这个作为它的原则，并通过行为来实现它，即有可能为非作歹。”①所以，当普遍性本身只是自我自为意识单独决定时，它又有可能造成一种“道德的独裁”。“道德的独裁”是自以为纯洁，并将自我特殊性的意志提升到普遍性之上，要求他人也遵循这种虚假的普遍性，而当他人不服从时，则以道德之名对他人进行强制。导致“道德的独裁”的根本原因在于，道德的观点不要求任何定在或好的后果，因为任何定在如果不是对道德真纯的玷污的话，至少任何定在并不构成道德的实质规定或必然要素。

传统的自在伦理可能导致“伦理的专制”，因为它缺乏个体自我意识的反思，亦即缺乏特殊性环节，甚至把特殊性看作与伦理普遍性截然对立的东西；而自为的道德却也可能导致“道德的独裁”，因为它只是个体自我意识的反思，仅仅把道

---

① [德]黑格尔:《法哲学原理》，范扬、张企泰译，商务印书馆 1961 年版，第 142—143 页。

德停留在隐密的内心世界，它不要求有好的定在或后果，但是这种抽象的良心只是自己知道自己、自己决定自己，它是他人所无法洞彻的。所以当把特殊性提升到普遍性之上并要求它实现时，就可能无视他人的特殊性而导致"道德的独裁"。"伦理的专制"主要就是表现在传统社会，在那里，个体没有自身存在的合理性，它必须成为实体的一员才有意义，更为重要的是，实体本身存在的合理性是不容置疑的，它具有天然的合理性。对自然伦理的反思本身就是不道德的，所以在伦理专制的社会，个体的特殊性是没有任何生存的空间。没有个体的特殊性环节，自在的"真实的精神"永远只能是处于浑沌未萌的状态，即"百姓日用而不知"的层次。更为可怕的是，伦理的专制使得个体仅仅具有偶性而已。所以，强调对自在伦理的绝对服从肯定不是教化，因为人在那里是没有自我意识的，这无论如何都是对人性的戕害。从自在的伦理世界中走出并进入自为的道德世界就是历史发展的必然趋势，也是一种进步，因为个体的自我意识第一次真正觉醒了。一切自在的东西都必须放在理性的考量之中，只有经得起理性普遍性检验的才有存在的合理性，自然性的伦理在科学理性的考量下丧失了其天然的合理性。但是这并不是说单纯自为的意志就能实现真正的自由，因为经过理性反思而建构的道德原则或道德规范并不一定是周全的，而且当理性与情感感受处于绝对对立的立场时，道德也就成了"心怀厌恶之感而去做道德之事"了。在个体理性的反思下，"道德"确实获得了普遍性，因为它必须经受住逻辑的不矛盾律，但是，形式的普遍性却也忽视了个体的情感。这样一来，道德原则或道德规范又变成一种没有生命、没有精神的东西了，这也就是为什么现代以来的道德教化总体上说是失败的：一方面，在道德世界观中，只要个体有良好的理性反思能力就必然能够做出合理的行动似的，所以道德教育也仅只是"脖子上的教育"（education for the neck up）。殊不知，"脖子上的教育"只能造就没有"心肝"（heart）的道德知识专家，而无法塑造一个具有普遍性的灵魂。这里所说的普遍性不是形式上的普遍性，而是一种"品质的普遍性"①，即情感、气质的普遍化：个体的情感受到了普遍性价值的型塑，使得个体的情感与理智能够相互渗透乃至化通，从而使个体的生命变得更深厚与灵慧，他能够感他人之所感、想他人之所想，也就是说，能够以宽容、开放、平等的姿态与他人沟通、交往。而现代性的道德教化乃是没有情感的，因为情感在他们看来是无法普遍化和通约的，而作为特殊性表现的情感也只能是无尺度的，所以知与行的分裂乃是不可避免的。另一方面，没有伦理实体

---

① 詹世友：《道德教化与经济技术时代》，江西人民出版社2002年版，第428页。

的环境支持，道德就仅仅作为主观性的东西，而这种主观性如何获得普遍性以及客观性本身就是可疑的了。这样一来，道德也只能是以规范的形式出现，而且道德也可以说只是一种惩戒性的规范。所以这也导致现代道德教育只是培养个体机械地遵循规范，而不是把个体的生命提升到一个普遍性的层次，培养一种普遍性的道德人格，使个体在尽义务的同时自然而然就能做到行为合宜、情感合度。最后，"道德的世界观"只不过是一种否定的自由，它所要实现的无限不是在有限的基地上进行扬弃之而实现的，所以它也就根本不考虑人性的有限性以及环境的复杂性，只是为尽义务而尽义务。

正是基于对传统"伦理世界观"与现代"道德世界观"的分析，我们认为必须实现伦理与道德的辩证统一，即倡导一种走向伦理精神的道德教化，也就是说，自然性的、直接性的伦理世界经历自我意识的道德教化而向自身返回，从而实现一种自由性的伦理世界。只有在这样一种伦理世界中，才能实现了意志与其概念的同一。正如黑格尔所说，"伦理是客观精神的完成，是主观精神和客观精神本身的真理。客观精神的片面性在于，它部分地直接在实在里，因而在外部东西、即事物里，部分地在作为一种抽象普遍东西的善里具有其自由；主观精神的片面性在于，它同样与普遍东西抽象地对立而在其内在的个别性里是自我决定的"[①]。所以，作为主观精神与客观精神统一的"伦理"既摆脱了自然性伦理的自在性，又摆脱了主观性道德的自为性，从而实现了自在自为的自由。相比较而言，现代性道德教化的最大任务也许并不在于使人摆脱"野人"状态，而在于使人摆脱"蛮人"状态[②]，因为"蛮人"是无法获得与他人、与社会的内在精神统一的。现代社会是特殊性支配着普遍性，从而以形式的普遍性来确保特殊性的实现。正如黑格尔在分析市民社会阶段时所指出的，具体的人作为特殊的人本身就是目的，而且特殊性原则只有在普遍性原则中才达到其真理性和现实性，因为市民社会"相需相求"的结构要求个别性的满足以他同时满足其他人的欲望为前提，所以在市民社会中，特殊性是受到普遍性限制的，而且个体也自觉到了这种限制并努力促成普遍性的实现。虽然特殊性原则与普遍性原则是结合在一起了，但

---

① [德]黑格尔：《精神哲学》，杨祖陶译，人民出版社 2006 年版，第 329 页。

② "野人"和"蛮人"的区分出自席勒。席勒认为，人可以以两种方式使自己处于对立的状态：一种方式是"感觉支配了原则"而成为"野人"，另一种方式是"原则推毁了感觉"而成为"蛮人"。"野人"视自然为他的绝对主宰，而"蛮人"则嘲笑和诽渎自然，他总是成为他奴隶的奴隶。所以在席勒看来，"蛮人"比"野人"更可鄙，因为有教养的人总是把自然当作自己的朋友，尊重自然，只是约束自然任性而已。（可参见[德]席勒：《审美教育书简》，冯至、范大灿译，上海人民出版社 2003 年版，第 35—36 页。）

这种特殊性与普遍性的统一并不是“伦理性的同一”，因为它不是作为自由，而是作为必然性而存在的，因为特殊性若不与普遍性相结合，特殊性是无法实现自身的。由此可见，重建“伦理性的同一”乃是当今道德教化的重中之重。传统共同体已一去不复返，我们现在要做的只能是重构“伦理性的同一”；它是一种“精神性”的东西，而且精神性的大全只有通过特殊性才能实现自身。所以我们现在就是要在社会利益高度分化中重建人的心灵的秩序，培养一种人的“品质的普遍性”。这种“品质的普遍性”就不仅是对规范、制度在形式上的遵循，更是秉持一种普遍性的价值觉察和人道情怀，使人能够在一切具体领域的具体活动中实现道德精神和价值内容。

社会个体道德行为的内外动因探析

谷树新[①]

【摘　要】人为什么要过有道德的生活？看似简单的一问，却涉及人类的终极关怀。从社会道德的现状来关照这一问题，则突显出社会转型背景下人们的道德困惑。在科技进步冲击传统“天人合一”道德信仰的情况下，社会个体道德生活的必要前提在于社会性存在；而“我”之所以不过有道德的生活，原因在于社会转型背景下的陌生人社会中，社会习俗、生活习惯和道德标准的差异；对触犯道德规范行为的惩戒不力；家庭和社会的教育引导偏颇。重建社会道德的思路在于构建全社会认同的道德标准并加强教育，强化社会制度和法律对道德失范行为的约束。

【关键词】社会个体；道德；内外动因

引　言

改革开放以来，道德滑坡是人们有目共睹的事实，解决社会道德问题、实现社会道德重建几乎成为全社会关注的焦点。一直以来，学界都在努力探索，试图解决这一难题，所以关于道德的文章和著作层出不穷，关于道德滑坡的原因及其解决路径问题，可以说是见仁见智。在总结前人成就的基础上，郭振家博士对道德滑坡的原因进行了综合概括，认为目前道德滑坡的原因主要涉及以下方面：第一，“转型期”文化沉沦。我国由落后的农业社会向现代的工业社会的转型对文化意识、思想道德等造成了较大的冲击，而在此期间，思想道德建设滞后，没有形成良好的道德风气。第二，开放社会价值观念的多元化。随着西方文化的引入和中西文化的冲突，人们的价值观念发生变化，价值判断多元化。第三，市场经济条件下，经济利益最大化的引导。人们做任何事情都会衡量经济利益。第四，

① 谷树新，浙江育英职业技术学院基础部讲师。

政府一些贪腐官员的恶劣影响。[①] 此外,我国传统文化主导地位丧失(郭振家);道德建设的空泛化、简单化[②];社会转型期间把经济利益的思维模式运用于道德判断和社会行为[③];体制机制的不完善,法治和德治不完全相适应,社会舆论对恶性事件的放大效应等[④],也被学者看成是造成道德滑坡的主要原因。

在笔者看来,以上对道德滑坡动因的概括都是站在客观而外在于个体的立场上做出的,而对于社会个体自身来说,面对道德的判断与选择,最直接的问题就是"我"为什么要遵守社会道德规范。因为"现代性社会中的自我由于摆脱了传统共同体的身份而成了情感主义的自我","'现代人'是一种感觉化类型的人,这种'现代自我'或'现代人'最容易奉行感觉至上与及时行乐的行为原则"。[⑤] 在这种情况下,我们思考重构社会道德时更应该站在社会个体自身的立场上发问,"我"为什么要让道德束缚"我"的行为而使"我"的感觉不好。所以,本文试图从社会个体自身的角度出发探寻现代社会结构转型背景下的道德困惑,回答"我"为什么不过有道德的生活的问题。可以说,对道德动因的探究,是规范道德行为的基础。正如彭怀祖教授所说:"时代的变迁,社会的转型,都会给道德行为的判断提出挑战,必须对道德行为的内在动因给出明确、正确的答案,才能让大家从源头上认识清楚什么是道德行为。"[⑥]在探寻道德生活的动因之前,我们有必要反思过去:我国具有悠久的尊德重教的历史,传统的道德哲学博大精深,何以传统的道德规范难以在今天发挥作用?

一、传统文化的道德伦理与现代价值

为什么要过有道德的生活?这个问题似乎贯穿于中国古代哲学发展的始终。综观中国哲学发展史,不难看出,哲学家们的思考,一直围绕着提高道德修养的必要性、完善道德品格的可能性这一核心。总的看来,先贤学者对道德问题的阐述,几乎没有脱离"天人关系"这个话题,所以后世学者多认为"天人关系"问题是中国哲学的基本问题。在本人看来,"天人关系"这一问题也有所侧重,即强

---

① 郭振家:《中国当前社会道德重建和软实力培育的路径探讨》,《中国青年研究》2013 年第 6 期。
② 陈晓莉:《从诚信危机看社会主义道德建设》,《探索》2010 年第 5 期。
③ 杨义芹:《当前中国社会道德治理论析》,《齐鲁学刊》2012 年第 5 期。
④ 阮翠英:《关于道德建设的思考》,《山东社会科学》2013 年第 5 期。
⑤ 李佑新:《走出现代性道德困境》,人民出版社 2006 年版,第 1—2 页。
⑥ 彭怀祖:《当前道德动因纯粹化与变动性的审思》,《道德与文明》2013 年第 4 期。

调的是“人”的问题。综观中国哲学的发展脉络,“天人关系”强调个人加强道德修养以与“天”合,“天”的道德性与主宰性是“人”与“天”合的依据,“天”的道德性是人们道德生活必要性的最终本源。而随着自然科学的发展,对“天”的道德性信仰的丧失直接导致了对传统道德观念的怀疑与摒弃。下面我们就通过对儒家“天人关系”论述的梳理,探求传统道德哲学在今天不被接受的内在原因。

(一)传统文化道德理念的合理内核

孔子为了实现人的和谐相处与社会的安定有序,在继承西周“明德慎罚”观念的基础上,试图摆脱“天”对人的羁绊,而专从人的角度阐述道德规范的必要性。孔子的“仁者爱人”“克己复礼”“忠恕之道”等,都是建立在血缘之亲的基础上的,可以说,血缘之亲是推行仁爱的基础。仁爱源于孝,源于对父母的天然之爱,所以孔子说:“孝悌者也,其为仁之本欤!”(《论语·学而》)人们只要在后天努力将这种源于对父母的爱推广开来,就实现了仁,所以孔子说:“我欲仁,斯仁至矣。”(《论语·述而》)正如李泽厚先生所言:“孔子用亲子之爱等自觉的内在欲求(仁)来阐释强制性的传统规范(礼)。”[①]可以说,在孔子的学说中,“仁”是“礼”存在的基础,“孝”是“仁”存在的基础,孝的扩充就是仁,“孝”使人们追求“仁”具备了条件,孔子以人之亲情作为实现仁人君子的基础,在此基础上,“修己以敬”,“修己以安人”,“修己以安百姓”,从承担个人责任延展到承担社会责任,于是,救民于水火的人就可以成为仁人君子。可是,我们又必须追问:人们为什么非要将亲子之爱推己及人呢?前人在研究孔子学说的基础上对此进行了解答,即人们之所以欲成为仁人君子在于人的内在德性诉求。学者冯晨在诠释孔子的“仁之方”时指出,孔子的推己及人“以实现内心德性为目的”,是人内在道德诉求的实现,“是德性显发时内心产生的一种要求,表现为一个人的道德自觉”。所以,“孔子重视道德动力对于道德实现的意义,强调行仁的动机应该从自我内心产生”。[②] 沈顺福教授指出,儒家道德的基础有两个,“一个是经验的基础,那就是孝敬;另一个是形而上的本体,那就是仁慈”,仁慈和慈爱是“自足、自明的,是天生的”。[③] 学者韩美群指出,儒家的“仁者爱人”“源自人本的基础,即人超越于动物的‘类本质’”,道德产生和发展的不可或缺的主观条件是“人类对道德良知的自我认知和觉悟”。[④]

---

① 李泽厚:《孔子再评价》,《中国社会科学》1980 年第 2 期。

② 冯晨:《“仁之方”的形成基础与发生特点》,《道德与文明》2014 年第 1 期。

③ 沈顺福:《论道德的基础》,《社会科学》2009 年第 6 期。

④ 韩美群:《儒家“仁者爱人”思想的人本基础及其现代意蕴》,《江西社会科学》2011 年第 10 期。

这些观点本质上阐释了“天生德于予”(《论语·述而》)。即儒家道德的根本在于上天,仁爱之德是人天生的本然诉求,正是缘于这种认识,才有后来的“天命之谓性,率性之谓道,修道之谓教”(《礼记·中庸》)。但是,面对当今社会现实,我们不禁怀疑:如果道德是人的内心诉求,那么从古至今人们都应该积极寻求德性的实现,为什么当前却出现道德滑坡现象呢?可以说,德性是人的内在诉求这一点并不能解释人们心中的疑惑。

孟子继承并发展了孔子的学说,将孔子“仁”学扩展为“仁政王道”,并对道德完善的可能性和必要性进行了更为深入的论述,提出了“良心”说和“人性善”理论。通过这些理论,孟子试图进一步论证道德的基础。对人要过有道德的生活,孟子从两个层面进行了阐释:第一层是继承孔子学说,即人的善性在于天生,是自然而然的,并将人的善性具体化为“良心”。人先天具有“恻隐之心”“辞让之心”“羞恶之心”“是非之心”这四大善端,将这四大善端发扬光大即成就了仁义礼智。人性源于天然,所以,“人性之善也,犹水之就下也”(《孟子·告子上》)。在第一层的基础上,孟子提出:“尽其心者,知其性也。知其性,则知天矣。存其心,养其性,所以事天也。”(《孟子·尽心上》)故这第二层是孟子把天人格化,赋予天以道德性,强调“天”的道德属性是人的道德属性的根源,由人心本于性而性乃受于“天”,“天”从而成为义理的天。既然道德是先天的,“非由外铄我也”(《孟子·告子上》)是符合人性的,那么不道德的行为就是背离人的本性,就是后天对人性的扭曲。如此,孟子阐释了外在的道德与内在的人性的一致性,并赋予“天”以权威,以消除道德规范与人的需要的矛盾。综合看来,孟子强调为仁行善的依据在于发扬人的本性以“事天”。孟子在探究人为什么要过有道德的生活时,已经在思考消弭道德和人性之间的矛盾,试图将道德规范和人性统一起来,以此说明人们过有道德的生活是人性发展的必然。可是,我们还是有疑问,人生来具有善端,有善性,那我们为什么非要加强自身修养,将这种善性发扬光大呢?如果最终的目标是“与天合一”,那为什么要“与天合一”呢?如果不能将这个问题进一步深入解答,现代人是很难仅仅因为要“与天合一”就去遵守道德规范。

汉初,政府开始重构社会道德,而当时在道德建设中起主要作用者当属董仲舒,他在继承孟子观点的基础上进一步阐述“天人关系”,以劝说人们接受道德。孔子和孟子将人文、道德的根源追溯于天,“但孔子却并没有说明天究竟是如何给人以人文道德属性的;孟子虽然也明确地断言人的仁义礼智‘四端’是‘天之所与我者’(《孟子·告子上》),并且也‘以行与事示之’的方式来显现天意,但他也同样没有说明天究竟是如何给人禀赋以人文道德属性的”。[1] 而董仲舒则通过自然生化和人副天数等理论对这一问题给予了解释。在董仲舒看来，天是有意志的，主宰着自然和社会，天也是有德性的，“仁之美者在于天，天，仁也”(《春秋繁露·王道通三》)，“仁”是天的主要德性。而人之所以有德性，在于上天通过阴阳自然生化万物的过程中赋予人以道德属性。所以，“君臣父子夫妇之义，皆取诸阴阳之道。君为阳，臣为阴；父为阳，子为阴；夫为阳，妻为阴”(《春秋繁露·基义》)。同时，人是天的“副贰”，是天的复制品。董仲舒采取象数类比的方法强调人与天的同构性：“天以终岁之数，成人之身，故小节三百六十六，副日数也；大节十二分，副月数也，内有五脏，副五行数也；外有四肢，副四时也，乍视乍瞑，副昼夜也；乍刚乍柔，副冬夏也；乍哀乍乐，副阴阳也；心有计虑，副度数也；行有伦理，副天地也。”(《春秋繁露·人副天数》)“按照董仲舒的说法，天无非是放大了的人，而人则是缩小了的天。”[2]天是有道德的，而且在人出生时上天就赋予了人以德性。在董仲舒这里，人间的道德就与天地自然衔接起来，伦理道德通过上天被赋予神圣性和权威性，所以人要服从上天，就要遵守道德伦理。可以看出，董仲舒将殷周天命论、孟子的天人合一及战国的阴阳五行学说结合起来，从而将人的道德性建立在对“天”的主宰性和意志性信仰的基础上。但是，这种信仰在自然科学高度发达的今天，必然缺少存在的支撑条件。

宋明理学在阐述人的道德性的来源及人要遵守道德规范时，是在接续孟子的同时，又融合了儒家和道家的观点，他们将人的道德生活完全缘于上天的论述发挥得淋漓尽致。“天理”作为宇宙本体，成为贯通天与人、自然与社会的最高普遍法则，是永恒的绝对的存在，万物皆一理。天理生成一切，支配一切，“理”体现在自然界和人类社会之中。在朱熹哲学中，天理在现实层面的存在形式之一，即“内在于主体的性理”，“性理是内在于道德主体的先验德性”，“道德主体进行道德修养的过程，就是掌握天理的过程”。[3] 二程认为，性即理也，“有道有理，天人一也，更不分别”[4]。“性是天或道赋予人的自然属性，性与天理相同。人只有‘敬以持内，义以方外’才能得天地之正，达到与天合德的境界。”[5]陆九渊说：“道

① 丁为祥：《董仲舒天人关系的思想史意义》，《北京大学学报》(哲学社会科学版)2010 年第 6 期。

② 宋志明：《从以吏为师到以天为教》，《河北学刊》2009 年第 2 期。

③ 赵卫东：《德性主义的重建》，《山东师大学报》(人文社会科学版)2001 年第 2 期。

④ 程颢、程颐：《二程集》，中华书局 1981 年版，第 20 页。

⑤ 敦鹏、惠吉兴：《“二程”政治哲学的超越向度》，《西南民族大学学报》(人文社会科学版)2013 年第 6 期。

塞宇宙，非有所隐遁。在天曰阴阳，在地曰柔刚，在人曰仁义。"[①]王阳明也指出："心即理也。此心无私欲之蔽，即是天理，不须外面添一分。"[②]所以，在进行道德修养时，只要反求助己，就可以获得对天理和内在的德行良知的了悟。由此可见，"天人合一"也是宋明理学所提倡的追寻道德完善的依据。可以看出，不论是程朱理学还是陆王心学，在论述道德修养的必要性问题上，不论是追求外在于主体的天理，还是体认内在于主体的良知，都是要实现"个体"与"天理"的合一。而作为个体的人，为什么要与上天合一，还是一个没有解决的问题。

综合看来，中国传统文化的道德哲学是站在"人"的角度思考问题的，解决问题的基础则是对天的敬畏，通过诠释"天"的范畴，从"天"的角度或借"天"的高远威严来述说人类道德生活的合理性。因为敬畏天地，敬畏自然，才会敬畏能够取法天地自然的人。所以，自古代之近代，人们能够坚守自己的道德底线。而自近代以来，随着西方自然科学的不断传入与渗透，人们渐渐认识到天与宇宙的自然性，原有的对上天主宰、干预人间的信仰随之消失，正如老子所说："民不畏死，奈何以死惧之。"上天作为我国传统道德哲学的存在基础日渐倾颓，社会个体内心对上天不再敬畏，缺少对圣人的仰慕，缺乏对榜样的赞叹，更没有对他人的宾服。在日常生活中，在人际交往中，在尊重与敬爱缺失的条件下，道德遂被日渐淡忘。今天，如果我们要发扬中华民族的优秀传统文化，实现道德的重构，就必须解决人们的道德信念问题，而最关键的就是立足于现代社会实际，解决"我"为什么要过或"我"为什么不过有道德的生活的疑问，否则，再完善的道德规范和体系都很难发挥作用。

(二)新时期构建道德社会的急迫需求

在科技高度发展的今天，人类利用机械对抗自然的力量大大增加，尤其是身处信息时代，人际交往往往虚拟化，在网络化的交互方式中，道德似乎已经不那么重要。但是，大家也都知道，无论网络多么发达，最后还是社会个体之间的交往，有人就有是非，有是非就需要道德。人总是生活在群体之中，无论是真实的社群还是虚拟的网络，而在群体生活中，人际关系是复杂的，个体的行为受环境的影响而不断地被修正，在群体的交往中，如果个体的行为总是不道德的，那么久而久之，他就会失去其他人的信任与尊重，从而在人际交往中渐渐孤立。因为在人际交往中，个体之间要相互帮助、要感恩、要诚信，接受他人的恩惠后应给予回报。而且，这种施与和回报"不是一次性行为，而是循环往复的事情，施舍者的

① 陆九渊：《陆象山全集》，中国书店1992年版，第6页。

② 王守仁：《王阳明全集》，上海古籍出版社1992年版，第2页。

给予犹如放出一笔人情债，受施者必须在适当的时候以自己的方式清偿债务，这种关系的维持要以感情为基础，以‘诚信’为担保，倘若其中一方失信，施报关系马上就宣告破裂”①，失信者就会被排斥在人际交往的圈子之外。而且，如果群体成员的行为大多是不道德的，那么生活在其中的个体都会非常痛苦，压力大、抑郁、孤单、苦闷、彷徨等应该是该群体成员的普遍心理，这也会导致个体在面对未来时感到无助、恐惧，当生活遇到麻烦时不能向他人倾诉从而无法排解，这必然导致个体行为的异化，正如荀子所说："人生而有欲，欲而不得，则不能无求，求而无度量分界，则不能不争；争则乱，乱则穷。"(《荀子·礼论》)为了避免最后的贫穷困顿，社会个体必须思考道德。人作为生物群体的一部分，自然具有生物的本能需求，而人作为万物之灵，也具有各种欲望，在社会生活中，不可避免要寻求欲望的满足，而在此过程中，人作为感性存在者“具有的欲望的冲动性、生命的自保性以及利益追求的自我性”②，而道德规范刚好能够在此三者间实现平衡，即在追求个人利益的同时，克制人实现欲望的冲动，实现对个体生命与利益的自我保护。

既然道德是人类社会生活中不可或缺的因素，那为什么现代的这么多社会个体拒绝道德呢？我们有必要从社会转型的角度探究，“我”为什么不过有道德的生活。首先，熟人社会向陌生人社会转变造成人际交往道德约束力减弱。在农耕社会里，社会个体的交往方式和人际关系由农业社会的生产方式和生活方式决定。在传统的农业社会，“人类的各个部分生活在彼此隔绝的地区中，农业种植业生产是人们基本的经济活动。虽然几千年中种植技术在不断改进提高，但总的说来，在农业社会阶段，人类的生产是原地循环的‘简单的再生产’，人类的生活是扎根于局域村落的‘小农生活’”③。就我国来说，社会经济结构是小农业和家庭手工业相结合的自给自足的自然经济，农民也是长期生活在相对封闭与落后的农村，“安于土地和世泽，朝而耕，暮而寝，无海上风险和贸易奔波之苦，却有家庭、宗族天伦之乐”④。长期生活在农村的农民彼此相互熟悉，是生活在熟人社会之中，而“熟人社会的人际关系是一种建立在亲缘、地缘基础上的自由的稀薄的人际关系，以习俗型信任为特征”，“在熟人社会中发挥社会整合作用的主要是习俗、习惯和道德”。⑤习俗是培育社会个体道德意识和观念的重要依托，是“被认可的一个群体共同的世世代代地传递的活动方式”，“习俗的部分内容逐

① 晁天义：《先秦道德与道德环境》，中国社会科学出版社 2010 年版，第 2 页。

② 王淑芹：《诚信缘何存在》，《道德与文明》2012 年第 3 期。

③ 魏新龙、张红岭：《论历史进程中的文化演进规律》，《兰州学刊》，2008 年第 3 期。

④⑤ 张康之：《“熟人”与“陌生人”的人际关系比较》，《江苏行政学院学报》2008 年第 2 期。

渐形成了人类最初的道德”,[①]由此可见,道德源于习俗,是从原始习俗演化而来的,习俗与道德往往是相互渗透的。所以,社会个体生长在社会习俗的大环境中,自然而然受其道德观念的影响,从而形成个体的道德意识,虽然随着社会生活环境的变化,人们的道德认识会有变化,但在一定条件下还是能够发挥约束作用。所以,在熟人社会的格局中,每一个人都是彼此熟悉的、习惯的,他们有共同的价值观念、行为习惯与道德认同,人们比较重视自身的道德和品质,因为个人的任何不道德行为都会被很快传开,从而使此人臭名昭著,他也就很难在群体中立足。而相反,遵守大家认同的道德规范往往对自己更有利,这成为社会个体过有道德的生活的外在强迫因素。所以,“在‘熟人社会’里,道德在其中虽然是一种隐性的软约束,但它通过社会舆论、传统习惯和人的良心所发挥的‘道德法庭’作用却具有显性的刚性特征,它不但能规范人们在社会交往中所体现出来的外在行为,而且能够深入到每个人的内心深处,调动人的道德自律,成为传统社会中调节人际关系、维护公共生活秩序的重要社会调控方式”[②]。

二、社会道德困境的多维缘由

当前社会的道德现状令人堪忧,很多人甚至存在疑惑,道德真的是我们生活中必不可少的吗?这里,我们有必要从人类的社会性存在角度探求道德生活的必要性。

道德生活往往是群体成员必须要过的,这在人类社会发展之初就可以看出。因为“集体成员间最低限度的合作与容忍是任何人类群体得以生存的必要条件”,而道德则是具备这一条件的前提。王淑芹教授说,诚信道德的缘起,不是偶发的社会现象,它与人类的社会交往性、人类行为的思想支配性以及人的利己自然倾向性密切相关。笔者认为,不仅仅是诚信之德的缘起与此三者相关,所有的道德品质都与这三者紧密相连。“人的社会性存在方式使得人们之间的交往成为一种必然”,“人作为生命有机体,生物机制决定了人的物质需要性”。为了满足自身的物质需要,人类不得不从事物质生产,而“人类从事物质生产活动不是个体的孤立活动而是群体的共同活动。人的需要的多样性与单个个体生产技能的单一性构成了人的物质需要满足的非自洽性,加之个体抗衡自然能力的弱小,

① J. Dowey: *Ethics in Later Works*. *Vol 7*, *Souther* Ⅰ, llionis University Press, 1998, p. 49.

② 安云凤、朱慧玲:《现代社会对制度与道德的双重诉求》,《哲学动态》2012 年第 11 期。

使得人们之间的联合与劳动分工成为一种必然"[①]。而这种联合与劳动分工必须以遵守道德规范为前提,诚信、承担责任、勇敢、正直、互帮互助、相互关爱等都是实现人际关系和谐的重要方面。所以,从满足自身生活需要的角度分析,遵守道德规范是群体成员的必然选择,而不道德的行为必然造成社会个体之间的相互伤害,从而伤害社会群体的生存。

(一)陌生人社会与经济人假设的身份调适

在现代社会,随着工业化和城市化进程的推进,人们的生活环境也逐渐由熟人社会向陌生人社会转化,人们的观念也在不断变化,习俗、习惯以及道德对社会个体的约束作用越来越弱。城市中的人来自四面八方,可以说绝大多数人之间都很陌生,陌生人之间的价值观念、思维方式、行为习惯、道德认同等都存在差别,在某一社会个体自身看来是符合道德规范的行为,在其他社会人员看来可能就是不道德的行为。尤其是在西方价值观念长期渗透的情况下,不同文化价值之间的冲突非常激烈,这种冲突不仅在人们的心理层面有反映,更体现在人们的行为中。所以,在陌生人社会中,人们的道德判断标准就很难统一,这必然会引发人们思想认识的改变,既然判断标准不一,那么"我"按自己的道德标准生活就是有道德的生活。而在群体中多重道德标准的道德生活就是没有道德的生活,这也是我们所说的道德滑坡的一个内在动因。而且,"从熟人社会转变为陌生人社会之后,人们开始只关注自己的活动和自己的利益","工业社会以及它的市场经济,把完整的个体的人的存在抽象化为'经济人',使人只认识金钱和利益得失,时时处于计算与算计的行为谋划之中"。[②] 在市场经济条件下,每个人都注重付出要有回报,"利益"越来越成为众多人关注的焦点。当某种行为准则对自身有利,就会付诸于行动;当某种行为准则于自身有害,就会在以后的生活中被逐渐矫正。这也是人们趋利避害的本性决定的,而道德与否则是受这种行为准则制约的。马克思曾说:"有意识的生命活动把人同动物的生命活动直接区别开来。正是由于这一点,人才是类存在物。"[③]人作为有意识的存在物,其行为必然受到其意识性和自觉性的支配。在日常生活中,个体会因为环境的变化而灵活地修正自我的行为。在彼此的往来之中,往往存在着谋求利益的不道德投机行

① 王淑芹:《诚信缘何存在》,《道德与文明》2012 年第 3 期。

② 安云凤、朱慧玲:《现代社会对制度与道德的双重诉求》,《哲学动态》2012 年第 11 期。

③ 中共中央马克思恩格斯列宁斯大林著作编译局:《马克思恩格斯全集》第 42 卷,人民出版社 1979 年版,第 96 页。

为,既然彼此是陌生人,彼此之间的交往也许只会发生一次,那么在这样的一次性交往中自然难免欺骗的存在。所以陌生人之间的交往必然存在风险,当社会个体发现遵守道德规范于自身不利时,便会突破规范的约束,因为既然不遵守道德规范对自身更有利,那"我"为什么还要遵守道德?大哲学家维特根斯坦就曾经有过这种行为和困惑。

(二)对道德失范惩戒不力的负能量辐射

道德规范的效力是一种软约束,并不像法律那样具有强制性,中国传统熟人社会以家族为本位,由家而国、以国为家,血缘亲情是维系家族成员之间的纽带,也是道德伦常的源流。家族是明确的血缘实体,家族的荣誉依靠个体家族成员的共同维护,强调的是个体对实体的绝对忠诚。个体不可脱离家族,更不可危及整个家族的声誉。当个体行为有悖伦常,则会受到家族的劝诫和惩罚。所以,家族本身就是维护道德的主体。

而且,在熟人社会中,如果社会个体的行为不道德,成员之间的口诛笔伐和有意孤立就足以矫正其思想认识,使其在以后的生活中遵守道德。但在陌生人社会中,随着人际关系的疏离、自我意识的增强以及对自身利益的关注,社会个体更多地注意各自的感受和行为,而忽略他人的行为,只要他人的行为没有危及"我"的存在,即使其不道德,和"我"也没有半点关系。既然和"我"没有关系,那么"我"完全没有必要去干涉他人的私事。"现代社会伦理—道德的转向却引发了深刻的'道德认同'危机:由于'天道'向'人道'的陨落、'精神'向'理性'的退化、'整体'向'个体'的裂变,人们对于'道'的认同在不断降格为底线的同时,在'德'上也就不断演变为明哲保身了。"①这里,社会的责任与担当完全不被纳入社会个体的视野内。一些人损人利己危害社会时,就不会遭受群体的攻击和声讨,所以不道德的行为也就难以被纠正。可以说,惩戒不力即危及自身,也对他人有极坏的影响。惩戒作为一种教育职能,可以使社会个体认同规范、融入规范,在规范的允许下行使权力,并最终形成良好的行为习惯。在面对行为的选择时,根本不需要艰难的道德抉择,从而达到孔子所说的"从心所欲不逾矩"(《论语·为政》)。而现如今,家庭、学校和社会对不道德行为惩戒措施很无力甚至根本没有,而对不道德行为缺乏惩戒,导致社会个体认为其行为是被接受的,是无关于道德的。这一方面使其更加胆大妄为,无所畏惧;另一方面也给其他人带来了不好的影响,不道德的行为被纷纷效仿,最终导致整个社会的道德水准下降。

---

① 黄瑜:《"人际冷漠"的伦理困境》,《道德与文明》2013年第6期。

而且，在熟人社会中，道德伦理多是群体成员在长期的共同生活过程中约定俗成的，习惯和习俗对人们的行为起到约束作用。可以说，群体成员的一致认同并共同遵守是道德伦理起作用的前提。但是，当某个人破坏这种约定而又没有受到惩罚，同时这种行为还使其本人获利时，那么，其他成员也几乎会在同时间不遵守这种约定俗成的规则，从而造成了群体行为的道德失范，这是当今社会村落和城市里相对熟悉的群体中道德水平下滑的重要原因。现代社会强调竞争，认为竞争在推动个体搏取利益时能起到约束人的惰性、激发个体潜能的作用。但是，竞争对道德是具有破坏作用的。过度地强调激励、强化团体内部成员之间的竞争必然会使个体在竞争过程中为达目的不择手段，从而突破道德底线。不正当竞争的破坏作用不容小视，当以个人的能力不足以争得名利时，一些人就会不择手段，结果不仅仅使竞争丧失了正义，还破坏了竞争参与者的道德感。更为关键的是，这种不道德的竞争往往不会被惩戒，这就导致竞争的胜者因为胜利而更加地变本加厉，竞争的失败者因为失败而抛弃道德。所以，以功利为社会竞争的驱动力，不仅使道德沦丧，也扭曲了人性。而且仅仅为了眼前的利益盲目引进竞争机制，如果不能将之建立在公正的基础上，限制在道德的范围内，其结果往往比没有竞争还坏。

(三)道德教育失法导致道德标准虚化

就社会个体来说，是否过有道德的生活，家庭和社会的教育起着至关重要的作用。当孩子小的时候，父母没有灌输道德观念，那么，在孩子的心灵里就不会有道德的意识，甚至直到成年，也不知道应该遵守道德。随着市场经济观念的深入人心，人们往往习惯于以经济利益衡量一切，甚至以财富作为成功的衡量标准，至于社会财富的最初集聚是否合法，是否损害他人利益，则很少有人关注。当社会个体在处理所有的关系时满心满眼关注的都是金钱时，社会道德就被虚化了。在家庭教育中，父母会以赚取更多的财富为目标教育子女，而且在内心浮躁、急功近利的氛围中，社会个体往往注重如何能够最快地赚钱，如何既能赚钱又不需要付出辛苦的劳动，所以，各种不法手段、不道德的行为就应运而生。

胡锦涛同志在党的十七大报告中提出要建设社会主义核心价值体系，并在党的十八大报告中明确表述了核心价值观的内容，并且从中央到地方高度重视培育和践行社会主义核心价值观。这里，建设社会主义核心价值体系、践行社会主义核心价值观与社会个体的道德是紧密相关的，因为价值观是道德的内核，如果能够在全社会范围内构建个体认同的价值观，可以说，人们的行为就具备了道德的准则，人们的生活就是有道德的生活。但是，目前，在社会主义核心价值观的培育方面，还存在诸多问题，践行社会主义核心价值观的基础还不具备。富强、民主、文明、和谐，自由、平等、公正、法治，爱国、敬业、诚信、友善，是社会主义核心价值观的基本内容。就此内容来说，在全社会范围内，并不是所有人都非常清楚。进一步说，如何理解社会主义核心价值观，相信不同的人会有不同的看法。尤其是在中西文化冲突与融合的背景下，理解社会主义核心价值观就更加困难。因为目前国家明确了社会主义核心价值观，对每一范畴的内涵也做出了理论阐释。如富强即国富民强；民主是人民民主，其实质和核心是人民当家做主；文明是民族的、科学的、大众的社会主义文化的概括；自由是指人的意志自由、存在和发展的自由；平等指的是公民在法律面前一律平等，其价值取向是不断实现实质平等；敬业要求公民忠于职守，克己奉公，服务人民，服务社会。这些理论对于知识水平较高的学者来说，很容易理解，可是对于普通民众而言却不一定。所以，要社会个体过有道德的生活，首先要使其明白应该遵守的道德原则或价值观是什么，而且能够深入理解，在这种条件下才可能以此价值观指导自身的行为。而我国的社会主义核心价值观目前还不能为民众所普遍理解，以此推动社会个体过有道德的生活还有一定的难度。

伦理学家对“我”为什么要过有道德的生活的问题有多种解答。“理性主义者认为，道德的基础是人类理性精神的自律；情感主义者认为，道德来源于情感；功利主义者认为，道德的基础是个人利益；我国伦理学界大多数学者认为，道德的基础是社会公共利益。”[①]在本人看来，道德的基础，对于社会个体来说，并非如学者所列这样壁垒森严。对于不同的社会个体，其是否遵守道德，更多的受其生存方式和社会环境的影响。正如钱穆先生所说：“一民族文化与历史之生命与精神，皆由其民族所处特殊之环境、所遇特殊之问题、所用特殊之努力、所得特殊之成绩，而成一种特殊之机构。”[②]“各地文化精神之不同，穷其根源，最先还是由于自然环境有分别，而影响其生活方式。再由生活方式影响到文化精神。”[③]这里，不仅仅是自然环境影响人们的生活方式和思想观念，社会环境的变化对生活于其中的人的影响更为重要。目前，熟人社会向陌生人社会的转型导致人们的生活方式和价值取向都发生改变，传统的价值体系在社会转型时被打破，而新的价值体系又尚未构建完成，所以，作为社会个体的“我”不过有道德的生活也是在所难免了。

① 莫飞平：《道德的二重基础及其辩证关系》，《马克思主义与现实》（双月刊）2007 年第 4 期。
② 钱穆：《国史大纲》，商务印书馆 2006 年版，第 911 页。
③ 钱穆：《中国文化史导论》，商务印书馆 1994 年版，第 2 页。

三、融合传统文明与现代理念的道德社会构想

在科技进步冲击传统“天人合一”道德信仰的情况下，社会道德生活的必要前提在于社会性存在；而“我”之所以不过有道德的生活，原因在于在社会转型背景下的陌生人社会中，社会习俗、生活习惯和道德标准的差异，对触犯道德规范行为的惩戒不力，家庭和社会的教育引导偏颇。重建社会道德的思路在于构建全社会认同的道德观念和标准并加强宣传，强化社会制度和法律对不道德行为的约束。

(一)道德标准与核心价值观的统一

我国具有悠久的道德文化传统，但是，在现代继承中华民族的优秀传统道德还是有一定的难度。因为社会已经发生了深刻的变化，人们的生活方式和思想观念也不同于以往，我们如果继承中华民族的传统美德，首先需要确定哪些美德是我们应该继承和发扬的，然后再明确该如何继承，这些工作现在我们已经在做，但是继承传统美德是一个长期的过程，不可能一蹴而就。所以，就推行全社会认同的价值观念来说，现在的当务之急是推行社会主义核心价值观，因为这是目前全社会都要遵守的道德规范。目前，我们对社会主义核心价值观的内容已经不陌生，现在最需要实现的就是深入理解社会主义核心价值观的内涵，比如对社会个体来说，什么算是爱国，如何才是敬业，诚信的必要性，友善何以可能等。社会个体只有真正理解其内涵并将这些外在的规范内化为自身的道德诉求，并不断提升自身的道德修养，才可以实现“从心所欲不逾矩”。

让人们理解社会主义核心价值观的内涵并不难，最主要的任务就是加强社会教育，在学校媒体网络等平台广泛宣传。理解抽象理论的方法莫过于列举实例。各教育执行者完全可以搜集历史、现实、国内和国际的相关方面的道德模范和社会典型并加以宣传，使人们不仅理解什么是社会主义核心价值观，而且还有助于敦促人们向他们学习。其次，党政机构要对各种道德行为加大宣传力度，对于正面的典型事件，要积极宣扬，并给予名誉和物质的奖励；而对于负面的不道德事件，也要大力宣传，这里宣传的关键不是背德行为如何恶劣，而在于背德行为人要承担的严重后果。惩恶才能扬善，个人的道德选择与实践只有得到物质与精神方面的认可和满足，个体才会对自身的行为做出积极正面的反馈和评价，从而在以后的生活中心存道德律令，真诚地、自觉地选择正确的道德意向和道德

行为，进而激励他人并且示范于社会。所以，对于道德行为要大张旗鼓地宣传，尽量做到家喻户晓，否则，事件本身的教育意义就很难实现。可以说，“扬善是一种暗示和引导，是正义和道德的肯定与彰显，它可以促使道德文明逐渐成为社会的主旋律；惩恶是一种制止和纠错，在一定程度上能够阻止人们在道德上步入歧途”①。如此，就可以强化正确的道德认知，因为社会个体只有经过社会实践的检验才能形成正确的道德认知，在此认知的指导下才能够做出正确的道德选择。

（二）制度伦理与道德规范的同构

矫正陌生人社会中的不道德行为，有必要强化制度的约束作用。我们可以借鉴西方的伦理学理论，将西方伦理学重建现代社会道德秩序的“普遍理性主义”和“德性论”结合起来，既关照普遍性的秩序规范的约束作用，又发挥中华传统文化所蕴含的道德伦理原则，以制度维护原则，在制度中渗透原则，实现制度和道德原则的融合，这也正是契合了制度的内涵。著名诺贝尔经济学奖获得者诺斯指出：“制度是一个社会的博弈规则，或者更规范地说，它们是一些人为设计的、形塑人们互动关系的约束。从而，制度限定了人们在政治、社会或经济领域里的交换与决策。”②所以我们在设计各种制度时就要关照道德原则，从而保证制度的道义性与合理性及人性化，“如果制度能够成为社会理性、群体理性或职业理性的代表，那么人作为个人的道德存在就是有保障的”③。只有制度的内在原则与社会的道德标准、道德信念相一致，社会个体才能在行为选择和道德评价中走向道德文明。

当然，除了制度本身要与道德原则相一致外，制度也应该在规避不道德的行为方面发挥作用，即以制度约束个体的行为，倒逼社会个体遵守道德规范。正如目前社会热议的“安全码”制度，赋予每个人一个号码，以网络为平台，在智能手机中输入这个号码就可以了解号码所有人的一般信息及个人信誉状况。在社会交往和商品贸易等活动中，交往双方就可以在活动开展之前了解对方的道德状况，从而作为各自行为的依据；而且在交往过后，双方也可以互评，以作为与其他人再次交往的依据，如果任何一方违背事实给予他人以差评，则要承担法律责任。当然，这里有一个问题不得不面对，即如何规避对他人的诽谤行为。我们是

---

① 韩玉璞：《道德重构的制度伦理之维》，《教育理论与实践》2013 年第 25 期。

② Douglass C. North: *Institutions, Institutional Change and Economic Performance*, Cambridge University Press, 1990, pp. 3—4.

③ 张康之：《论伦理精神》，江苏人民出版社 2010 年版，第 208 页。

否可以通过差评率，即某一个人的差评在总体评价中所占的比率，来解决此问题。这里个别人是很难使他人的差评率很低的，因为能够调动周围所有人在不明真相的情况下批判他人是很难做到的，毕竟没有事实依据就给人差评是要承担法律责任的。加强法律、制度对道德的维护是必不可少的。法律的制定应该以道德原则为依据，应该尽量杜绝不合道德而又不违背法律制度的行为出现。在此过程中，有必要恰当处理三者的关系，共同发挥三者的作用。道德是软约束，具有自觉性和主动性；制度是硬约束；而法律的约束具有强制性。道德教育是内在前提，制度与法律是外在保证，道德、制度和法律三者结合构成严密而完整的有效调控手段，号召性与强制性相结合，软硬兼施，共同起到维护社会秩序、约束社会个体行为的作用。

结　语

无论是制度法律的约束还是共同道德标准的阐释，都不可忽视一个前提，即认可人的本能需求。道德的建立要满足个体的基本需求，以此为依据，就要正视人的欲望，并加以正确引导。正视并承认人的本能，即承认人的动物性，如果我们接受“人是由猿进化而来”，接受“物竞天择、适者生存”的观点，就该认可人的动物性，即人是有最基本需求的。正如告子所说，“食、色，性也”（《孟子·告子上》），每个人都要求基本的生活和生理需求的满足，“仓廪实而知礼节，衣食足而知荣辱”（《管子·牧民》），在这种需求得到满足的基础上，才可以谈道德、伦理和情操。当然，道德的建立也不该压抑人的欲望，任何个体都是有名利需求的，而对于名利的实现，最好是积极地引导，使人们以正当的手段、有利于他人的方式实现自己的欲望。在获取名利的过程中为他人带来好处，得到他人的认可和支持。这就是《大学》所说的“修身、齐家、治国、平天下”，因成人而成己。所以，只要以正确的方式加以引导，如鼓励人们以见义勇为获利而不是以躺倒讹诈牟利，就会同时兼顾国家、社会和个人利益，从而达到理想的效果。

◆社会热点问题探析

“受助逆袭”现象的伦理探析

——兼议“扶不起的老人”现象[①]

郑根成[②]

【摘　要】“受助逆袭”已经成为一个严重的社会与道德问题。虽然社会各界高度关注，舆评激烈，且各级政府不时出台各种方案，但“受助逆袭”现象仍频发。在我国的文化语境中，人们大多首先把“受助逆袭”现象解读为一个道德问题，故对此问题的道德解读与解决至关重要。从伦理的角度看，“受助逆袭”，特别是以“扶不起的老人”现象为代表的“老人受助逆袭”现象，折射了当代中国社会道德的两个重要问题：一是社会道德失范的窘境；二是社会道德权威系统的解构及其影响。“老人受助逆袭”的最积极启示意义恰在于：重树道德权威是当代中国社会中社会道德建设的极必要且迫急的任务。这种道德权威区别于马克斯·韦伯所说的“法理型权威”，其核心要旨在于作为道德主体的个体对道德价值的认知、认同与服膺。

【关键词】受助逆袭；老人受助逆袭；扶不起的老人；伦理；道德

---

① 本文系国家社会科学基金项目(12BZX082)的阶段性成果。

② 郑根成，浙江财经大学伦理研究所教授，主要从事传媒伦理研究。

一、"受助逆袭"现象及其技术性解决的缺失

2006年以来，南京"彭宇案"成为一个不时被人们有意无意揭起的伤疤，一次次让公众带着撕裂的疼痛拷问当下的社会道德。尽管彭宇本人在2012年已经承认自己在事件中确实与徐寿兰老人有过碰撞，这一迟到的真相多少会改变人们对涉事人的态度，但"彭宇案"所造成的深远社会影响亦已无法抹除，而且该案件本身作为一个范本案例的原初代表意义反而在后来频发的类似事件中不断被强化。每当人们再次遭遇老人摔倒事件时，都会想起"彭宇案"以及后来的"许云鹤案"等诸多类似案例；随着事态的演化，"彭宇案"已经成了指涉当下中国社会备受关注的"受助逆袭"①现象的独特语辞。2006年至今，"受助逆袭"在全国各地频发，有些逆袭者甚至在真相面前亦毫不退缩，不能不发人深省：其一，"受助逆袭"显然不是老人群体的共性行为或必然的行为取向，但是，事实也表明，在当下的中国社会，"受助逆袭"也显然不是个别行为，它实际上已经具备了某种意义上的普遍性。其二，2006年以来，尽管针对此类事件的报评不断，且众人声器、政府关注，但此类事件似乎不惧舆论，亦无畏申诉，其频发之势汹汹。不容否认，以"扶不起的老人"为代表的"受助逆袭"现象已经成为一个严重的社会与道德问题，它从一个侧面反映了当下中国社会的道德窘境，将社会公众倒逼入一个"要不要扶起摔倒的老人?"的严重焦虑状态。根据《中国青年报》社会调查中心的调查，在13.9万余人的受访者中，87.4%的受访者表示"扶老人"的道德焦虑在当前社会普遍存在，84.9%的受访者坦言自己就时常会处于很纠结于"要不要扶起摔倒的老人"的道德焦虑之中。该调查报告还宣称，如果遇到老人倒地，对"公众的第一反应"这一选题的答案显示，55.6%的人选择直接走开，23.4%的人选择留下证据或找到证人后再扶，12.6%的人选择拨打110并等待，仅有5.4%的人会选择毫不犹豫主动扶起来。②

---

① 本文将那些在困境中需要帮助但又在受助以后讹诈施助者的现象称为"受助逆袭"。"逆袭"二字突出表明原本处于极度困境或弱势的人(群)在受助后不但不心存感念、以德报德，反而出乎意料地以怨报德，且竭力将原本应由逃逸肇事者或受助方本人所造成损失的责任强加于施助方；"逆"字强调的是"逆袭"行为的悖德特点。受助方的"袭击"往往出乎预料，其强势则更是让人难以接受。近年来，"受助逆袭"事件中最具典型代表性的事件是人们通常所说的"扶不起的老人"。逆袭事件频发不但严重地伤害了善良的施助者，而且极大地败坏了社会风气。

② 参见倘凌越、向楠：《调查称逾八成公众坦言自己存"扶老人"道德焦虑》，《中国青年报》2013年12月10日。

其实,遇到摔倒的老人,或者更广义地说,遇到需要救助的人是否应当及时施以援手,以及是否需要担心自己会被“逆袭”,这并非一个只有当下中国人才需慎重面对的问题。在世界上的其他国家,也都曾存在过或正面临同样的问题;只是不同国家、地区的人们在面临这类问题时的态度或处理方式各各有异罢了。有些国家或地区的公众在面临这类问题时首先会关注公共设施与公共服务:人们要么追问政府的公共设施建设是否完备,有没有采取足够的意外防范措施;要么追问政府在有人需要救助时所提供的救治是否及时,公共服务是否满足了应急救助的需要;有的甚至直接问责政府当局乃至政府首脑;有些地区的党派则会借此而发动政党论争,这一般是指在野党会趁势问责执政党。[①] 在“受助逆袭”事件的纷争中,法律层面的制度介入是一种较为常见也是比较能为人们所接受的方式。美国的两个法案介入方式较有代表性:第一,惩罚性赔偿。惩罚性赔偿源出于美国的《侵权法重述》的第908条,是在损害赔偿及名义上赔偿之外,为惩罚极端无理行为之人,并为吓阻该行为人及他人于未来不再从事类似的行为而课处的赔偿。这即意味着,在对某一侵害行为课以最基本的损害赔偿之外,还要进一步根据侵害行为人所实施行为的恶意程度课以惩戒性赔偿;或者是为吓阻其本人及他人实施类似行为而课以惩戒性赔偿[②]。在很多人看来,惩罚性赔偿条款具有矫正正义的惩罚性功能,因而是可行的。有的国家,如德国,也认同惩罚性赔偿的法律正义性及其实际有效性。德国最高法院于1992年6月4日承认了惩罚性赔偿的法律效力,提出惩罚性赔偿判决在德国境内也可以强制执行。第二,“好心人免责条例”。这是由美国加州议会于2009年6月推出的一款条例,所针对的事件恰是“受助逆袭”:2004年,美国女子亚历山德拉遭遇车祸,其好友丽莎将陷在车里的亚历山德拉拽拉着救出来。车祸后,亚历山德拉虽经救治得以活命,但却陷于瘫痪。2008年亚历山德拉将丽莎告上法庭,诉称丽莎在救援中的疏忽导致她受到二次伤害,要求丽莎为其瘫痪承担部分责任。2008年12月,美国加州最高法院决议受理此案。当时美国社会舆论一片哗然,加州议

---

① 参见李海波、郭建斌:《事实陈述 VS. 道德评判:中国大陆报纸对“老人摔倒”报道的框架分析》,《新闻与传播研究》2013年第1期,第51—66页。

② 惩罚性赔偿既有普通民事赔偿的填补性赔偿性质,还有着等同于刑事处罚的预防再犯的性质。为防止滥用,惩罚性赔偿的应用有着严格的条件。美国法律统一委员会提出的《惩罚性赔偿示范草案》就惩罚性赔偿责任的构成要件做了详细的规定:(1)原告需有实际的损害,被告须对其所造成的损害依法承担损害赔偿责任,原告的实际受害包括了象征性损害。(2)原告需有明确且有说服力的证据,证明被告故意造成他人的损害,或有意地或鲁莽地漠视他人的权利与利益而造成损害。(3)惩罚性赔偿需有课以惩罚性赔偿金之必要,或为吓阻被告在相同情况下再为类似行为所必要的范围,才能课处。

会迅速做出反应，于2009年6月推出《好心人免责条例》。该条例规定：在没有法定义务也没有约定义务的情况下，出于道德考虑而无偿帮助他人的人，即使在进行紧急救助中有所失误，也享有法律责任上的赦免权。在丽莎之前，美国及其他一些国家的人们也时常为类似于丽莎处境的"撒马利亚人困境"[①]所困扰，为此，美国、加拿大、日本、法国及西班牙等国家或其部分州市都制定了《好撒玛利亚人法》，这一立法的目的在于保护施助者，同时鼓励人们及时救助需要帮助的人。这些国家或地区的立法与决议表明："受助逆袭"类事件不是一个只有在当下中国社会才会发生的独特现象，这类现象其他国家，包括一些西方发达国家也不时发生。然而，《好心人免责条例》强调的是受助方有受到二次伤害，且这种伤害可能源自施助方，只是，施助方是在既无法定义务亦无约定义务的情况下自愿进行救助；而在"受助逆袭"类事件中，受助者并不一定是在接受救助中因施救者的疏忽或专业技能缺乏而受到了二次伤害；实际的情况是，在相当多的"受助逆袭"事件中，逆袭者所受伤害或损失大多不是施助方造成的，而是由逃逸肇事者或受助方本人所造成的。这即是说，在道德性质上，"受助逆袭"现象相较于《好心人免责条例》要更加恶劣，唯其如此，"受助逆袭"及其强势才引致人们的诸多困惑：是什么原因导致部分受助者罔顾事实、舆评以及良心的拷问而逆袭？强势逆袭现象频发使得人们尤为担忧当下的社会道德及其前景。

针对"受助逆袭"事件，特别是老人群体的"受助逆袭"事件，我国的一些地方政府当局的也曾有过积极作为：第一，试图通过保护老人的方式减少逆袭行为的发生。最常见的思路莫过于"健全社会保障"与提供商业保险了。健全社会保障拟在扩大社会保障范围、加强社会保障力度，以实现"老皆有养"，减少老人在意外摔倒事件中的担忧，并进而减少老人逆袭行为。商业保险方面，两个直接针对"摔倒老人"的保险险种的推出值得关注。北京、上海均在老年人意外伤害保险方面有所举措：2009年10月，上海市联合新华人寿上海分公司推出了"银发无忧"老年人意外保险计划；2013年11月，北京市民政局宣布，北京市将依托中国人寿保险公司，推出老年意外伤害保险项目。虽然，这种老年意外伤害保险的一些特别条款确实能在某种程度上通过保险协作部分化解社会救助事件中当事人的经济风险。然而，这种保险能否成功推广既有赖于保险公司的效益测算，又有赖于社会公众的接受意愿与支付能力。尤为值得反思的是：保险公司的保险运

① "撒马利亚人困境"指在救助他人时因救治技术的缺失或自身的疏忽而导致受助者受到二次伤害的情况下，施助者必须承担相应的法律责任。

作难避商业化色彩，这给事件的解决蒙上了不应有的阴影。第二，试图通过保护、奖励施助者以鼓励救助行为，以正风气。最典型的思路莫过于将救扶摔倒老人的行为定性为“见义勇为”了，有的地方政府甚至给出重奖[①]。毫无疑问，在当前的社会态势下，能不避疑虑而主动救扶他人确实难能可贵，然而，将此类行为按见义勇为奖赏，除了彰显逆袭类事件的严重性以及当局的重视之外，似乎并没有提供太多的可行性支持。

我国卫生部疾病预防控制局在 2011 年 9 月 6 日公布了《老年人跌倒干预技术指南》（以下简称《指南》），其时曾引发热议。《指南》被一些人认为是针对当下社会中“扶不起的老人”的问题所推出的技术性解决方案，并因此而遭到了来自社会各方的道德批判。许多人都无法接受《指南》所内蕴的一个指向：如果不是有着较为专业的救助能力，在遇到摔倒的老人时，最为明智的选择是不要轻易救治！虽然，这种批判可能是出于直觉的道德愤懑，因为《指南》编写者的解释是，其主旨是指导人们在老人摔倒如何实施合理救治，以避免摔倒的老人受到二次伤害。而且，他们指出，相关部门早在 2009 年就已经开始着手编写《指南》了，因此，《指南》在当时推出纯粹是时间上的巧合。然而，人们对《指南》的道德批判却表明了一个基本立场，即人们不太能接受“受助逆袭”问题，特别是“老人受助逆袭”问题的技术性解决思路与方案。因为，技术性解决主要强调事件处理的程序正义与效果满意，强调救助行为的现实可操作性与实际效益的可接受性。立法规约与保险救助其实也都可归于这种技术性解决进路之中。技术性解决进路的基本特点是：第一，个体的原子化。受助方与施助方首先被视为独立的、平等的权利主体，施助固然值得提倡，但双方的权益保障却是最核心主题。相对于个人权益的正当性及其维护来说，是否要采取救助行为似乎并不更重要；在法律介入的过程中，施助方与受助方更是以各自权益申张为主旨，原子式的对立态势极为明显。第二，利益算计。不论是奖励、保险还是法律，都表现出了行为的经济利益算计取向，不让老人因意外完全失去生活保障，不让施助方因施助而利益受损。似乎是经济上合算了，事情就算得到了最完满的解决。然而，技术性解决进路却存在着两个方面的不足：第一，在对“受助逆袭”事件的关注中，技术性解决进路忽视了逆袭事件本身所造成的社会心理与道德等文化方面的影响。“受助逆袭”事件之所以会引起人们如此广泛的关注，乃至部分人士的愤懑，是因为此

---

① 参见《南方都市报》2011 年 1 月 12 日，《半岛都市报》2011 年 1 月 14 日，《东莞时报》2012 年 8 月 8 日等相关报道。

类事件性质相对恶劣，事件对社会各界人士的心理冲击强烈，人们不仅质疑当事人的道德品质，更担心逆袭事件频发之于风化的影响。而较之于前者，后者无疑更值得关注。然而，在技术性解决的进路中，对这种影响的关注及其实际解决都明显不够。第二，技术性解决进路对行为的重视远甚于对事件当事人的关怀。在"受助逆袭"事件中，特别是在一系列"扶不起的老人"事件中，相当一部分老人其实都可归于社会弱势群体；过于冷漠、机械的技术分析虽然看似可行，但却忽略了问题的更深层方面：我们所面对并不只是具体的单个事件，我们还面对着整个真正需要救助的社会弱势群体；我们所要做的不只是谴责个别人的道德品质，还需要关注如何保护、关怀事件中受伤害的人，既包括因逆袭而受伤害的施助者，又包括受到伤害的受助者。更重要的还在于：我们当如何在事件的解决中实现对当下社会道德的反思与改促，以倡扬良善社会风气、筑树良善社会秩序。

二、"扶不起的老人"现象的伦理反思

在"受助逆袭"现象中，最受关注的是"老人受助逆袭"现象，亦即人们所热议的"扶不起的老人"现象。近年来，"老人受助逆袭"现象频发，"扶不起的老人"已成为当下社会不可承受之痛。受助老人、强势逆袭之间多个层面的极大反差强烈地刺痛了社会公众。与上文所提及一些西方国家的问题取向不同的是，在中国社会，"受助逆袭"现象，特别是以"扶不起的老人"为代表的"老人受助逆袭"现象，首先被解读为一个道德问题而不是法律问题。这从国内媒体报道的倾向性亦可窥其一斑：国内媒体在报道此类事件时大多带有伦理、道德之笔触——根据调查，在 2004 年，2007 年，2010 年以及 2011 年四年间的 885 次相关报道中，有高达 578 次(65.3%)报道体现出明显的伦理视角、道德呼吁或反思的特点，有研究者将这种问题取向归之于问题的"道德框架"①。这即是说，在讨论"扶不起的老人"问题时，我国公众最为关注或首先关注问题的伦理、道德层面。一方面，人们对问题的这种关注其实是中华民族传统文化品格在现实问题讨论中的自然流露。伦理代表的是中华传统文化的主体取向，而道德则是中华传统价值的核心。数千年来，伦理、道德铸就了中华民族的文化品格与精神底蕴，这种文化品格与精神底蕴进而型塑了人们的基本生活逻辑与审美情趣；在人们对社会生活与文

① 李海波、郭建斌：《事实陈述 VS. 道德评判：中国大陆报纸对"老人摔倒"报道的框架分析》，《新闻与传播研究》2013 年第 1 期，第 51—66 页。

化的关注中,这种生活逻辑与审美情趣的自然流露就表现为人们首先关注问题的伦理、道德层面,或最为关注其问题的伦理、道德层面。另一方面,社会公众对“受助逆袭”,特别是“老人受助逆袭”问题的集中关注,折射了人们对当代中国社会道德变迁的关注,确切地说是忧虑。自20世纪70年代末以来,道德一直都是伴随着当代中国社会改革开放的最强音之一。然而,为这一道德最强音伴奏的并非人们所期望的“道德进步”,而是社会急剧转型态势下的“伦理失常”“道德失范”。樊浩指出,当代中国道德发展所遭遇的“中国问题”是“‘无伦理’,‘没精神’!温和地表达:伦理缺场,精神退隐”①。当代中国社会在改革开放进程中所取得的成就毋庸置疑,但是,从伦理的角度看,社会道德进步相对于经济发展的滞后性却也是客观的事实。在社会各界对“扶不起的老人”现象的集中关注中,人们对路人群体的集体性“道德冷漠”与逆袭老人的道德沦丧这两个方面的讨论既凸显了这一道德窘境中的个体的道德行为选择的犹疑,又集中反映了人们对当下社会普遍存在的伦理失常、道德失范的深重担忧。

如果对“扶不起的老人”事件做更进一步的分析,不难发现:人们在事件探讨中所表达的对当下社会道德问题的深重担忧并不只针对涉事老人,更不是针对整个老人群体。一如前文所说的:老人受助逆袭的行为及其取向显然不能归结为老人群体的共性行为或老人群体的必然行为取向。“扶不起的老人”现象之所以引起人们的广泛关注与深入讨论,除了事件本身的因素之外,更主要的原因则在于这一现象其实是当下中国社会道德现状的缩影,成为人们管窥当下社会道德现状的窗口。在很多人看来,老人本应是守护社会道德的最后的也应当是最坚固的防线,而当部分老人以“受助逆袭”的形象出现时,它对社会公众所带来的冲击无疑是巨大的,这不仅强化、深化了当下社会的伦理失常、道德失范映像,而且还使得人们对社会道德前景更加担忧。在这里,“扶不起的老人”指代了当下社会伦理失常、道德失范现状的严重性,以及人们对这一现状日趋严重化的深重担忧。近年来,“守护底线”“守护底线道德”的呼声十分强烈,毒食品、各类“门事件”不断冲击着人们的心理与道德底线,每次冲击都会给人们带来不同程度的失重感;不难看出,部分老人的“受助逆袭”事件明显加剧了社会公众的道德失重感。

“扶不起的老人”现象还折射出当代中国社会的另一个伦理问题:社会急剧

---

① 樊浩:《道德发展中的“中国问题”与中国理论形态》,转引自樊浩等:《中国伦理道德报告》,中国社会科学出版社2010年版,序第2页。

转型时期道德权威系统的解体及其深重影响。“老人”，曾经一度被视为生活智慧的化身与道德权威的象征。一直以来，在社会生活与文化中，“老人”都是后辈的生活、生产技能导师，更是道德化育的先行者，其传统形象是温和、宽容、豁达的智者形象。特别是在传统社会中，在技术并不是很发达，其更新也相对较慢的时代，生活智慧的积聚以及道德权威的树立都是一个与生活经历直接同一的过程——一般说来，只有经过较长时间的历练，人们才可能积聚起足够丰富的生活经验以应对生活的万千变化，从而成长为智者；同样，也只有经过较长时间的历练，人们才有可能积聚起足够丰厚的财富。而这个生活智慧与财富的积累过程同时也就是生活世界中道德权威的树立过程：在大多数情况下，不论是在家庭生活还是社会生活中，人生走向老年的过程，就是一个智慧增长、德性化育而成长为族群的知识与道德权威的过程。孔子之谓“吾十有五而志于学，三十而立，四十而不惑，五十而知天命，六十而耳顺，七十而随心所欲不逾矩”（《论语·为政》），即是一个最为典型伴随了智慧增长与德性化育的权威成长过程。然而，当代社会的发展态势却无情地瓦解了老人的这种智慧化身与道德权威的形象与地位：其一，不断创进的技术彻底改变了人们的知识获取及结构方式。一方面，借助于新媒介技术与百度、维基百科等大数据平台的支持，知识，特别是常识性知识的获取已经成为一个完全独立于生活体验之外的知识检索过程。从大数据平台获取知识的便利、大容量、及时更新等方面都已远远超出了传统的知识方式，在这个意义上，老人作为智慧化身的地位受到了来自新技术的强大冲击。另一方面，在适应新技术的方面，老人也完全丧失了以往的经验与知识优势，反而处于极为劣势的地位。在当今技术更新周期不断缩短的时代，他们滞后于技术更新的劣势尤为明显：在最近由阿里巴巴与腾讯所上演的一系列针对移动无线支付的优惠活动中，能及时享受到移动无线支付优惠的老人是极少数的；老人们的窘迫与年轻人的雀跃在这场以新技术为背景的狂欢中形成了极其鲜明的反差。很明显，老人在知识及其获取方面的权威形象已经不再。其二，在伦理、道德层面上，当代中国社会呈现出明显的道德价值多元化特点。一方面，在近代以来历次文化与社会运动中，传统道德价值体系遭遇了多种解体性力量的冲击，已不再是社会生活中具有绝对权威的普适性价值；受道德相对主义、道德虚无主义等立场的影响，社会道德生活中的道德价值取向多元化趋势已难以逆转。另一方面，在当下的新媒介时代中，随着“草根话语”的勃兴，传统的社会道德价值体系中的权威与文化精英之代表均遭到了来自草根系统的全面挑战，作为曾经的道德权威或道德精英之代表的“老人”也遭遇了同样的挑战。文化精英与道德权威虽然仍在某种意义上在某些领域中发挥其作用,但其势微与退隐却难以逆转。在当下的道德领域,神圣被恶搞、崇高遭调侃、流俗成为流行等反常现象正是道德权威退隐的现实写照。

在一系列"扶不起的老人"案例中,人们都有意无意地表达了对曾经的智慧化身形象之消解与道德权威之坍塌的焦虑。当然,需要指出的是,"扶不起的老人"并不能代表中国社会道德权威坍塌的全部,但"老人受助逆袭"行为与知识分子(特别是部分教师、教授)以及部分官员、明星等群体的悖德行为一并构成了传统社会精英之作为社会道德权威坍塌的悲剧性景观。很明显,任何个体行为都不可能引起如此广泛的社会关注与如此深刻的社会反思,在这些事件中,社会关注与反思的矛头无不指向社会道德权威的集体沦陷。在当下的社会急剧转型时期,人们原本期望能在传统的社会道德权威、文化精英那里得到关于社会发展的合理解释以及关于行为的正确指导,但实际的情况却是,这个曾经的精英群体却剧烈"失重"。在这个意义上,"扶不起的老人"所带来的最积极启示意义在于,当代中国道德建设的极重要方面乃是重树道德权威。与技术性解决倾重于强调外在规约的进路不同的是,重树道德权威核心旨意乃在于建构作为道德主体的个体对道德价值的认知、认同与服膺。技术性解决的进路同样也包含了权威的作用机制,但其权威只能是马克斯·韦伯所说的"法理型权威"[①]。而道德权威在这里实指一个多指向概念,它既可以是价值体系本身,也可以是作为价值体系的核心价值;它既可以是一个实体性个体或群体,也可以是一个具有虚拟特点的价值存在。虽然,在某种意义上,道德权威也内蕴了一种强制逻辑,但道德权威区别于马克斯·韦伯之"法理型权威"的最根本处乃在于其强制性是奠基于社会公众之于道德价值的自主与自觉,换句话说,道德权威的前提是作为道德主体的社会公众对道德权威的主观认知、自觉认同与服膺。没有这种自觉认同与服膺,任何意义的权威都难以成为真正的权威,亦不可能成为一种现实的力量。雅斯贝尔斯指出:"真正的权威来自内在的精神力量,一旦这种内在的精神力量消失,外

① "法理型权威"是马克斯·韦伯在关于统治(权威)合法性论证中提出的一个概念。马克斯·韦伯将合法统治(权威)分为三种纯粹类型,即传统的统治(权威)、合理的统治(权威)以及魅力的统治(权威),其中,合理的性质是"建立在相信统治者的章程所规定的制度和指令权利的合法性之上,他们是合法授命进行统治(合法性的统治)"。见[德]马克斯·韦伯:《经济与社会》(上),林荣远译,商务印书馆 1997 年版,第 238 页。安德鲁·海伍德则将韦伯这一合法性区分解读为一种权威类型的划分,并简明地将之概括为传统型权威、法理型权威、魅力型权威,并得到了较为广泛的认同。见[英]安德鲁·海伍德:《政治学核心概念》,吴勇译,天津人民出版社 2008 年版,第 17 页。

在的权威也随之逝去。”[①]这即是说，“只有为个体所接受并自愿受其制约时，才能成为一种现实的力量，而且惟有接受约束的主体行为才具有道德的意义。”[②]因此，道德权威发挥其实际作用的过程并非一个单向的意志作用过程，而是一个作为权威的道德价值或其代表（化身）与社会公众的共识建构与生活化过程：“权威的功能，首先就体现在以其影响力而使权威系统内的成员形成共同的意识。所谓权威，就是意志的施加者与意志的服从者之间的关系，当意志的施加者与意志的服从者达到一致时，权威也就形成了。这里的关键便是两者的一致，即共同的意识。”[③]这种道德权威既表明了人们关于德性价值的共识，守护着社会道德的终极目标的神圣性与底线道德的不可逾越性，又是人们的合理行为的指导，维持着合乎德性的社会秩序。这一道德权威的建构无疑是当代中国社会道德建设所面临的极为必要且急迫的任务，因为，道德权威的退场与当下中国社会的道德窘境密切相关：正是道德权威的退场直接导致了人们行为指导的缺失，并进而导致了引人深忧的伦理失常与道德失范、社会失序。在阐释启蒙以来西方社会的道德危机时，阿拉斯代尔·麦金泰尔也认为启蒙以来西方社会的道德危机实则源于道德权威的危机，其实质表征即是：20世纪中后期的西方社会中，道德言词被大量地用来表述分歧，而表达分歧的争论的最显著特征是其无终止性，因为，人们已经丧失了“任何确保道德上一致的合理方法”；任何一种道德话语都成了“纯粹是断言与反断言的问题”。[④] 仔细分析，不难发现，麦金泰尔对启蒙以来西方社会道德危机之根源与实际表征的论述也同样适用于当下的中国社会。麦金泰尔所谓的回归亚里士多德传统的进路并没有成功化解西方社会的道德危机，但《德性之后》的核心旨意毋宁说是建构并确证一种德性权威，以摆脱道德及其理论的残简断片式的危机状态，以及碎片化的社会道德危机状态。正是在这个意义上，麦金泰尔仍为当代中国社会道德困境的解决提供了极其有益的启示。

---

① [德]雅斯贝尔斯：《什么是教育》，邹进译，生活·读书·新知三联书店1991年版，第70页。

② 戚万学：《活动教育论》，南开大学出版社1994年版，第59页。

③ 薛广洲：《权威特征和功能的哲学认证》，《浙江大学学报》1998年第9期，第23—31页。

④ [美]A.麦金太尔：《德性之后》，龚群、戴扬毅译，中国社会科学出版社1997年版，第9—12页。

社会转型下耻感伦理的现代境遇及其建设理路

章越松[1]

【摘　要】当下诸多“无耻”现象不断挑战社会伦理底线，社会转型下耻感伦理遭遇前所未有的困境，而这种困境的实质乃是由传统道德范式的失效所引发的道德信念缺失和价值标准异化。因此，应从“现实生活的过程”的深刻变化中剖析其生成的社会根源。整体而言，人类社会道德是不断进步的，但在社会转型这个特定时期，却存在着历史与伦理的二律背反，所以，应以积极的态度评价耻感伦理的现代境遇。耻感既是他律的，也是自律的，摆脱耻感伦理困境，必须遵循个人自律与社会他律相统一的建设理路。

【关键词】社会转型；耻感伦理；现代境遇；建设理路

“这是最好的时候，这是最坏的时候；这是智慧的年代，这是愚蠢的年代；这是信仰的时期，这是怀疑的时期；这是光明的季节，这是黑暗的季节；这是希望之春，这是失望之冬……”[2]英国作家查尔斯·狄更斯《双城记》的开篇之句形象地描绘了波澜壮阔的法国大革命和英国工业革命时代社会生活的真实图景，揭示了社会转型下诸多的社会问题。时下的中国，有人用“这是最好的时候”来称赞，有人用“这是最坏的时候”来贬损。这种相左的看法之所以并存，乃是与我们正在经历的一个从传统社会向现代社会、从农业社会向工业社会、从封闭性社会向开放性社会、从计划经济向社会主义市场经济转型的大时代息息相关的。就本质而言，社会转型与以人的发展为最终目的的社会发展相一致，但应看到，转型对当下的影响已经触及历史的深处，其带来的掣肘使整个社会的价值选择呈现多元化趋势，诸多“无耻”现象不断挑战社会伦理底线，耻感伦理遭遇前所未有的困境。全面、客观地分析和评估社会转型下耻感伦理的现代境遇，成为摆在我们面前亟待解决的一项重大课题。

---

① 章越松，浙江上虞人，绍兴文理学院社科部教授，主要从事马克思主义中国化研究。

② [英]狄更斯：《双城记》，罗稷南译，上海译文出版社 1983 年版，第 3 页。

一、社会转型下耻感伦理的现代境遇及其实质

从词义看，境遇的意思是处境和状态，表示特定环境中的行为主体在面临利益冲突而必须做出恰当选择时的一种处境。耻感伦理的现代境遇指的是行为主体在所秉持的一系列应然性的道德准则和价值诉求与实然的耻感现象之间产生冲突而应做出抉择时的一种矛盾处境和状态，简而言之，就是现代人的生存方式与状况的耻感处境。

当下的耻感伦理问题发生在社会转型这个大背景下，刻有鲜明的社会转型期印记。耻感伦理问题构成了社会转型剪影的一个片断，而耻感伦理的特殊性以及对社会生活的渗透性，使这个剪影的片断成为聚焦社会转型的镜像与风向标，一定程度上也成为测量社会转型的标尺，所以，分析和评估耻感伦理的现代境遇必须基于社会转型的维度。在此，主要表现在以下五个方面。

（一）政治生活领域的权力腐败、官德堕落

腐败既是一个历史性问题，更是一个现实性问题。凡是存在公共权力的地方，就有产生腐败的可能，因为作为一种扩张性的力量，权力具有极易腐败的特质。“一切有权力的人都容易滥用权力，这是万古不易的一条经验。”[①]处理不好权力与腐败的关系，小到官员，大到政党，最终都难逃覆灭的命运。权为民所赋，就应为民所用、为民所谋，然而，耻感伦理缺失导致官德堕落，权为己所用、为己所谋。当下权力腐败到了高发期和群发期，并呈现逐渐扩大的趋势。如果说20世纪80年代初期，主要发生于经济领域的话，那么从90年代后期开始，已经扩大到党政机关、司法机关和社会各个领域与行业。“表哥”“房叔”等成为腐败代名词，“艳照门”“嫖娼门”等成为腐败生活的写照……一些政府官员理想信念淡化，无耻无畏，“趣味低级，生活腐化”“滥用权力，法为私器”“官气熏天，横行霸道”“贪婪疯狂，欲壑难填”“胆大妄为，不择手段”“信念丧失，求神拜佛”“欺上瞒下，谎报虚夸”。[②] 接连不断的权力腐败案件不仅损坏了党和政府的公信力，而且还败坏社会风气，耻感伦理遭遇空前的困境。

---

① ［法］孟德斯鸠：《论法的精神》（上册），张雁深译，商务印书馆1982年版，第154页。

② 周伟、李兴文：《透视官德缺失7种现状：部分官员将命运寄托鬼神》，《决策探索》（上半月）2010年第9期。

(二)经济生活领域的利益至上、诚信危机

社会转型期,经济制度的变化超越了政治制度的变迁,而伦理道德的变化又超越经济发展。“中国正在进行一场缺乏伦理规范的市场游戏,经济伦理观念也正陷入一种严重混乱脱序的状态”[①],利益至上主义的伦理道德标准取代了奉献型伦理道德观念。追求利益的最大化乃是资本的天性,一些企业和个人不惜制假售假,以次充好,牟取暴利,甚至以牺牲企业和个人的信誉为代价,违约欺诈、弄虚作假,追求短期利益和非法利润。食品安全事件频发,三聚氰胺、苏丹红、福尔马林等成为大众熟知的化学名词,黑心棉、地沟油、瘦肉精、毒胶囊、皮革奶、化学火锅等进入人们的日常生活。利益至上主义使耻感伦理遭遇诚信危机。

(三)思想道德领域的是非混淆、荣耻颠倒

经济发展的水平和社会进步的程度是与人们的耻感伦理和行为模式紧密关联的。在社会转型期,既有的耻感伦理与行为模式被普遍地怀疑与否定,逐渐失去了对社会成员的影响与约束,而新的耻感伦理与行为模式尚未生成,难以被社会成员普遍接受,更不能产生有效的影响与约束,以至于“无耻”现象频现。游手好闲当“啃老族”,车展成“肉展”,笑贫不笑娼,炫富、干爹、土豪金、外围女等成为媒体网络的流行词,个人的私生活被无底线地放大。是非混淆、荣耻颠倒,使以不该耻者为耻、以耻者为不耻,“危害祖国成了‘斗士’,背离人民成了‘本事’,愚昧无知成了‘时尚’,好逸恶劳成了‘潇洒’,损人利己成了‘能耐’,见利忘义成了‘聪明’,违法乱纪成了‘勇敢’,骄奢淫逸成了‘荣耀’”[②]。

(四)社会生活领域的世俗功利、冷漠隔阂

在社会转型期,赖以支撑的真善美价值追求的意义世界不断被功利主义、拜金主义、物质主义思想所消解,人与人的关系趋向世俗功利与冷漠隔阂。人际交往呈现庸俗化、江湖化、功利化、虚假化,亲情淡漠、友情功利,职场“厚黑学”盛行,缺乏诚心、爱心和公心。调查数据[③]显示,在街上看见有人摔倒需要马上送医

---

① 何清涟:《现代化的陷阱——当代中国的经济社会问题》,今日中国出版社 1998 年版,第 168—169 页。

② 本报评论员:《社会主义荣辱观:一条泾渭分明的是非界限——三论树立社会主义荣辱观》,《人民日报》2006 年 3 月 24 日第 1 版。

③ 本文中所使用的数据除注明外均来自课题组 2013 年 7—8 月在浙江、吉林、广西等省份发放问卷调查的统计结果。本次调查发放问卷 650 份,回收有效问卷 631 份,被访对象的年龄在 20 岁至 60 岁之间,涉及公务员、事业单位工作人员、国企工作人员、军人、农民、农民工、民营企业家、个体从业者、服务性工作人员、中介组织从业人员等十多种职业。

院进行救治时，24.9%选择马上送医院，而75.1%则选择回避，回避的原因中有38.8%是怕给自己添麻烦，42.7%是怕被讹诈，18.5%是怕因帮助人而被说闲话。这组数据从一个侧面诠释了佛山“小悦悦事件”中18个路人选择回避的缘由。

(五)生态文明领域的索取无度、恣意破坏

人与自然的关系本应是和谐的，然而，人性的贪婪和无耻，造成人与自然的关系空前紧张。在片面追求GDP增长的政绩观主导下，粗放地利用自然资源，索取无度，导致资源和能源的大量消耗和浪费，中国成为世界上资源和能源消耗大国之一。同时，由于公众缺乏基本的生态伦理意识，漠视自然和生命，滥捕滥杀珍稀动物，无节制地索取，恣意破坏生态环境，使得青山绿水不在，蓝天白云成为奢求，雾霾、沙尘暴成为常态，植被破坏、水土流失，洪水、泥石流频发。

从某种程度上看，上述情况表明社会转型下紊乱、失序的耻感处境已经超出常态，成为具有一定代表性的非常态现象。那么，耻感伦理现代境遇所呈现出来的这种非常态现象的实质是什么？曾有一种广泛流行的观点认为是道德滑坡或道德危机。应该看到，社会转型下不同的道德观和多元的价值观交织碰撞出的是一幅紊乱失序与井然有序并存、痛心忧虑与感动希冀相伴的复杂图景。社会在任何时期和阶段都存在善恶，道德滑坡与道德危机只是恶的表征，是复杂图景的局部现象，不能将此作为耻感伦理现代境遇的实质。耻感是以否定性方式把握善，社会转型下耻感伦理的现代境遇是面对善恶冲突而必须做出道德选择的处境。这种耻感处境其实是一种道德困境，社会转型下由于“道德‘权威性’的下降，以及由此引起的道德自律性或道德约束力的弱化”[①]，使道德信念缺失和价值标准异化。可见，社会转型下耻感伦理现代境遇的实质与其说是道德滑坡或道德危机，毋宁说是道德困境下传统道德范式的失效所引发的道德信念缺失和价值标准异化。

二、社会转型下耻感伦理现代境遇的社会根源

任何时期，耻感伦理境遇都面临来自主客观两方面因素的影响。唯物辩证法认为，内因是变化的根据，外因是变化的条件，外因通过内因起作用。主观因素当然十分重要，这也是为什么大体相同的社会环境中，同样面对各种诱惑，人

---

① 闫孟伟：《道德信念、道德权威性与人的自由》，《教学与研究》2002年第11期，第22—27页。

们的耻感境界、耻感观念与耻感表现却大相径庭。不同的人和不同的群体的主观因素虽然各不相同，但是面对的客观因素却是相同的，这也是为什么社会转型下耻感伦理的现代境遇会显得尤为突出和尖锐。所以，在关注主观因素的同时，也必须关照客观因素——社会根源的重要性。

那么，社会转型下耻感伦理现代境遇的社会根源是什么呢？马克思、恩格斯指出："思想、观念、意识的生产最初是直接与人们的物质活动，与人们的物质交往，与现实生活的语言交织在一起的。人们想象、思想、精神交往在这里还是人们物质行动的直接产物……意识在任何时候都只能是被意识到了的存在，而人们的存在就是他们现实生活过程。"①无疑，这种"现实生活的过程"不仅是思想道德意识形态生成的根源，而且也是耻感伦理现代境遇的社会根源，因为"不是意识决定生活，而是生活决定意识"②。因此，必须从"现实生活的过程"的深刻变化中去寻找社会转型下耻感伦理现代境遇的社会根源。

(一)市场经济的负面与异化效应

从体制层面看，经济领域里的社会转型指的是从计划经济体制向社会主义市场经济体制转型，这是当代最具基础性、革命性的社会变革。在这场社会变革中，整个经济生活和社会生活都发生了前所未有的变化，与之相应，人们的价值观、道德观也都发生了变化。市场经济本身是一种以利益驱动为重要调节手段的机制，市场经济的发展激活和增强了人们的利益意识，利益主体追求合理利益成为普遍现象，人们自觉或不自觉地肯定和维护通过合法与合理手段获取的个人利益与更高水平的消费、享受的观念和行为，思想道德更加趋向务实。然而，也应该看到市场经济的负面效应对伦理道德的影响。追求私利的最大化和极端的功利主义把市场经济固有的利益中心原则无限放大和扭曲，把人们的需求引向了片面的物质利益，而忽略了精神上的追求。"市场经济使人格逐渐原子化、物化和货币化，倾向于人与人之间赤裸裸的金钱关系和交换关系"③，为了满足个人的膨胀私利，善恶观念被抛弃，荣耻现象被颠倒，国家公权力被侵蚀，理想、信念、道德、节操等都可以漠然置之。另外，向社会主义市场经济体制的转型是在政府主导下进行的，长期以来不能很好地处理政府与市场的关系，不能有效地

① 中共中央马克思恩格斯列宁斯大林著作编译局:《马克思恩格斯文集》第1卷，人民出版社2009年版，第524—525页。

② 同上，第525页。

③ 陈红太:《警惕市场经济负面效应被放大》,《前线》2010年第9期，第23—24页。

发挥政府作用,既存在政府干预过度问题,也存在“市场失灵”问题。市场经济的这种异化效应导致围绕配置资源的权力出现权钱交易的寻租博弈现象,是造成权力腐败、官德堕落现象的主要原因。

(二)改革“碎片化”下制度的漏洞效应

改革一般都是“前无古人”的社会变革,没有可以直接效法的样板,在初始阶段因缺乏顶层设计,只能是“摸着石头过河”,难免会因改革的局部化设计和单方面推进出现严重的“碎片化”现象。改革是新体制代替旧体制,新体制不可能一蹴而就,旧体制也不可能瞬间消失,在此消彼长的过程中,新体制的建立和完善不仅受制于旧体制的掣肘,而且受制于自我成长的时间与经验积累的约束,这意味着会不可避免地出现制度漏洞。任何改革都不可避免地存在一定的制度漏洞,一定程度上,耻感伦理的现代境遇是与改革相伴生的制度漏洞有关的。一个完善的制度应当是民主自由、充满活力、富有创造的制度,应当是不会造成两极分化的、和谐有序的制度。改革的碎片化加剧了制度的漏洞效应,造成权钱交易、权力寻租、城乡差距拉大、两极分化严重,一些政策被利益集团所绑架,机会主义者成为赢家,循规蹈矩者成为输家等问题。制度仰赖公平、正义和法律,然而,制度的漏洞效应却导致公平正义缺失,救人反遭诬陷、敲诈或刑拘,使得道德失去了应有的感召力,法律失去了应有的公信力。在此情况下,人们常常感到无能为力、耻感麻木,只能以消极负面情绪应对,甚至见不贤效之而不内省,不可避免地加重了耻感伦理问题。

(三)西方文化思潮下道德观念的模糊效应和道德教育的混沌效应

中国社会的转型不是在一个孤立封闭的环境下进行的,而是在全球化浪潮背景下逐渐展开的。全球化进程在带来文化之间的交流、交锋与交融的同时,也使得西方文化在世界范围内扩张。西方文化以垄断性的优势瓦解着非西方、本土化的文化与传统。“当一种新的冲击或者连续性的冲击进入人们的生活,人们内心的扩张性和求知欲变得功利主义,现代文化就是这样一种恶魔一样的摧毁物。”[①]西方文化就像“恶魔一样的摧毁物”,造成道德观念的模糊效应,一些人盲目地崇拜和追求功利主义、拜金主义、享乐主义、利己主义,是非不辨、荣辱不分。调查数据显示,当亲人或朋友因腐败问题而受到惩处时,38%的人认为是耻辱,21.1%认为没有什么大不了的,而40.9%认为可惜了。这里,选择“可惜了”的

① [德]奥斯瓦尔德·斯宾格勒:《西方的没落》,吴琼译,上海三联书店2006年版,第157页。

现象值得深思。首先,并不认为是耻辱,“可惜了”的原因只是因为与自己有各种各样的交集,一定意义上就是持没有什么大不了的态度。这组数据,从一个侧面说明了一些人对腐败问题认知的“臭豆腐”现象,闻起来臭,吃起来香,谈论起腐败来义愤填膺,一旦有机会却巴不得自己也能腐败一下,可以说是只反大腐败,不反小腐败。另外,在西方文化思潮的冲击下,道德教育本身也存在混沌效应,内容上重高层次道德、轻基础性道德,方法上重宣传培养、轻教育养成,形式上重高大全、轻接地气。道德观念的模糊效应和道德教育的混沌效应,使社会伦理道德的底线逐渐下降。

(四)新媒体的放大效应

耻感伦理的现代境遇也与新媒体的出现和蓬勃兴起密切关联。相对于报刊、户外、广播和电视等传统媒体,新媒体指的是以数字杂志、数字报纸、数字广播、数字电视、数字电影、手机短信、移动电视、网络、桌面视窗、触摸媒体等新技术支撑下的媒体形态。[①] 新媒体技术的应用影响着人们在现实世界里的生活与选择,拓宽了人类活动的疆域,改变了人的连接方式与社会关系的组织方式,促进人与人、人与社会融合。同时,新媒体技术也引发了赌博、色情、欺诈、诽谤、侵权、病毒等问题,进一步加剧社会冲突,使各种社会伦理问题接踵而至,耻感伦理问题便是其中之一。新媒体时代是一个人人都可以成为信息的生产者与传播者的时代,一个孤立的耻感事件经过新媒体的传播,被无限地放大,进一步造成社会伦理道德水平状况恶劣的失真现象,由此引发了耻感伦理观念的裂变,小悦悦案、药家鑫案、彭宇案等就是鲜活的例证。可以说,新媒体技术与伦理的悖论从来没有像今天这样凸显并困扰着人类。

耻感伦理随着社会存在的改变而变化。“人们的观念、观点和概念,一句话,人们的意识,随着人们的生活条件,人们的社会关系,人们的社会存在的改变而改变。”[②]社会转型带来了不同价值观、道德观的碰撞和新价值观、道德观的萌发,可以说,社会转型是社会道德进步的必要环节。对于耻感伦理所遭遇的困境不应抱有悲观的心态,这是伴随社会转型的一种特定现象。历史的事实与经验充分表明,当一个国家和社会处于转型时,常常会出现道德信念的缺失和价值标

---

① 参见百度百科“新媒体”词条,http://baike.baidu.com/subview/339017/5403053.htm? fr=aladdin.

② 中共中央马克思恩格斯列宁斯大林著作编译局:《马克思恩格斯文集》第2卷,人民出版社2009年版,第50页。

准的异化，其实，某种程度上这也是社会转型的代价与必然。建立在传统社会基础之上的道德信念和价值标准，在面向现代文明转型时不可避免地会出现价值的断裂。社会转型并不必然导致道德滑坡与价值断裂，它同时也是一个道德信念和价值标准的重建过程，因为道德和价值具有内在的连贯性，是随社会进步而发展的。就人类整体而言，社会道德是不断进步的，历史与伦理的二律背反只存在于社会转型这个特定时期，应抱着积极的态度建设耻感伦理。

三、社会转型下耻感伦理的建设理路

从伦理意义上审视，耻感既是他律的，也是自律的，摆脱社会转型下耻感伦理的困境，必须遵循个人自律与社会他律相统一的建设理路。

(一)弘扬传统耻感美德，积极倡导和践行社会主义核心价值观

如果把耻感伦理放到社会转型背景下去认识，不难看出，社会转型的实质乃是耻感伦理从传统向现代的转换与展示的过程，这意味着在传统与现代之间存在一种内在的张力。化解和消弭这种张力的办法在于摒弃传统耻感伦理中与时代精神不相符的杂质，继承和弘扬其内在的精华。传统社会把耻感视为核心价值观，与礼义廉等德性相提并列。“有耻”“知耻”“远耻”等耻感思想不仅是理想人格最重要的伦理特征，而且也是维护社会秩序的道德基础，构成了传统耻感美德的重要内容。这些传统耻感美德积淀在人们的心灵深处，内化为指导言行的道德标准与价值取向，融入伦理道德实践之中。无论社会如何改变，这些经受历史检验的传统耻感美德始终是人们遵奉的圭臬，属于普遍意义上的价值观范畴，是非常重要的优秀传统道德资源，成为联结过去、当下、未来的精神纽带。社会如果没有道德的约束，没有一种普遍意义上的价值观，就会失序紊乱，当下亟须一种顺应社会转型并导引人们行为的核心价值观的提出。正是在这个意义上，党的十八大提出了“富强、民主、文明、和谐，自由、平等、公正、法治，爱国、敬业、诚信、友善”的社会主义核心价值观。这是现阶段全体社会成员的“最大公约数”和价值共识在国家、社会和公民等层面的集中反映。无论从哪一个层面看，都是倡导知耻明荣、祛恶从善，传递出积极的人生追求、高尚的思想境界和健康的生活情趣，隐含着传统耻感美德的内在要求。所以，耻感是社会主义核心价值观的题中之义，摆脱社会转型下耻感伦理的现代境遇，必须弘扬传统耻感美德教育，积极培育和践行社会主义核心价值观。

(二)加强耻感教育,以德修身

道德是分层次的。长期以来,在对道德目标与要求的把握上过于简单和粗陋,忽略了道德的层次性问题,主要表现为两种现象:一是简单地以为只要达到高层次的道德,低层次的道德就能够自然而然地实现,存在着用高层次道德目标和要求替代低层次道德目标和要求;二是忽略了道德本身及其价值理性的导向作用而视为一种工具理性。道德教育必须关注道德的层次性问题,从道德的层次性出发来确定道德目标与要求,了解社会生活的实际道德状况和层次,才能有的放矢。无疑,作为底线伦理,耻感伦理属于低层次的道德目标和要求。然而,决不能因为它属于低层次的道德就可以忽略;相反,低层次道德恰恰表明了其基础性的地位,是每一个社会成员都必须遵守的基本道德规范。龚自珍曾提出过"教之耻为先"的思想,意思是强调耻感教育的首要地位。所以,必须注重耻感教育,将其纳入家庭教育、学校教育、社会教育之中,不断提升道德境遇,才能实现"道之以德,齐之以礼,有耻且格"。

(三)加强理想信念教育,提高道德境界

人们生活的现实世界是以美和善的标准构建起来的意义世界。在这个意义世界中,理想信念是一种自觉的理性,是推动人们前进的精神动力,对完善社会和完善人格具有重要的意义。崇高的理想信念有助于引导人们追求真、善、美,摒弃假、恶、丑。从这个意义上看,理想信念直接关涉人的耻感意识的塑造与确立,从而影响到其道德境界的高低。社会转型对人的理想信念造成巨大的冲击。加强理想信念教育,不仅有助于自我完善和道德成长,而且还有助于扶正祛邪和改过迁善,当下尤其要对政府官员加强理想信念教育。权力腐败始于官德缺失,而官德缺失与理想信念的迷失与崩溃有着密切的关联,因为耻感意识的有无与强弱,取决于其理想信念的高低。孔子曾说过:"苟正其身矣,于从政乎何有?不能正其身,如正人何?"[①]这意味着官员的德行具有率先垂范的作用。古人云:"官德隆,民德昌,国家兴;官德毁,民德降,国家衰。"官德先于民德,加强民德建设,官德应先行。通过理想信念教育,抓好官德建设,提升其道德境界,有助于风尚清明的良序社会的建设。

(四)培育和发展公共文明,营造知耻、抑耻的社会氛围

耻感伦理的现代境遇与以公德意识为核心的公共文明程度密切相关。马

① 杨伯峻:《论语译注》,中华书局1980年版,第138页。

丁·路德曾说过:“一个国家的繁荣,不取决于它的国库之殷实,不取决于它的城堡之坚固,也不取决于它的公共设施之华丽;而在于它的公民的文明素养,即在于人们所受的教育、人们的远见卓识和品格的高下。这才是真正的利害所在、真正的力量所在。”个中的含义值得深思。建立在社会公德和个人的德性修养水平之上的公共文明,集中反映了公共生活领域里的文明素质、文明程度、文明风尚等面貌。在此,公共文明的核心是公德意识,公德意识的形成是以与个体德性修养程度为基础的,个体德性发展又是以耻感为基础的。因此,培育和发展公共文明,可以使人们“行己有耻”“有耻且格”,从而做到知耻、抑耻,形成良好的社会风尚。

(五)加强法制建设,建立和覆盖社会征信系统

法律是道德的保障和底线。法治和德治的结合是有效治理耻感伦理问题的根本途径。耻感伦理的形成是行为主体把外在的规范视为内在的规范,把他律的约束内化为自律的约束,把社会客观的道德要求转化为主体自身的道德要求的过程。在这个转化过程中,符合社会规范的言行会受到肯定和奖励,违反社会规范的言行会受到否定和惩罚,耻感伦理正是在肯定与否定双重交织作用的磨炼下形成趋善避恶的条件反射机制才逐渐形成和完善起来。从这个意义上说,耻感伦理既是奖励出来的,又是惩罚出来的。耻感伦理建设,需要双管齐下,既要道德教化,又要制度强制,尤其是法制惩处的威慑。法制惩处的要旨在于矫正不良行为习惯,使人不为恶。在加强法制建设的同时,还必须加快社会征信立法和制度建设,以完善耻感伦理赏罚机制。在社会转型过程中,由于失信成本过低,以致制假售假、商业欺诈、学术不端等无耻现象屡禁不止,建立覆盖全社会的征信系统成为耻感伦理建设刻不容缓的任务。征信是通过独立的第三方机构依法采集个人和企业的信用信息,为个人和企业建立信用档案。从某种意义上说,这是个人和企业的“信用身份证”。有了这个“身份证”,可以在信用信息共享平台查询个人和企业以往的信用行为,这将对个人和企业未来的经济活动和社会活动产生影响,从而有效地规范和约束个人和企业的行为。

浙江“最美现象”的伦理意蕴及其普遍化原则研究

唐晓燕[①]

【摘　要】浙江近年来“最美现象”层出不穷,其伦理意蕴在于个体的道德自觉。道德自觉是个体最高层次的道德境界,培育自由自觉的道德主体也是道德建设所欲追求的价值目标。皮亚杰和科尔伯格等人的道德心理学实验研究表明,个体道德发展是从他律向自律演进的过程,道德自觉的形成则依赖个体知、情、意、行的统一,并受到社会发展阶段的制约。“最美现象”所昭示的道德自觉的普遍化,需遵从经济决定性与相对独立性相统一、先进性要求与广泛性要求相统一、新兴媒体与传统媒体正面效应协同作用、自上而下与自下而上相统一的方法论原则。

【关键词】最美现象;伦理意蕴;方法论原则

近年来浙江涌现了诸多影响至深的道德模范,以此起彼伏的“最美现象”构筑了道德高地。“最美现象”蕴含深刻的伦理内涵,在致力于推动经济转型升级与社会和谐进步的现时代更具有特殊伦理价值。探究浙江“最美现象”的伦理意蕴,探索推动“最美现象”从“盆景”到“风景”的普遍化的原则方法,整体推进民众道德境界的提升和社会道德风尚的向上,是浙江在全面建设惠及全省人民的小康社会取得决定性胜利、迈向基本实现社会主义现代化新征程的关键时期建设物质富裕、精神富有的“两富”浙江、“建设美丽浙江、创造美好生活”的美丽浙江的重要内容。

---

① 唐晓燕,浙江省社会科学院副研究员,复旦大学社会科学基础部博士生。

一、浙江“最美现象”的伦理意蕴：个体道德自觉

浙江“最美现象”的源起，可以追溯到2010年，又以2011年7月2日“最美妈妈”吴菊萍惊世一举所呈现出的大美为典型个案之首，进而带动了丽水、温州、金华一大批最美人物及其事迹的挖掘与宣传。人们被这些英雄人物在危急时刻自然爆发出的美德光芒所感动、震撼并吸引，以“最美”赞誉他们的道德抉择，以“最美”激赏他们的人格力量，以“最美”确证他们的英雄身份。“最美现象”中的最美人物及其最美事迹在得到官方认可后，更是通过传统媒体实现了影响效应的空前放大，浙江“最美现象”一时间引发全国亿万民众瞩目。“最美现象”的初始含义是一些普通民众在危险、危难、危急“三危”的特殊情境中，毫无顾虑地做出的舍己救人、见义勇为、恪尽职守的英雄壮举。由于情境的不可复制与极端特殊，时间紧迫到甚至以秒来计算，这些最美人物在危急情境中的道德选择往往是潜意识的，充分反映出道德主体此时此刻行为的道德自主性。正是当事人在无法冷静思考的极端危急情境中的道德选择，体现出其道德行为是自身长期养成的美德的自然外化。“最美现象”的核心伦理意蕴是个体道德自觉。

(一)道德自觉是个体最高层次的道德境界

若将个体道德境界由低到高排列，可以分为道德他律、道德自律、道德自觉三重境界。

1. 道德他律

按照唯物史观的观点，从物质和意识的辩证关系出发考察道德的本质，则“道德作为一种社会意识，本质上是他律的”①。道德境界处于他律阶段的个体，遵守道德规范的言行并非出自内在的自觉，而是外部约束下被动接受的结果，相对于个体而言，此时的道德规范依然是异己的而非为我的存在。道德他律还需向自律发展，使社会理性转化为个人的自由意志。

2. 道德自律

康德第一个系统地阐述了自律概念。其自律概念强调“意志自律”，即“自己为自己立法”，强调从主体内在的道德观念引申出道德原则，确立了道德自律的普遍性和必然性。黑格尔肯定康德自律观和自律说的变革意义，但认为康德关

① 宋希仁：《“道德的基础是人类精神的自律”释义》，《道德与文明》2000年第3期，第7页。

于道德自律的规定缺乏内容，只有形式的普遍性。在黑格尔看来，作为“客观精神”发展阶段的道德，虽然是意志内部的、主观的规定，但善恶的标准是客观的，道德自律的源泉并不在于理性推论出来的绝对命令，而在于共同体的伦理生活，从而肯定了道德的他律性。马克思对黑格尔这一深刻思想给予了高度评价，认为黑格尔改变了康德的路线，不再将道德看作理性自身的规定，而是视为“理念”发展的一个环节，从属于伦理，从而使道德植根于市民社会中，为道德找到了客观基础。但马克思同时指出，黑格尔以他律为基础的自律论依然服从于其唯心主义理念，道德本身的抽象性、形而上学性仍未得到克服。马克思承认道德存在客观基础，道德价值的根据源于现实的社会关系，同时肯定人的道德主体性，认为道德作为个体的存在方式，是个体内化社会道德规范的结果，这个主体内部的意志规定，体现出主体的自律性、自主性、自觉性。因此，人不是被动地服从社会道德的约束，而是主动地把握道德规范的要求，自主地选择道德活动。易言之，道德是在一定的社会关系基础上通过人的自由自觉的活动表现出来的；道德自律是道德主体自愿地认同社会道德规范，并结合个人的实际情况，践行道德规范，从而将被动地服从转化为主动地律己，将外部的道德要求变为良心自主的行动的过程。

3.道德自觉

相较于道德他律而言，道德自律是更高的道德境界，但依然不是最高层次的道德境界。最高层次的道德境界是道德自觉。所谓道德自觉，指的是主体在与自身相关联的道德关系和道德活动中有效地发挥主导性和能动性，自觉地遵循和发展本民族以及社会普适的伦理准则和伦理规范，加强自身的道德践履和道德自律，使自己的道德意识和道德行为与民族和国家乃至全人类普适的伦理环境保持协调，并且促使其优化的道德认识和道德实践过程。[①] 成为自由自觉的道德主体是道德自觉的最高表现，也是道德建设所要追求的价值目标。

（二）“最美现象”充分体现出个体的道德自觉

“最美现象”充分体现出个体的道德自觉。这种道德自觉行为之所以被冠以“最美”并得到广泛关注，原因有二：第一，这种道德自觉行为充分彰显出“真”与“善”的有机统一，展现出“美”。无论是吴菊萍的惊世一举、叶霄雯的双臂一抬，还是吴斌的忍痛一刹、吴连表的舍身一推、黄小荣的勇敢一跃，道德主体所面对

① 方世南：《主体道德自觉：价值、功能与实现途径》，《江海学刊》2001年第6期。

的场景都是独一无二、不可预见的，正是在这样的极端情况下，主体的道德选择没有样本可以提供现成参照，其道德行为不是习得的，而是自然的。在这种不可预见与准备的情境中所采取的道德行为体现出“真”与“善”的有机统一，是为“美”。在美学史上，诸多哲学家、艺术家、美学家对美的内涵争论不休。马克思在《1844 年经济学哲学手稿》中深刻指出“劳动创造了美”[①]，美是人类社会实践的产物。人与动物不同，通过社会实践活动认识世界并改造世界，不断满足人的多重需要，不仅懂得“按照任何一个种的尺度来进行生产”，“并且懂得怎样处处都把内在的尺度运用到对象上去；人也按照美的规律来建造”[②]。在人类实践活动所实现的“真”即合规律性，“善”即合目的性，“美”即合感受性中，“美”始终处于最高层次。美是真与善、规律与目的的统一，正是人们根据事物的规律，按照善的要求，在自然物上打上人的本质力量的印记，使自在之物变成既合规律性又合目的性的为我之物，这种人化的自然物作为人的本质力量的表现就成为美感的对象。

第二，相较于道德失范言行，这种道德自觉行为在当下展现出“最”美的道德光芒。相较普通民众遵循日常道德规范的外在性，以及部分领域部分人群呈现出的道德失范言行的反复刺激，“最美现象”凸显的是最美的德行，侧面印证的是当下社会不容否认的道德沦落状况。现代化的现实背景与经济社会加速转型的特殊境遇，从“熟人社会”到“陌生人社会”的情境转换，从“单位人”到“社会人”的角色转换，传统社会的道德他律环境与机制被消解得支离破碎，适应新的社会发展状况要求的道德规范尚未成型，道德境界提升的基础受到破坏，一些普通民众的道德境界停留于道德他律状态。如“中国式过马路”，不管红灯绿灯，凑够一定数目的人就视交通规则为无物，部分国民在日常生活中道德需要的外在性与道德规范的义务性可见一斑。而“彭宇案”“范跑跑”“小悦悦”等事件更是体现出部分百姓日常生活中道德意识缺失、道德情感虚无的状况。在新的道德规范尚未定型，道德作为软性约束在日常生活中日益呈现“空场”状况的当下，民众的心灵迫切需要真、善、美的滋养，“最美现象”便是对这种道德需要一定程度的满足，是党和政府、底层民众对部分人群道德底线沦落、价值观念偏移的一次主动矫正。“最美现象”的诞生表明，底层民众的道德境界在当下社会道德总体状况中，绽放出不可比拟的“最美”光芒。“最美现象”的诞生及其影响面的广泛和影响力的深

① 中共中央马克思恩格斯列宁斯大林著作编译局：《马克思恩格斯全集》第 42 卷，人民出版社 1979 年版，第 93 页。

② 同上，第 97 页。

刻表明，这是一次全社会的道德呼唤和道德确认过程，“反映了全民的文化自觉和价值觉醒”。①

二、个体道德自觉发生机制

(一)道德自律发生的道德心理实验依据

道德心理学家的实验研究表明，无论是成人还是儿童，其道德发展趋势都是由道德他律向道德自律缓慢演进的过程。20世纪二三十年代，皮亚杰便开儿童道德发展的实证研究之先河。他的研究发现，早期儿童的道德判断是根据外在道德法则做出判断的，具有客体性，是一种他律水平的道德；后期儿童的道德判断已能从主观动机的角度去判断，具有主体性，是一种自律水平的道德。儿童的道德发展水平与其智力水平是平行的；人的道德言行从他律（服从外部的规范要求）发展到自律（听从内心命令）；道德判断从重视行为结果（客观责任）发展到关注行为动机（主观责任），从关心自身利益的取向发展到关心他人利益的取向，再逐步上升到道德原则的取向。依据皮亚杰的道德发展理论，儿童的道德成长过程是由道德他律到道德自律的转化过程。事实上，儿童与成人的年龄差异不应成为否定上述结论在成人道德培养过程中具有同样适用性的理由。因为道德的成长并不是年龄增长的函数，而是基于利益的需要和个人利益与社会共同利益的差异和矛盾，而这些都是永远存在的。个体的道德生长并非是随着年龄的自然增长而到某一特定阶段便告结束，否则，我们只好得出每一个成人都已达到至善的谬论。成人仍有一个道德成长的继续过程，这一过程仍表现为由他律到自律的发展趋势。②

科尔伯格理论继承和发展了皮亚杰的道德发展理论，并进一步细化了皮亚杰的阶段论，将道德发展细分为三个层次六个阶段③。第一层次是前习俗水平（对应“前道德”水平），道德行为动机出于人们的生理需要或对惩罚的规避，而不是人格和伦理标准。第二层次是习俗水平（相当于“习惯道德”水平），道德行为的典型特点是遵从外部规定的规范和要求、为大多数人认可的是非与正误标准，从众与模仿是这类道德水平的行为律。第一、二层次的道德水平都处于他律阶段。第三层次是后习俗水平（对应“自律”水平），道德价值来自普遍的原则与个人内在

① 葛慧君：《弘扬“最美精神”构筑“道德高地”》，《光明日报》2012年10月30日，第14版。

② 李建华：《法治社会中的伦理秩序》，中国社会科学出版社2004年版，第179页。

③ ［美］约翰·马丁·里奇：《道德发展的理论》，姜飞月译，黑龙江人民出版社2002年版，第96—97页。

的良知。科尔伯格认为人的道德判断的发展是一个由低到高按顺序发展的过程，一般需经过“三个水平六个阶段”，从他律向自律是道德判断的一般发展线索。而个体道德判断从低级阶段向高级阶段的发展过程，实际上就是他律道德向自律道德发展的过程，或者说是道德他律的逐渐减少和道德自律的逐渐增加的过程。

科尔伯格以及其他许多学者的实验证明：人的道德发展大致可以定性地分为上述三个层次六个阶段，它们按照上述次序排列，而且这些顺序不因性别等因素而变化。笔者认为，人们在生活实践中充分发挥主体性，用理性审视、过滤自己的动机、愿望和需要，并通过对外在于自身的道德规范的确认与认同，将社会赋予的道德律令转化为自己内心的法则，并自觉按照这种法则来约束自己，从而把外在必然性转化为内在自觉性，把社会道德要求转化为内在道德需要，这就是道德他律的扬弃过程，也是道德自律的形成过程。

（二）道德自觉的生成：个体知、情、意、行的统一与社会发展阶段的客观制约

道德自律与道德自觉尚存差异。道德自律依然尚未完成对道德主体性的充分确证，道德言行的内在动机依然是基于符合外部律法和道德规范的层次，就道德境界而言，依然与严格意义上的道德自觉存在差距。主体的道德自觉充分体现出主体的道德意识和道德行为不断从低级走向高级、从感性走向理性、从不成熟和不完善走向成熟和完善的发展历程，显示出主体性的不断增强和主体道德意识与道德水平的不断提高。

1.道德自觉形成的主体条件：知、情、意、行的统一

从个体道德心理的角度看，“知—情—意—行”是个体道德行为的心理发生机制，也是道德自觉的个体发生机制。个体对道德的内化，经历知、情、意、行四个环节。(1)知，即道德认知，是人们对行为规范及其意义的理解与掌握，是对是非、善恶、美丑的认识和判断，以及在此基础上形成的道德辨别能力。道德认知一旦形成，就成为个体确定其对客观事物态度与行为准则的内在因素。(2)情，即道德情感，是人们对社会思想道德和人们行为的爱憎好恶等的情绪体验，是构成人的行为的心理机制的重要因素。情感是行为者的一种心理体验，也是行动的动力之一。正如列宁所说：“没有人的感情，就从来没有也不可能有人对真理的追求。”[①]

① 中共中央马克思恩格斯列宁斯大林著作编译局：《列宁全集》第25卷，人民出版社1988年版，第117页。

(3)意,即意志,是人的道德行为的心理机制中具有决定性意义的环节。意志是行为者使自己的动力、目的付诸实践而自觉努力的心理状态。作为一种内在的精神力量,意志具有果断性、坚韧性、自控性等特点,是个体将道德规范、律令内化的重要环节。(4)行,即行为,是人们在行动上对他人、社会和自然所做出的行为反应,是人内在的道德认知和道德情感的外部表现。

知、情、意、行的统一是道德自觉形成的标志。中国古代思想家十分重视道德自觉。孔子认为主体道德自觉的理想境界是达到"仁",理想人格就是成为"君子","君子"就是具有仁义礼智顺善之心的自觉的道德主体。子曰:"仁远乎哉?我欲仁,斯仁至矣。"(《论语·述而》)个体主体可以通过道德自觉完善自我人格,达到"君子"这一理想的道德境界。孟子继承并发展了孔子的道德自觉思想,认为道德自觉是主体性确证和完善的结果。他认为,要使主体达到道德自觉就必须"存心",即把"仁义礼智根于心"(《孟子·尽心上》),将仁义礼智自觉地内化为自己的道德观念和道德实践行为,就能达到理想人格的崇高境界,成为自觉的道德主体,"人皆可以为尧舜"。德国古典哲学的代表人物,诸如康德、费希特、谢林和黑格尔等都在唯心主义的基础上对主体道德自觉做出了精辟论述。[①] 康德高扬主体能动性的大旗,认为主体具有三种先天的认知能力,即感性、知性和理性。从感性上升到理性,是主体认识不断从自发到自觉的过程。费希特发展了主体道德自觉思想,认为"自我"是理性与意志的统一、理论与实践的统一,在主体道德自觉中"自我"与"非我"实现了统一。谢林提出了主体与客体的"绝对同一"哲学,将道德自觉描绘为感觉、创造性直观与反思三个阶段,唯有在反思阶段,主体才意识到主体与对象的同一性,达到了道德自觉的高度。黑格尔在《精神现象学》一书中揭示了主体道德自觉的过程,认为主体感性意识的发展通过外在化而建立了事物性,然后通过对象的自我扬弃达到自我意识,自我意识一旦发展为自为存在的意识,也就达到了理性,理性的到来标志着主体道德自觉阶段的到来。然而,无论是我国古代思想家有关道德自觉的思想萌芽,抑或是德国古典哲学家对主体道德自觉的分析,都将主体道德自觉看成是主体单纯的自我意识发展的过程,摒弃或忽视道德教育实践活动在其中的重要作用,因此难免失之偏颇。

2.道德自觉形成的社会因素:社会发展阶段的客观制约

将对道德自觉的理解建基于唯物辩证的基石上,从而科学地说明主体道德自觉形成的主客观因素、内外部制约是由马克思完成的。在被恩格斯称为新的

① 方世南:《主体道德自觉:价值、功能与实现途径》,《江海学刊》2001年第6期。

世界观的天才萌芽《关于费尔巴哈的提纲》中，马克思对唯物史观做了精辟论述，奠定了科学理解道德自觉的基础。马克思一方面揭露了忽视人的主体道德自觉的旧唯物主义“只是从客体的或者直观的形式去理解”的缺陷是一种客观唯心主义，另一方面批判唯心主义哲学所强调的主体自觉性是一种抽象的主观能动性。马克思认为，主体道德自觉是在社会实践中实现的。他运用三大社会形态理论，对人的道德主体性所经历的发展阶段做了阐释。“人的依赖关系（起初完全是自然发生的），是最初的社会形态，在这种形态下，人的生产能力只是在狭窄的范围内和孤立的地点上发展着。以物的依赖性为基础的人的独立性，是第二大社会形态，在这种形态下，才形成普遍的社会物质交换，全面的关系，多方面的需求以及全面能力的体系。建立在个人全面发展和他们共同的生产能力成为他们的社会财富这一基础上的自由个性，是第三个阶段。第二个阶段为第三个阶段创造条件。”[①]主体道德自觉的确立，关键在于真正意义上主体性的确立、主体内在良知的清醒，在于个体道德自律程度的不断提高和社会整体道德水平的提升的共同作用，在于主体自身发展与社会精神文明进步的统一。在马克思看来，在共产主义社会到来之前，主体的道德自觉只具有相对的意义。只有在消灭了阶级和剥削的共产主义社会，人才能通过对象化活动实现劳动者与产品的统一，主体与客体的统一，人与自然的统一，个体与社会的统一。这些统一体现着人的对象性关系的全面展开，使主体获得全面的发展，成长为不仅在物质经济上，也在精神道德上自由自觉的主体。[②]

三、浙江“最美现象”的普遍化的方法论原则

推动浙江“最美现象”从“盆景”到“风景”、走向普遍化，就要加强公民道德建设，提升民众的道德层次，引导民众由道德他律、道德自律境界向道德自觉境界迈进。“最美现象”的普遍化、大众化与公民道德建设的内涵是同一的，二者共同指向民众的德性的养成、道德自觉的形成；推动浙江“最美现象”普遍化遵从公民道德建设的一般方法论原则。

---

① 中共中央马克思恩格斯列宁斯大林著作编译局：《马克思恩格斯全集》第46卷（上），人民出版社1972年版，第104页。

② 方世南：《主体道德自觉：价值、功能与实现途径》，《江海学刊》2001年第6期。

(一)经济决定性与相对独立性相统一的原则

道德作为一种社会意识形态,不同的社会中道德的内容和形式也不同;人们的道德观念、道德状况和可能的道德拓展空间是由他们存在于其中的社会历史条件,特别是物质生产方式所决定的。人们"归根到底总是从他们阶级地位所依据的实际关系中——从他们进行生产和交换的经济关系中,获得自己的伦理观念"[①]。因此,公民道德建设有其绝对从属性,这一根本特性使得它的发展不可能超越自身所处的社会历史发展阶段,而必然是当前阶段社会实践需要的必然产物。从这个意义上说,"最美现象"之所以诞生在浙江,表层看是浙江当下相对而言处于"道德高地",民众的道德水平较高;深层次看,正是印证了浙江在全面建设惠及全省人民的小康社会取得决定性胜利、迈向基本实现社会主义现代化新征程的特殊历史时期,经济社会发展前所未有地需要良好道德环境的呵护。

如前所述,唯有在共产主义社会,主体的道德自觉才具有绝对的意义;现阶段浙江"最美现象"所呈现的道德自主是相对的、阶段意义上的。但不能由此否认道德建设主观努力的重要性。道德发展不仅具有从属性,也具有相对独立性,受制于区域历史道德文化资源、道德建设的意识与行动、民众当下的文化素质等各种因素,呈现出复杂的发展规律。道德建设总是在传统道德文化的基础上继承与发展,体现出中断性与连续性的统一;道德建设总是在民众现有道德境界基础上开展,体现出变革与继承的统一;道德建设依赖多重道德建设主体的协同作用,体现出外化与内化的统一。推动"最美现象"普遍化,使道德自觉成为全体民众共同的道德境界,也必须立足区域传统道德文化资源、民众现有道德基础,能动地发挥多重道德建设主体的推动作用,实现合目的性与合规律性的统一。

(二)先进性要求与广泛性要求相统一的原则

在公民道德建设中,必须将先进性要求与广泛性要求结合起来。社会主义国家以公有制为基础,消灭了阶级对抗,人民当家做主,客观上将个人利益与国家利益统一起来,为公民道德境界的提升、确立较高的道德层次提供了现实基础。道德建设的先进性必须与广泛性相结合,承认并尊重公民道德的多层性。由于经济体制改革催生了多样多层的利益主体,激发了各种利益矛盾与冲突,必然要求根据不同的利益要求产生不同层次的道德准则。个体的道德层次不仅受市场经济客观规律和内在要求的制约,还受到个体道德素质状况的制约。客观

---

① 中共中央马克思恩格斯列宁斯大林著作编译局:《马克思恩格斯选集》第1卷,人民出版社1972年版,第434页。

而言，道德个体的道德品质就其上升趋势来看，是一个由低到高发展的过程，这一发展进程又表现为渐进发展与飞跃发展的统一。坚持先进性要求与广泛性要求的统一，就必须区别“最美现象”中的道德自发与道德自觉。仔细探究前述“最美人物”的“最美事迹”，可以看出：在看似相似的危急时刻，诸多“最美人物”的道德选择依然有主观意志上的差别。如果说“最美司机”吴斌在生命的最后一刻将生的希望留给乘客，更多地展示出一个优秀的客车司机在长期的职业道德坚守中早已定型的道德行为，体现出高度的道德自觉性，那么“最美妈妈”“最美爸爸”“最美姑娘”在危急时刻的英雄事迹，则更多地体现出道德自发的特性，体现出“老吾老以及人之老，幼吾幼以及人之幼”的高度的道德同情心。自发原本指自然界中存在着的纯粹排除人为因素的自然现象，如四季变换、潮涨潮落等，从不以人的主观意志为转移。但在社会领域，包括精神意识主导的许多事务也有深刻而复杂的自发因素潜藏其中。一些伦理现象、道德观念，如怜爱之情、助弱之意、血肉之谊等，存在相当成分源自人的自然天性，反映的是人的本能特征。这些自然天性或本能特征不会因种族、国别、文化背景、社会制度、时代变迁而发生大的改变，也不因受教育程度较低、社会地位较差就消逝，人人都有、永恒存在，只是存在多寡之分。叔本华称之为“天然的同情心”，“是每个人天生即有的，不可摧毁的，并且已证明是非利己行为的唯一泉源，只有这种行为才有真正道德价值”。① 不管社会制度如何，不管道德主体身份贵贱、地位高低，这种道德自发是一种惠及众生、原生的道德现象。就这层意义而言，道德自发是无须主观努力的客观存在，它处于较低的阶位上，因而更具有先在性、普适性，昭示出俗世的大众化倾向，更有可能成为社会大多数人接受的规范。

(三)新兴媒体与传统媒体正面效应协同作用的原则

随着媒介化趋势愈演愈烈，全媒体时代已到来，媒体在公民道德建设中承担着不可推卸、不可或缺的重大责任。在社会舆论的形成过程中，媒体，尤其是新兴媒体对广大民众的道德感受产生着直接影响。就一定意义而言，向善的道德风气是宣传出来的，良好的道德氛围是营造出来的，日进的道德境界是弘扬出来的。媒体人自身的价值取向、政治素质、道德素养，直接影响其媒体工作中传播内容、形式、载体的选择，直接影响受众的价值判断与行为抉择。公民道德建设必须顺应媒介化的趋势，充分发挥新兴媒体与传统媒体的正面效应。浙江之所以能诞生如此众多的“最美人物”，频频涌现各类“最美现象”，与全媒体时代的特

① ［德］叔本华：《伦理学的两个基本问题》，任立、孟庆时译，商务印书馆1996年版，第294页。

殊背景下，传统媒体与新兴媒体利用各自优势广泛宣传、倡导与弘扬“最美现象”，并在这一过程中形成了与各自受众的良好互动，成功营造向善、乐善、行善的道德氛围密不可分。在“最美现象”的传播过程中，传统媒体发挥了主阵地的作用，新兴媒体发挥了自身的特殊优势，正是二者的相互作用，呈现出一个个“最美现象”，塑造了一批批“最美人物”。推动“最美现象”普遍化，依然需要借用传统媒体受众固化、权威性高、主流稳定的优势，利用新兴媒体时效性强、方便快捷、受众广泛的特色，共同推动“最美风景”的诞生、民众道德境界的提升、社会整体道德氛围的优化。

（四）自上而下与自下而上相统一的原则

道德建设作为党的意识形态工作的组成部分，具有鲜明的意识形态色彩。各级党委政府长期以来高度重视思想道德建设工作，将之提升到为中国特色社会主义建设事业提供价值引领、精神动力、思想保证、道义支持的高度，在此高度上加以认识，充分发挥引领并推动公民道德素质提高的主观能动性。同时，公民道德建设必须坚持群众路线，注重发挥群众的主体作用。李长春在全国道德模范座谈会暨第八届中国公民道德论坛上的讲话中指出，公民道德建设必须在思想上尊重群众，感情上贴近群众，工作上依靠群众，多向基层问计，多向群众请教，使道德建设获得最广泛、最可靠、最牢固的群众基础和力量源泉。作为一种社会意识形态，道德只有通过民众的广泛参与、共同努力、达成共识、付诸实践，才能得到有效的提升。应充分尊重人民群众在道德建设中的主体地位，注重调动、积极保护人民群众在公民道德建设中的积极性、主动性、创造性，使公民道德建设成为民众自我教育、自我完善、自我提高的过程。“最美现象”诞生本身就是部分“草根”践行美德，一些网民发掘、传播美德，在新兴媒体上的传播得到一定轰动效应后，为主流传统媒体所认定与传播，最终获得政府的认可、确证、表彰，党和政府再以这些道德典型激发全体民众崇善、向善。“最美现象”充分表明群众在当下道德建设中日益提升的主体性。需要进一步思考的是如何使这种充沛的道德能量以常态化的形式呈现出来，这就需要自上而下完善经济社会发展的道德促进机制、党委政府的道德示范与引领机制、德行善举的双重激励机制，充分保护群众在当下道德建设中的主体性，拓展社会底层道德能量发挥作用的途径与渠道。

中国知识分子精神的当代建构①

李梦云②　周学堂③

【摘　要】知识分子是一个极为特殊的群体，他们在一个社会里不可或缺，举足轻重。20 世纪 90 年代以来，由于市场经济大潮的冲击及功利主义的影响，知识分子精神趋于缺失。“中国梦”的提出为知识分子精神的建构提供了契机和要求，知识分子批判精神的重建、独立人格的培育和道德人格的重塑成为知识分子精神建构的主要方面。践行知识分子精神的基本路径为批判社会弊端、维护公平正义、引领核心价值、坚守人文精神等。

【关键词】“中国梦”；知识分子精神；践行路径

2012 年 11 月 29 日，习近平在国家博物馆参观《复兴之路》展览时，深情地阐述了“中国梦”，指出“实现中华民族伟大复兴，就是中华民族近代以来最伟大的梦想”。“中国梦”的提出极大地激发了人民群众对实现民族复兴的高昂热情和强烈渴望，让民众迸发激情、放飞希望、追逐梦想，为中国社会的发展赋予了新的重要意义。在“中国梦”的时代背景下，知识分子也再次成为人们的期待。知识分子是社会的中坚与脊梁，担负着社会价值取向、人类终极意义的建构和阐释使命。因为这个群体的特殊性以及人们对它的较高期待，知识分子总是备受关注，成为人们研究的焦点。重大理论的诞生、社会的重大变革与推进，知识分子都走在前列。他们是“关注天空的人”(黑格尔语)，是能够把握和引领社会发展方向的人。但是 20 世纪 90 年代以来，由于市场经济大潮的冲击及功利主义的

---

① 本文系教育部人文社会科学研究青年基金项目“中国知识分子精神的建构及现代意义”(批准号：13YJC710018)和浙江省哲学社会科学规划课题“知识分子与优雅社会的构建”(批准号：13NDJC108YB)的阶段性成果。

② 李梦云，法学博士，浙江工商大学马克思主义学院副教授，主要研究方向为文化建设与社会发展、中国共产党与中国文化研究。

③ 周学堂，浙江工商大学杭州商学院讲师，主要研究方向为文化管理学。

影响,知识分子精神趋于缺失,知识分子的作用亦未能充分发挥。中国梦的提出为知识分子精神的建构提供了新的契机和要求,在全民追逐中国梦的今天,探讨知识分子精神的建构有着重要的理论价值和现实意义。

一、"中国梦"的实现需要知识分子精神的建构

知识分子从来就是一个不可忽视的特殊群体,他们在一个社会里不可或缺,举足轻重。"从古希腊时代以来,知识分子的社会地位就是决定性的,甚至是普罗米修斯式的。"①这种情形在中国更加明显,集知识与权力于一身的"士",在整个中华文化形成的过程中,几乎完全支配了历代政治、文化、教育、伦理、道德和社会生活的方方面面。古代士人秉持着"士不可以不弘毅,任重而道远"的理想,背负着"天下兴亡,匹夫有责"的责任感和使命感,践行着"修身、齐家、治国、平天下"的思想信念,成为几千年来中国知识分子理想主义的象征。在近代风云变幻中,从士转变而成的近代知识分子继承了传统士人的使命感和责任感,他们以"铁肩担道义"和"上下而求索"的社会批判与追求真理的精神,带着深沉的忧患意识,寻求救国救民的道路,谱写了中国知识分子历史上最为壮丽的篇章,其中形成的"五四"传统及知识分子精神至今熠熠生辉。

新中国成立之初,知识分子带着极大的参政热情被纳入体制之中,但1957年反右斗争的严重扩大化把知识分子的议政热情和价值自信击得粉碎。在"以阶级斗争为纲"的政治背景下,中国知识分子长期被扣上"资产阶级"的帽子,成为被批判和改造的对象。面对政治强力的压制,知识分子噤若寒蝉,其文化和社会功能也几乎丧失殆尽。改革开放以后,伴随着思想解放的潮流,长期被排斥在社会政治生活中心之外的知识分子积极向中心移动,被压抑了20余年的政治情绪倾泻而出,他们再次担任了社会批判者及思想启蒙者的角色,担负起知识分子的责任和使命,催生了继新文化运动、五四运动以后中国又一次思想解放的潮流。

20世纪90年代以来,随着市场经济的全面确立,消费时代宣布到来。人们的视野被丰富的物质产品全面包围,声、色、味全方位的刺激,让人的感官需求得到了极大的满足,但在对物欲的无止境追求中,人们却逐渐丧失了对价值和意义的追问。以消费和娱乐为主体的大众文化取代精英文化,成为时尚和流行的趋

① [美]卡尔·博格斯:《知识分子与现代性的危机》,李俊、蔡海榕译,江苏人民出版社2002年版,第1页。

势，中国社会进入徐复观所说的“不思不想的时代”。知识分子不再作为社会精神的指引者，不仅仅是因为知识分子本身的世俗化，更是因为人们似乎不再需要真理的代言人，不再需要精神世界的栖息地，不再需要“以天下为己任”的社会责任感。曾经知识分子所代表的那种英雄主义、理想主义被人人所有的功利主义和实用主义所淹没，世俗化程度加剧，真理、价值、崇高被亵渎，知识分子被时代无情抛弃。在这样的背景下，大多数知识分子也背离了原先的精神坚守，加入了世俗化的大潮。极少数仍在苦苦支撑的知识分子成了拥有知识和精神的“流放者”，声嘶力竭地呐喊，却被淹没于莺歌燕舞之中，无人理睬。

随着传统知识分子的衰落，接踵而来的是市场对学术生活的影响越来越大、知识分子的专业化和制度化、媒体力量的日益增强，以及行使自由意志的公共空间遭到侵蚀，知识分子精神逐步缺失，其批判精神也不断弱化。知识分子作为文化资本的所有者，他们充分发挥了“资本”所有者的作用，在自己的专业领域中做出种种贡献，成为国家发展和强大的重要中坚力量而得到社会的认可和重视；但作为“文化”的所有者，当代知识分子却鲜有能走出自己专业领域的限制，秉持形而上的理念（如公平、正义、自由、民主、真、善、美等）积极参与到公共事务中来。人们感慨知识分子的退化：丧失了独立人格，抛却了曾经的责任感和使命感，知识不再是知识分子探索真理的武器而成为买卖的资本，为了个人利益，他们纷纷投靠政治或者商业集团，逐渐散失了对既定社会秩序批判的锋芒。没有了义不容辞的使命意识，也没有了天下千秋的承担情怀，知识分子不再是社会的良心和监督者，而成了追名逐利的庸人。人们对知识分子的崇敬烟消云散，知识分子精神在我们这片土地上似乎也流失殆尽。殷海光说，知识分子是时代的眼睛，这双眼睛已经快要失明了，我们要使这双眼睛光亮起来，照着大家走路。如何让知识分子的眼睛光亮起来，这是一个极为重要而紧迫的课题。

“中国梦”是隐藏在人们内心深处的渴望，也是知识分子的理想与追求。“中国梦”的提出在激发广大民众热情和期待的同时，也让人们思考这一梦想实现的具体路径。中华民族的伟大复兴不仅需要经济社会的全面发展，也需要中华文化的全面复兴。甚至在相当意义上说，中华民族的复兴即是中华文化的复兴。回望过去，中国历史上的鼎盛时期，都是中国文化大放异彩并影响周边国家的时期，向世界展示着它的浩渺博大、开放进取和深厚德泽。民族的复兴、文化的进步离不开知识分子。要让中华文化全面复兴、大放异彩，这需要具有先知先觉的知识分子作用充分而全面的发挥，这是知识分子责任担当与精神回归的体现，也是中华民族伟大复兴的必然要求。知识分子不仅是一个阶层，更是一种精神的象征，他们是价值的引领者，伦理道德的守护者，责任使命的承担者。在“中国梦”的时代背景下，知识分子需要重新发扬知识分子精神，秉持责任与使命，引领价值与希望，身体力行、毅力前行，真正成为实现“中国梦”的中坚力量。

二、知识分子精神建构的主要方面

知识分子不仅是一种职业、一个阶层，更应该是一种标志、一种精神的象征。知识分子精神的建构需要知识分子批判精神的重建、独立人格的培育和道德人格的重塑，这是知识分子精神建构的主要方面。

（一）批判精神的重建

批判精神是知识分子的本质，是知识分子精神的最高境界，是区别知识分子与非知识分子的基本依据，因此知识界一直把批判精神视为其理想性格。班迪克斯认为，知识分子是那些受过良好教育并且能够批判现实世界的人。在科塞看来，知识分子具有强大的怀疑精神，他们对现存的一切充满质疑，并努力追求更高、更博大的真理来批判现实世界。阿隆则把知识分子批判现存秩序的倾向形象地比喻为知识分子的职业病。

然而，作为知识分子与生俱来的品质，知识分子的批判精神在利益复杂纷争的当代社会却在不断衰弱。雅各比在《最后的知识分子》中也指出，具有坚定独立灵魂的知识分子已经渐渐消失，逐渐被一些丧失了独立精神的技术人员所取代。这些人仅仅依附于提供支持的赞助者和雇佣他们的委员会，他们虽然被赋予了社会权威的符号，但是并没有真正推动学术的自由健康发展，而是孜孜不倦地追求更多的虚假荣誉和称号。20 世纪 90 年代后，这种情况在中国知识分子群体中也不断上演。随着知识分子的专业化、体制化和官僚化，体制内的种种限制束缚了知识分子的批判空间，专业化的技术主义倾向则让知识分子彻底淹没在技术上的细枝末节里而丢失了社会批判精神。为了不显得过于政治化和具有争议性而影响自己的上升空间，为了不破坏团结、不逾越公认的范式以获得体制内的资助，为了促销自己以让自己具有市场，为了维护本集团或者自身的利益，等等，知识分子由崇高向世俗迅速下滑，其批判精神也迅速弱化。

因此，知识分子精神的建构首先是批判精神的重建。这一方面需要知识分子的自觉自省；另一方面也需要在体制上对权力的滥用与资本的横行进行规约，给知识分子提供独立言说的空间。

(二)独立人格的培育

在20世纪80年代“知识分子热”的讨论中,其中很有价值的成果就是关于知识分子的自由意志和独立人格。独立人格是知识分子得以傲立天地的顶梁柱。在“中国梦”的背景下,如何重建知识分子的独立性,更好地发挥知识分子的作用,成为知识分子共同关注的话题。知识分子独特的功能就在于从形而上的层面去关注人们的生活和社会发展走向,塑造时代精神,思考人类命运,而这一切都必须以人格的独立为基础。我们需要的精神成果不是歌功颂德的赞美诗,也不是为少数人谋利益的宣传广告,我们需要的是蕴含着纯正精神品质,体现着知识分子严肃思考和深刻领悟的思想见解,它是知识分子勇气和独立人格的体现。独立人格犹如人的筋骨,是骨子里的一种精神,这种精神是支撑知识分子得以傲立天地的一根柱子,柱子倒了,再美丽的躯壳也成了行尸走肉。

在现代化变革和市场经济建设蓬勃发展的今天,现代性所展现的技术理性精神和现代人文精神一定程度上瓦解了中国知识分子头脑中固有的官本位观念,促进了知识分子自我意识、主体意识和创新意识的自觉培育,这为促进知识分子的人格独立提供了有利条件。知识分子应抓住有利时机,以公共话语积极参与公共事务,否则,中国知识分子总体上缺乏独立人格的缺陷将成为实现“中国梦”的障碍之一,也将成为中国文化的缺陷之一。

(三)道德人格的重塑

受20世纪90年代市场经济蓬勃发展的影响,商业文化迅速崛起,经济利益与效率成为我国社会的主要价值观念日益深入人心,传统道德理想、价值观念受到无情的冲击,经济实利主义和效率至上的原则成为社会价值判断的主要标准,利己主义、拜金主义、享乐主义、实用主义等市场经济的负面产物也深深地影响着物质上还较为匮乏的人民大众,不断侵袭人民大众的思想,社会的政策取向也没有使这些不良现象得到及时有效的遏制,整个社会的道德水准迅速滑坡。在物质利益的驱使和不良社会环境的影响下,在权力与金钱的双重压制下,知识分子背离其责任使命与道德操守,成了某些利益集团的代言人。如葛兰西所说的“有机知识分子”一样,他们在积极地“组织利益,赢得更多的权力,获得更多的控制”,利用自身的地位和对大众传媒的操控,兜售的却是各种精神垃圾。有人戏称说当今的专家成了“砖家”,教授成了“叫兽”。各种知识分子道德缺失的负面案例成为各大报纸的重要组成部分,如教授抄袭、嫖娼、心理失衡扭曲,以及权钱交易、贪污受贿,等等,知识分子道德人格的缺失将知识分子一次次推向风口浪尖,成为人们批判的焦点。

“中国梦”的实现迫切需要敢于创新、勇于承担的知识分子,迫切需要积极进取、对社会国家和人类怀有强烈责任感的知识分子。所以,当今的知识分子必须从自身做起,从现在做起,从生活方式和现实行为层面更深刻地体验到自己在社会中担负的责任,最终把自己投入为人类谋求利益的创造性社会劳动中去。只有在深刻的理性和高远理想的基础上,知识分子才能突破一己一派的藩篱,展示更为宽广的胸襟,才能超越个人生存原则去追求生命意义的无限。为此,知识分子必须经受历史的考验,承担来自现实与精神的痛苦,勇于担当社会责任,敢于发言,敢于创造,敢于斗争。

三、践行知识分子精神的基本路径

知识分子批判的精神、独立的人格及高尚的道德得以体现,需要一定的方法和路径,具体表现为对社会弊端的批判,对公平正义的维护,对核心价值的引领以及对人文精神的坚守。

(一)批判社会弊端

批判性是知识分子最为本质的特征,对知识分子来说,其存在的主要使命和贡献就是保持异议,对现存的社会弊端进行批判。清大学者章学诚说:“天下不能无风气,风气不能无循环,一阴一阳之道,见于气数者然也。所贵君子之学术,为能持世而救偏……”[①]持世救偏,即在批判社会流弊的基础上,扭正社会发展方向。许纪霖说:“我们不可能直接改变现实,只能通过我们的话语,构建公共话语,影响人们的思维,间接地参与社会进程。……知识分子通过对生活世界具体现象的创造性阐释,体现我们对我们所处的生存状态的理解和批判,从而以话语构造另一个超越了世俗社会的意义世界。”[②]这种“超越世俗社会意义的世界”不是虚无缥缈的,必须落向人间。“中国梦”的实现是一项艰巨而复杂的系统工程,需要知识分子由始至终地发挥其批判作用。社会的前进与发展是“向心”与“离心”两种相反之力综合博弈的结果。知识分子的批判性或许表现为一种离心力,但反思、否定和批判是社会进步的重要动力,纯粹的赞誉和掌声只会困住社会前进的步伐。乔姆斯基认为,作为真理和知识的追求者的知识分子,“说出真理,暴

① 章学诚:《文史通义》,中华书局1994年版,第154页。

② 许纪霖:《寻求意义——现代化变迁与文化批判》,上海三联书店1997年版,自序。

露谎言"[①]永远是其最基本的责任。当今的中国面临各种新的挑战,需要化解各种社会矛盾和冲突。只有对旧的体制中存在的问题予以批判,进步的新生事物和新生环境才能逐步得以建立。知识分子应该站在社会良知和人类高远理想的基础上,针对各种问题进行全方位、多层次、多角度、多领域的批判,促使社会在综合平衡中稳步发展。

(二)维护公平正义

改革开放30多年来,中国经济发展成就显著,人民生活水平不断提高,但无可讳言的是,社会的贫富差距却日益扩大,恶性案件不断发生,群体事件愈演愈烈,出现这些情况归根结底是源于社会不公。这种不公现象如同急性传染病,迅速扩展到社会的方方面面,成为一个严重的社会问题。资源分配的不公导致贫富差距、城乡差距、区域差距的扩大,司法不公对"法律面前人人平等"的亵渎,教育不公使广大农村的学生无法享受到公平教育的权利,医疗不公让农民得不起病也看不起病,地位不公让官员在享受种种特权的同时民众却经常受到侮辱,等等。各种社会不公现象随处可见。人们常常"提起筷子吃肉,放下筷子骂娘",就是对这种不公平现象最直接的反应。这些不公现象的存在极易激化社会矛盾,并引发社会冲突与动荡。

面对这种情况,知识分子有责任通过自己的专业技能和社会影响,利用各种现代媒体揭露社会不公,纠正不良风气、倡扬社会正义,这是知识分子义不容辞的责任。作为人类良知和进步思想与价值的代表,知识分子也是社会的"疼痛神经",提示现实中的病痛与缺陷,监督各种价值理念的落实,促进社会的进步。这是由知识分子本身的特点所致。大多数知识分子主要从事知识创造和传播方面的工作,相对而言离实际利益较远,受到的利益诱惑相对较少,因此,知识分子观察事物的立场更为超脱和客观,其观点和立场也更为客观公正,更能代表国家和社会进步的方向。因此,针对社会各种不公平和不和谐的现象,需要知识分子继续秉持对真理和正义的执着,发挥知识分子敏于思、勤于索、勇于疑、敢于问的作用,积极扮演好社会的思考者、反省者和批判者角色,促使公平和正义体现在社会的每一环节上。[②] 尽管知识分子有多种分类,在各自的职责范围内各有侧重,但在知识分子精神上是相通的,他们都应该是人类良知的代表,为最广大人民的

---

① 转引自[美]卡尔·博格斯:《知识分子与现代性的危机》,李俊、蔡海榕译,江苏人民出版社2002年版,第200页。

② 肖赞:《构建和谐社会历程中知识分子的社会角色研究》,《兰州学刊》2006年第7期,第163—164页。

利益发言，坚守公平和正义。具体行动表现在：一是传播公正理念，并以其客观公正充当弱势群体利益的代言人，大声疾呼，让公平正义深入人心，并体现在各个具体的事务上；二是帮助政府创建和完善社会保障体系，建立健全有利于保障社会公平正义的制度体系，有效化解社会矛盾，使社会公平正义得到切实的维护与实现。

（三）引领核心价值

在社会生活中居于统治、引导地位的核心思想体系即为特定历史时期的社会核心价值体系。"人类需要一种生活哲学、宗教或一种价值体系，就像他们需要阳光、钙和爱情一样。"[①]社会核心价值体系在社会运行和个人生活中发挥着至关重要的作用，是一定社会系统得以正常运转、社会秩序得以维持的思想基础和精神依托，是一个民族的"精神骨架"，有了这个"主心骨"，社会才可能稳定和谐，中华民族的伟大复兴才可能实现。然而当今中国社会经历了"五四"的"全盘反传统"及市场经济浪潮的冲刷后，价值多元而混乱，主流价值则相对缺失。当今社会新阶层的不断涌现，社会结构的巨大变迁，社会组织的迅猛发展，多元利益的博弈分化，以及社会价值观念的日趋多样等，都迫切需要核心价值的重建，以统一思想、凝聚人心和团结社会。

长期以来，知识分子一直是人类社会核心价值体系的构筑者和维护者。在社会转型期或者变革期，知识分子的这种功能尤为突出。在今天，越来越多的有识之士已经意识到社会的发展需要更多真正的知识分子提出理想前景和发展蓝图，以避免社会在盲目中无目标地发展。这需要知识分子引领社会核心价值，为社会的良性发展提供内在的精神支撑和整合基础。党和政府在倡导和构建社会主义核心价值过程中，提出了社会主义核心价值体系，其中包括四个方面的基本内容，即马克思主义指导思想、中国特色社会主义共同理想、以爱国主义为核心的民族精神和以改革创新为核心的时代精神、社会主义荣辱观。应该说，这四个方面比较全面地体现了现阶段我国核心价值体系的内涵，为人们的行为提供了一定的价值标准。但是，目前的核心价值观还没有真正深入人的内心和灵魂，成为指导人们思想和行动的精神标杆。这需要知识分子进一步深入挖掘社会核心价值体系的内涵，并提炼出一系列基本的价值概念，融合中国传统文化之根中具有现代价值的仁、义、礼、智、信和现代标志性的价值概念，如公平、正义、民主、法

---

① ［美］弗兰克·G.戈布尔：《第三思潮——马斯洛心理学》，吕明、陈红雯译，上海译文出版社1987年版，第103页。

治、尊严、诚信、幸福、和谐等，使得这些价值理念以一定的方式真正进入民众的心里，起到引领社会的作用。

(四)坚守人文精神

从一定程度上说，当今时代是工具理性一统天下的时代。所谓“工具理性”，是指通过实践的途径验证工具的有效性，从而追求最大功效，是一种以工具崇拜为特征和以技术主义为生存目的的价值观。在工具理性片面的指引下，科学技术与经济也是片面地发展。工具理性的独裁与人文价值理性的“失语”导致人性的工具化、贫乏化、碎片化，以及主体性的丧失。个体丰富的生命体验让位于精密的数学计算，那些曾让人们所深深敬畏的“内心的道德律”——曾被康德当作“绝对命令”的道德法则和“他人”一起成为一些人达到自己目的的工具，人的尊严和价值被无情践踏。在工具理性这个自我加冕的僭主面前，一切都失去了自己的独立性，沦落为供其任意驱使的奴隶，精神危机日见加重。功利思想睥睨一切，道德败坏、精神颓废、犯罪率的居高不下，一定程度上成为社会常态。工具理性的泛滥迫切需要富有人文思想与人文精神的人文理性的制约。人文理性的核心就是人文精神。人文精神本质上是一种自由的精神、自觉的精神、超越的精神。康德的“人是目的”和马克思的“全面发展的人”就属于最高的人文理性的范畴。社会的前进与发展应该是为了人这个目的服务的，人才是这个世界意义关注的中心。

工具理性的泛滥也是人文精神的危机。人文精神的危机说到底还是知识分子的危机，当人文精神的田野日渐荒芜，找不到一方净土让心灵自由放牧时，重建人文精神，是今天知识分子的自救之道，也是寻求再生之道。面对工具理性的泛滥对人类精神文化领域构成的现实威胁，知识分子有责任和义务对其进行理性反思和批判，这种批判并不是试图阻止工具理性或者否定工具理性存在的合理性，而是要让人文理性和价值理性来规约工具理性，并为之提供一种监督和参照，一种超越的理想和终极的价值引领。自古以来，中国的知识分子就有着悠久的人文精神传统。孔子云“三军可夺帅也，匹夫不可夺志也”，孟子曰“士可杀，不可辱”，强调知识分子应该提高道德的自觉而不屈服于权贵，这是对人格尊严的高度肯定，也是知识分子对自己独立人格的坚守和维护。北宋哲学家张载的“为天地立心，为生民立命，为往圣继绝学，为万世开太平”表明了作为一个知识分子，应该具有广阔的胸怀和深沉真挚的社会责任感。坚持人格尊严，自觉承担社会责任，对社会事务和人类命运的现实关怀以及终极关怀，始终是中国知识分子人文精神的核心内容。

人文精神的弘扬需要知识分子亲力亲为，需要知识分子充当核心价值载体，维护人心。人文精神应成为一种日常规范，一种生活方式，而非一种简单口号。知识分子应该自觉肩负起终极关怀的责任，写无愧于良心的作品，自觉做文化的传承者，从文化知识中提炼人文精神，以此营造全新的精神空间。中国需要一批真正意义上的大思想家和大文学家，我们所处的社会才会有真正的精神支柱。作为社会和国家民族有良心的知识分子，他们的个人素养和精神状态体现着一个社会的文化水平，他们应该坚守人格的独立，尽其所能传递文明，传播理性，秉着“先天下之忧而忧，后天下之乐而乐”“穷则独善其身，达则兼济天下”的理念，呼唤社会良知，维护社会正义，这才是中国知识分子的正确定位，只有这样，“中国梦”才能真正从梦想走向现实。

“中国梦”不是空洞的口号，中华民族的伟大复兴需要的是实实在在的行动。长期以来知识分子作为社会的中坚和核心，发挥着极为重要的社会作用。今天，“中国梦”的实现需要知识分子重振精神，返回社会的中心，积极承担知识分子的责任和使命。一方面是在文化上确能有所建树，以引领社会前行；另一方面要身体力行，实践自己所倡导的理想，退则坐而论道，进需以身作则。总之，我们不能放弃对知识分子的希望，不能放弃理想、责任和担当，这里隐藏着民族复兴的希望。[①]

---

① 李梦云：《知识分子的精神内涵与历史演变——基于西方几种主要知识分子理论的分析》，《东岳论丛》2013 年第 3 期，第 72 页。

符号消费的伦理构建与路径选择[①]

裘敏晨[②]

【摘　要】随着经济全球化、大众消费时代的来临，符号消费已无孔不入地渗透到人们的日常生活。符号消费伦理作为一个新兴的研究课题，在社会经济发展过程中逐渐凸显出来。本文从符号消费的伦理意蕴、伦理原则与实现路径三个方面，具体分析了符号消费的伦理构建及其实现。在此基础上，提出了以自主、理性、适度为核心的新符号消费观。

【关键词】符号消费；伦理构建；理性消费

一、符号消费的伦理意蕴

随着全球经济的快速发展，我们迎来了大众消费时代，消费正在有效地构筑着人们的日常生活与社会秩序，人们的消费能力、方式、水平在某种意义上决定了人类社会发展的方向与速度。远离了物质缺乏时代的人们，不再仅仅追求商品使用价值带来的物质满足，转而寻求商品的符号价值所带来的文化意义。与此同时，新兴的符号消费也存在着进退维谷的道德两难，具体表现为：人性自由与秩序稳定、物质富裕与精神富有的两难。因此，就需要对符号消费进行伦理评价与道德调节，正如M.沙邦-戴尔马所说："重要的是要给消费社会额外附加一个灵魂以把握它。"[③]而对符号消费伦理的探索，正是为了回答一个根本性的问题：人们如何进行消费才能幸福地生活？

"符号消费"是指20世纪60年代以来在消费社会中出现的以追求商品符号文化价值而不是使用价值为根本目的的后现代性消费，具有关涉性、象征性、示

---

① 本文为作者硕士学位论文的一部分。

② 裘敏晨，浙江桐庐人，浙江省委党校伦理学专业硕士，现为浙江工商大学公共管理学院教师。

③ 转引自[法]让·鲍德里亚：《消费社会》，刘成富、全志钢译，南京大学出版社2008年版，第202页。

差性、系统性等特点。“符号消费”最初是哲学上的概念,依托于西方马克思主义对于“消费社会”的研究语境,从马克思商品拜物教与异化理论到卢卡奇、葛兰西的物化思想与文化批判理论,再从法兰克福学派阿多诺、马尔库塞、弗洛姆对消费社会的研究与现代性批判,到列斐伏尔在消费社会研究中的日常生活化转向,再到鲍德里亚对符号消费理论的全面构建。至此,“符号消费”概念在漫长的历史发展中、在一大批哲学家的交互影响中渐渐成熟,并开始突破哲学的范围,逐渐被运用于经济学、社会学、文化学、管理学等领域。

符号消费伦理是指导、调节人们在符号消费活动中消费行为背后的价值观念、道德原则和规范的总和,从伦理道德角度对个人或符号消费活动进行评价与调节。符号消费伦理观作为社会意识的一部分,深刻影响着符号消费的数量、内容和方式。符号消费与传统消费在背景、内容、动因等方面存在一定差异,因而,符号消费伦理与一般的消费伦理也有相应的区别。传统消费伦理往往从经济、社会、生态等客观层面对消费进行伦理评价与道德调节,强调外在因素对消费的预制性前提和消费对社会的后续性影响,以及相应的伦理道德诉求。而符号消费伦理则更侧重于人的主观层面,从个体消费行为选择的内驱力——价值观——的角度来阐释符号消费,更强调文化因素对个体价值观的塑造,比如社会价值观、大众文化、消费主义文化、广告媒体等,进而从主观层面对符号消费行为产生系统性影响。因此,符号消费伦理倡导一种由内生发、自主自律、真正符合人的全面发展的消费方式。

符号消费伦理是对符号消费行为的道德评价与伦理调节,而符号消费的产生与发展具有一定的客观性与必然性,是多要素影响下的结果。符号逻辑、大众传媒、个体身份构建与认同以及消费主义文化从各个方面影响着符号消费伦理的实现。符号逻辑对符号消费的影响是根本性的,它以完备、精巧的运行机制赋予了商品符号文化价值的起始意义与归宿意义,为符号政治经济秩序的确立完善提供了逻辑辩护。大众传媒对符号消费的影响是系统性的,它通过广告的传播与自媒体的发展,完成了符号消费中商品符号文化价值的编码与解码。符号消费是消费社会中个人自我价值构建的基本途径之一。消费主义文化与符号消费存在着千丝万缕的联系,符号消费对商品符号文化价值的构建,离不开消费主义文化的基础性影响。

符号消费的产生与发展有着清晰的历史脉络,具有一定的客观性与必然性,它反映着当下最具生命力的消费社会现实,与每个人的日常生活息息相关。因此,对符号消费伦理进行探索研究意义深远。

首先,符号消费伦理将人从异化的符号消费中解救出来,倡导真实的、理性的消费,使物满足主体的需要,使主体实现自我完善。随着消费的日益发展,异化从原来的生产领域扩展到消费领域,更加无孔不入地侵蚀着人的主体性。消费者的需求更多是在广告和其他促销手段的刺激下产生的,消费逐渐成为目的本身,物品的占有成为一种身份区分。人的主体性地位逐渐被消解,人不再是其本身,而是其身外之物,需要的全面性和丰富性被逐渐压抑和消解。真实的消费应该是这样一种人类行为:它包含主体感觉、需求和审美,人在其中是一个具体的、有意识的、有情感的、有判断能力的人,同时消费行为也是一种充满意义的、人本的和创造性的体验。

其次,符号消费伦理有利于协调符号消费的道德正当性与经济合理性、符号消费自由与符号消费责任的关系。大工业生产下人陷入了物的狂欢,意指丰盛社会的符号消费掩盖不了资源匮乏的事实,人类负担不了非生产性的开支。因此,在对符号消费进行道德评价时,考察符号消费行为是否符合经济合理性始终贯穿于其中。与此同时,在市场经济中,个人的消费又是自由的:在平等、自愿的前提下,任何消费者都可以根据自己的经济状况、个性风格、生活习惯有选择地进行消费。自由的符号消费是个体认同的体现和表达,是社会定位和地位竞赛的手段。但是,消费自由的权利也包含了对消费责任的承诺,即消费自由的道德责任。消费不应背离生活目的本身,人的社会性决定了消费的社会性,符号消费的区隔与差异性容易导致社会矛盾,维护合理社会经济秩序是符号消费伦理的现实指归。

再次,符号消费伦理为实现生态环境可持续发展、人与自然和谐相处提供了必要条件。自然资源的稀缺性决定了人类物质消费的有限性。符号消费与传统消费有着显著的区别,它不再是对使用价值的消耗,而是追求一种符号价值,其用意不再是物质生存,而是一种自我存在的认证。正因为如此,快速消费迅速兴起,"越新越好"成了消费社会的新口号,浪费变得司空见惯,甚至成为一种富有的符号。这些因素必然导致大量仍可使用的物品被闲置或废弃,进而造成资源浪费、环境污染、价值虚无等不良后果。在符号消费伦理的建构中,应当充分发挥伦理道德对人的价值观的引导作用,使人们自觉自律地进行适度消费、可持续消费,转变人类中心主义的立场,摒弃高消费、常浪费的生活方式,促进人与自然的可持续发展、和合共生。

最后,符号消费伦理有利于缓解社会矛盾、缩小贫富差距,促进代内公平,进而为代际公平的实现提供可能。消费社会通过大众媒体传递的消费文化,将人置于一个关于消费的伪欲望场景。然而,资源的有限性决定了消费的适度性,奢侈享乐型的消费方式并不具备充足的道德正当性。发达国家的肆意浪费和对发展中国家自然资源的掠取,使得资源分配不合理和经济发展不平衡状况愈加严重,进而导致了更加急剧的贫富差距与代内不公。符号消费过分注重商品的符号功能并用消费来彰显生活方式和社会身份的差异,这种观念必然会加深消费的分隔和矛盾,从而导致文化的冲突和摩擦,甚至社会的动荡不安。在经济水平提升、符号消费日益高涨的今天,代内不公现象逐渐突显,代际不公问题也随之而来,对于发展正义问题的拷问始终是人们头顶高悬着的达摩克利斯之剑。

二、符号消费的伦理原则

人们总是依据某一或某些道德原则来进行符号消费的选择,这些伦理原则或准则,是我们进行符号消费伦理评价与调节的尺度。"善就是与人对于幸福的追求相适应的东西,恶就是显然和这种追求反对的东西。"①那么,在符号消费中,是否存在人类普遍适用的与幸福追求相适应的伦理原则?这些原则又是怎样确立的?在消费社会,人们进行符号消费选择时应当包括哪些价值基础?

(一)主体原则

符号消费是人的一项权利,个人消费具有强烈的排他性与自主性。在符号消费伦理中,人的主体原则是首要的、本质的原则。从哲学角度看,人所具有的主体性构成了人的一般属性,它体现了人之所以为人的本质属性,具体指人特有的认识世界和改造世界的能力,包括人的认识能力、实践能力,即人对客观世界所具有的主观能动性。胡塞尔将"主体"视为形式与内容的统一,视为意向活动的执行者和完成者,即"对象在认识中构造自身"②,人成为世界的起点和归宿。

随着符号消费时代的到来,作为主体的人在客体物的面前,逐渐丧失主导地位。在由符号逻辑推演的差异性、结构性社会价值秩序中,商品丧失了功能性而成为一种符号,使用价值被淡化,被赋予符号文化价值的物品构成了一个

① [德]路德维希·费尔巴哈:《费尔巴哈哲学著作选集》上卷,荣震华、李金山等译,商务印书馆1984年版,第577页。

② [德]埃德蒙德·胡塞尔:《现象学的观念》,倪梁康译,上海译文出版社1986年版,第63页。

能指体系。消费社会中的人们不自觉地被符号消费吸引并追随，人所占有的符号消费品，成为特定群体划分、身份认同的“信物”。人们企图用符号消费定义自己，却不小心跌入了充斥着营销、文化增值的商业圈套。“每个人都是无意识潮流的活生生的围捕对象，也是无意识潮流的汇合点。”①物品不再是自然意义的物体，而是作为大众、信息、媒体和商品的“客体”，是一种仿真，它不断超越既定的界限对主体进行“诱惑”，从而摆脱了主体的控制，实现了客体对主体地位的凯旋。

消费是人的自我构建的重要组成部分，人的自我发展和自我实现是消费的最终目的，而消费只是实现这种最终价值的手段和过程。正如弗洛姆所言，“消费本应是一种有意义的、有人情味的、创造性的经验”②。因此，符号消费伦理有必要将消费者从物这一客体的主体化过程中解救出来，在符号消费中坚持主体原则，维护消费者主权。维护消费者主权是指，在市场经济消费活动中，消费者应处于主体地位，引导生产和资源配置。这种主权是一种正当的消费权益，根本上与人在商品客体面前绝对的主体性地位有关。在自由市场经济中，消费者的购买行为对生产者具有决定性作用，资源的流动和配置最终由产品市场和消费者的购买活动所决定。消费者主权引导资源配置的过程使消费者和生产者分别获得最大满足和最大利润，是一种资源配置合理化的过程。总的来说，主体性的符号消费，是具有自由选择的符号消费，消费者根据自己个性发展的要求自由地选择自己所需的消费方式。消费是主体的本质属性的表现。通过消费，一方面使人得到物质和精神上的满足和享受，另一方面，由于保障了人的生命的生产和再生产，使人的自我得以实现，从而使人获得全面发展的可能。

(二)理性原则

在符号消费活动中，符号商品的能指对所指的命名是任意、约定的。这种不确定性与相对性加剧了符号消费中人与人、人与物、人与自身的矛盾关系，将人推至非理性、游戏化的符号消费中。在消费社会中，人们既追求精神文化价值又沉醉于物质享乐，构建个性的自我却通过购买流水线生产的符号商品，标榜精英意识却始终摆脱不了大众文化的影响。因此，符号消费伦理应该将理性原则作为方法论，协调符号消费中矛盾关系，使人得以完整、自洽。

---

① [法]让·波德里亚：《冷记忆 1995—2000》，张新木、陈凌娟译，南京大学出版社 2013 年版，第 59 页。

② [美]E. 弗洛姆：《健全的社会》，孙恺祥译，贵州人民出版社 1994 年版，第 105 页。

符号消费伦理中的理性原则,具体有以下内涵:

第一,适度消费是符号消费理性原则在量上的规定性。所谓量的规定性,指的是从数量角度对符号消费行为的合理性和正当性进行限定,探讨符号消费中消费多少才是合情合理的问题。对于适度消费,可归纳为三层含义:首先,适度符号消费应当与社会平均符号消费水平相等或相近;其次,适度符号消费应当与个人收入、财力相适应;最后,合理利用地球有限资源,在不必要的情况下不多占用、不多消耗珍稀资源。

第二,自我实现是符号消费理性原则在质上的规定性。"自我实现"这一命题有着强烈的人格主义意味,人在自我展开的过程中拥有趋向无限的内容。人不是固定不变的,而是在时间之流里生成着、发展着,"自我"就是这个发展着的主体之名,具有原初整体上的意义。因此,在符号消费中要将自我实现作为一种价值指引,理性地分辨与抵制不利于自我价值实现的符号消费行为。

第三,功利主义是符号消费在商品交换中的理性原则。功利主义源于可计算的个体苦乐以及从个人利益出发的理念,坚持"最大多数人的最大幸福"原则,尽管鲍德里亚不无讽刺地认为"真正的贫困处于对生活进行的经济计算中"[①]。功利主义理性原则在个人化的符号消费中体现为:作为理性经济人的消费者,在符号商品交换中,始终遵循着最小遗憾原则和最大满足原则。最小遗憾原则,是指消费者尽量减少符号消费之后可能产生的遗憾并使之最小化的原则;最大满足原则,是指符号消费者使用其既有的购买力获得最大效用的原则。

(三)责任原则

在市场经济中,个人的消费是自由的,任何消费者都可以根据自己的经济状况、个性风格、生活习惯进行消费选择。自由的符号消费是自我实现的体现和表达,是消费者的一项权利。但是,符号消费的权利包含了符号消费的责任,即符号消费自由的道德责任。符号消费不应背离生活目的本身,人的社会性决定了符号消费的社会性,极端化的符号消费的区隔与差异性容易导致社会矛盾,维护合理社会经济秩序是符号消费伦理的现实指归。

符号消费是在发达的经济条件下出现的消费高级阶段,相应地,从符号消费伦理角度看,符号消费中的人也应当具有与先进生产力相匹配的先进理念与文化素养。这种符号消费者文化素养的提高,具体体现为:符号消费中人的生态意

① [法]让·波德里亚:《冷记忆 1995—2000》,张新木、陈凌娟译,南京大学出版社 2013 年版,第 65 页。

识、公平意识和责任意识的自觉、普遍形成，使人的视野从私人消费的狭窄领域中拓展开来，生发对人与人、人与自然关系的伦理反思，培养一种广泛、深刻的符号消费责任感。

自然资源的稀缺性决定了人类物质消费的有限性。大众消费时代的到来，快速消费方式大行其道，仍可使用的商品被大量废置。这种消费方式降低了资源利用率，造成了巨大的浪费与污染。与此同时，我们只有一个地球，无法承受浪费奢靡的生活方式；全球性的环境危机、能源危机、生态危机正步步紧逼，成为威胁人类生存发展的燃眉之急。我们应该认识到，人类只是整个生态系统的一个物种，我们应该主动把握自然界的运动规律，致力于全球生态系统的动态持久平衡，自觉抛弃不必要的符号消费，摒弃恣意浪费自然资源和伤害捕杀其他物种行为，实现人与自然的和谐共处，共生共荣。

(四)人的全面发展原则

马克思认为，人的全面发展是包括人的所有特质在内的全面发展，“人以一种全面的方式，就是说，作为一个总体的人，占有自己的全面的本质”[①]。符号消费与人的全面发展之间的密切联系，主要表现在：一方面符号消费对人的全面发展有着不可忽视的重要作用，符号消费从一定意义上说是为了再生产全面发展的新人；另一方面，人能否得到全面发展也制约着人的符号消费能力、符号消费水平和符号消费方式。

在符号消费与人的关系中，符号消费只是手段，人才是符号消费的最终目的，人是符号消费活动的主体，是社会发展的主体。当符号消费活动中出现不符合符号消费伦理要求时，其最主要的表现是不利于人的全面发展。“正是因为发展模式是人的需要的直接产物，具有主体性，所以应当以发展模式是否促进人的主体性的觉醒、确立和日益完善，即以是否促进人的全面发展作为评价发展实践和发展模式的尺度之一。”[②]可见，以人的全面发展作为符号消费伦理原则，为符号消费的道德评价和伦理调节提供了根本依据。消极性的符号消费或非自主符号消费不利于人的全面发展。具体地说，当符号消费行为的内驱力并不是为了实现具有独立人格的自我需求，而是为了实现被大众文化与广告所引导经营的个人虚假需求时，人的全面发展理想被利用、被异化了，将人引导至消费主义、物

---

① 中共中央马克思恩格斯列宁斯大林著作编译局：《马克思恩格斯全集》第3卷，人民出版社2002年第2版，第303页。

② 何建华：《发展正义论》，上海三联书店2012年版，第84页。

质主义的歧途之上。因此，我们应当自觉抛弃消极性的、非自主的符号消费，这种消费方式既不利于人的全面发展，又不利于生态环境的可持续发展。继而，通过确立人的全面发展原则，控制符号消费的否定作用，及时将人从非理性的、反主体主义的、异化的符号消费中拯救出来，发挥符号消费的肯定性作用，改善和提高人的生存质量、发展能力。

三、实现符号消费伦理的路径选择

符号消费伦理的主体原则、理性原则、责任原则与人的全面发展原则就体现了一种人文体恤与伦理关怀，为构建符号消费伦理提供了总体性的指导思想和主要导向，并根据符号消费伦理的影响要素，提出以下路径选择：

（一）引导符号祛魅，呼唤主体与功能性物的回归

符号消费自20世纪60年代产生以来，尤其是在大众消费文化的推波助澜之下，剥离了使用价值的物逐渐成为人们日常生活中不可缺少的部分，甚至日益显现出主体化的趋势。人的主体性地位逐渐被消解，人不再是其本身，而是其身外之物。

在呼唤主体与功能性物的回归之前，首先要做的就是对“符号消费”本身进行全面、彻底的祛魅。符号消费具有关涉性、象征性、示差性及系统性等特点，赋予商品符号文化价值是一种产业化的营销增值手段，工业体系的意识本身，是生产力的一种组织性、系统性延伸。从20世纪下半叶第一部关于消费社会的著作《物体系》起，非功能性物开始了漫长的主体化之路，从符号秩序到拟真模式再到命定策略，鲍德里亚最终宣判了客体的胜利预言。然而，我们需清醒地认识到，商品是由人生产出来的，蕴含着人类无差别的社会劳动，符号价值的生产同样如此。因此，在消费社会中，物对人的控制，归根结底仍然是人对人的控制，其目的在于商品产值的实现。借由消费意识形态的操控，大众传媒将人置于一个无路可逃的广告空间，强加的符号消费身份认同观，使得主体被迫将对客体的依赖作为一种自我感知与存在方式。

物品“并不是根据其使用价值或其可能的使用时间而存在，而是恰恰相反——根据其死亡”①。符号文化价值为物蒙上了一层“意象的、理性的、意义的

① ［法］让·鲍德里亚：《消费社会》，刘成富、全志钢译，南京大学出版社2008年版，第26页。

面纱”[1],使得符号消费物成为如今这个“丰盛社会”的凭证。因此,主体与功能性物的回归,是人之于主体的迷途知返,是物品之于功能性的返璞归真。重新回到中心的主体不再仰仗自身的权威,凌驾于他者,追逐丰盛与享乐,而是以一种更开放、更平等的态度来呼应世界。重新找回安身立命之所的功能性物,不再被符号绑架、被“徒劳地消耗”,而是通过符号消费,实现主体人的自由全面发展。

(二)构建广告伦理,强化大众媒体的社会责任

信息交换是社会交换的重要方面,其中也包括消费观念的交换。在工业社会,对人们消费观念影响最大的就是广告。广告借助报纸、广播、电视等现代传播媒介深入千家万户,不断地向人们展示新的生活方式,把舒适、豪华、求新的意识渗透到大众心中。广告推进消费档次的不断攀升,激发起一浪高过一浪的消费欲望,不仅促使高收入阶层赶时髦、摆阔气,而且使低收入阶层追逐攀比,在社会风气的压力下不得不屈从于过度的符号消费,从而使整个社会的消费结构脱离生产结构和交换结构的恰当关系。以广告为媒介的消费意识形态是符号消费的重要影响因素,加强广告的道德规范是实现符号消费伦理的有效途径之一。

广告领域里的伦理示范主要表现为:一是广告宣传中符号文化价值的真实性存疑。真实是广告道德的根本要求。在关于符号消费的广告中,虚假夸张、恶意炒作的情况时有发生,广告中所强调的商品符号价值无中生有、牵强附会,损害了消费者的合法权益,不利于公正、合理市场秩序的建立。真实是广告活动中最基本的道德规范,也是广告传播之本。在有关广告的立法和行业自律规范中,真实性也被确定为首要的原则。二是广告对正确社会价值观的树立起到了消极的引导作用,渲染一种消费主义、享乐主义的消费意识形态,加深了符号消费异化。

广告的使命是功利性的,本质是为了扩大符号商品的宣传,从而以符号文化附加值的途径更好地实现其交换价值。但是,由于大众媒体对整个社会生活影响广泛,广告也需要遵循一定的伦理道德,进而强化大众媒体的社会责任。如何使得广告既符合真实性原则又充满伦理价值关怀?可以通过以下途径:一是加强对媒体广告从业者的职业伦理教育,增强其社会责任感与自律精神,自觉抵制行业不道德行为,倡导对真、善、美的精神追求。二是完善广告媒体行业的法律法规,从制度层面坚守一定的伦理底线,引导从业者的伦理道德行为。尤其是在

① [法]罗兰·巴特:《流行体系——符号学与服饰符码》,敖军译,上海人民出版社2000年版,前言第4页。

当下社会转型时期，社会价值观发生深刻变化，大众媒体社会责任意识的牢固树立，离不开制度性的规范作用。三是加强对大众媒体与广告的监督。政府职能部门、社会力量与个人需共同发挥监督作用，为广告伦理的实现创设充分的社会环境。

（三）重塑身份认同，倡导自我实现的生活方式

符号消费正潜移默化地影响着人的世界观与价值观，使其存在与发展产生了前所未有的变化。正如哈贝马斯说的，身份“不是给定的”，而“是我们自己的设计”。[①] 正是在建构主义观点下，符号消费与身份认同的关系：一方面，符号消费成为个体诸多身份认同实践的可能性之一；另一方面，符号消费中所指与能指关系的任意性与游离性，导致社会身份具有不确定性，即消费社会中人的“身份焦虑”问题。当符号消费成为大众认可的身份象征，人们渴求从符号消费中获得社会认同感与自尊感，进而强化符号消费的身份构建作用。同时，通过符号消费获得的身份认同，无法实现自我的真正价值，“只是一种虚幻的满足，是人格的异化”[②]，进一步加深符号消费中人的身份焦虑。

20世纪70年代美国经济学家加尔布雷斯提出了“生活质量”的概念，他认为，精神生活的追求要比财富积累与物质享受更能确证生命意义的实质性部分，只有通过精神上的独特个性所反映的本质内容才是人生最重要的东西。当然，自我实现的前提是一定量的物质需求的满足，但当达到必要的满足基本需求的物质水平之后，人的幸福程度则主要来源于自我实现的程度而非消费数量上的进一步提升，因为人的自我实现中所包含的顶峰体验往往是无法从物质消费中获得的，诸如追求真理、梦想实现、灵感顿悟、天伦之乐等等。因而，我们应该放弃那种既不利于自我实现又不利于保护环境、节约资源的消极的、反主体性的生活方式，倡导一种自律自觉的自我实现的生活方式。

重塑身份认同，倡导自我实现的生活方式，是实现符号消费伦理的必要途径。只有将个人身份认同基础建立在具有内在价值的标准之上，才能够引导人们摆脱身份焦虑，促进自我实现。与此同时，我们要将提高居民收入水平、缩小贫富差距作为根本，只有消解社会等级本身而不仅仅是打破社会等级界限，才能从根源上去除过度符号消费的心理成因。市场经济是一种以需求为导向型的经

---

① 转引自［英］Jorge Larrain：《意识形态与文化身份：现代性和第三世界的在场》，戴从容译，上海教育出版社2005年版，第246页。

② 孙春晨：《符号消费与身份伦理》，《道德与文明》2008年第1期，第10页。

济体制。“一切需要的最终调节者是消费者的需要。”[①]当消费变成人生的目的，人们不再将精力投注于内心世界的丰富和充实，而是陷入对物的消费的无止境追求中，人们想要在符号消费中获得身份认同、寻找尊严，却使主体在异化消费中一步步丧失。事实上，消费应该被当作丰富生命体验、自我完善和促进人全面发展的途径。

（四）培育消费理性，树立适度消费与可持续消费观

在《新教伦理与资本主义精神》中，马克斯·韦伯论述了早期资本主义的消费伦理，认为凡超过基本需求之外的消费，均被视为奢侈和犯罪。这种苛刻的消费伦理有力地促进了早期资本积累。20世纪30年代初的经济危机之后，各发达国家根据凯恩斯的宏观经济学理论相继采取了一系列刺激消费的措施，才导致高消费时代的到来。然而，一个国家的消费水平应当与其生产力发展水平相适应，既不能吝啬性消费，也不能超前消费。超前于经济发展的消费模式会使社会腐化之风盛行，不利于资本积累；落后于经济发展的消费模式会使社会内需疲软，对经济起不到刺激的作用。因此，我们要培育理性消费，引导人们进行合理的符号消费选择。

理性消费，是指消费者用理性指导自己的消费行为，强调把理性作为符号消费决策根本因素的一种消费方式。自然经济是感性经济，市场经济是理性经济。市场经济中的“理性”，不仅体现在生产、分配和交换过程中，也贯彻于符号消费行为的始终。所以，理性的消费者在决策符号消费行为时，必须审视自己的符号消费是否真正必要。面对消费文化洪流，我国政府应该发挥作用，采取经济杠杆、教育宣传、行政管理等方式引导消费者树立理性的消费观，引导人们进行合理的消费选择。消费者自身要提高科学文化水平，端正自身的人生观、价值观、消费观，自觉抵御西方消费社会中异化消费和炫耀性消费，树立科学、文明、理性的消费文化，倡导一种自我实现的生活方式。

理性符号消费是一种与居民收入水平相适应的适度消费。一种合理的消费方式必然与国家经济发展状况相适应、与居民收入水平相适应。收入对居民符号消费水平的影响体现在：收入是符号消费的基础和前提，收入的水平决定符号消费水平，收入的变动决定符号消费变动。适度消费不仅以个人财力为基础，还关系到整体社会经济的发展，我们在自然资源方面没有资格“寅吃卯粮”，可持续消费意味着应该保证代际公正。适度消费追求人们物质需求和精神需求之间、

① ［英］马歇尔：《经济学原理》上册，朱志泰译，商务印书馆1964年版，第111页。

需求的数量和质量之间、消费与生态环境之间的平衡，是一种科学、文明、协调的消费模式，体现了和谐文化的本质要求。

理性符号消费是一种与资源、人口状况相适应的可持续消费。我国的消费形势受到人口和资源的制约，我国庞大的人口规模和自然资源的相对匮乏决定了我国现在和将来不应过度倡导符号消费的生活方式。因此，树立适度消费与可持续消费观，任重而道远。对政府来说，要制定相应的具有价值导向的消费政策，扩大对适度符号消费与可持续消费的宣传引导。对家庭、学校来说，要从小培养孩子的环保意识，将环保、节约等内容纳入学校课程，注重父母、教师言传身教、潜移默化的作用。对个人来说，应从日常开始，从衣、食、住、行点滴实施。

◆社会主义道德建设

论核心价值观的两重性及社会主义核心价值观

孙和平[①]

【摘　要】核心价值观对唤起民众的共同理想和信念具有强大的力量，尤其在一个民族的上升时期。但是核心价值观属于意识形态领域，马克思主义对意识形态进行了唯物主义的分析；当代媒介哲学也揭示出意识形态的内容方面和“象征化”形式方面的区分。这提示我们，在学习贯彻社会主义核心价值观的时候要坚持其内容方面的本源性，而警惕将核心价值观“象征化”、教条化。

【关键词】核心价值体系；意识形态；“象征化”；社会主义；“信仰条款”

一、马克思主义如何看待价值观的意识形态性质

24字的社会主义核心价值观已经广为宣传。习近平总书记早在2013年“两会”的闭幕会上的讲话中便强调了这个价值观必须是以人民群众的利益为目标的。他说：“我们的人民热爱生活，期盼有更好的教育、更稳定的工作、更满意

---

① 孙和平，浙江杭州人，湖州师范学院教授，主要研究方向为哲学原理和科技哲学。

的收入、更可靠的社会保障、更高水平的医疗卫生服务、更舒适的居住条件、更优美的环境,期盼着孩子能成长得更好、工作得更好、生活得更好。人民对美好生活的向往,就是我们的奋斗目标。”

习总书记将“核心价值”与人民群众的利益结合起来是值得关注的。因为24字代表的社会主义核心价值观与人民群众的期盼是有差异的,或者说,同样讲核心价值体系,某些观念上的关注点与人民群众所关注的东西并不完全一致。为什么呢?

马克思主义认为“核心价值观”属于意识形态中的核心价值取向,无论我国的社会主义核心价值观,还是西方国家的资本主义核心价值体系,都是在一定经济基础之上对现实矛盾的一种意识形态反映。马克思在《政治经济学批判·序言》中告诫我们,在考察社会的变革时,必须把下面两种情况区别开来,“一种是生产的经济条件方面所发生的物质的、可以用自然科学的精确性指明的变革,一种是人们借以意识到这个冲突并力求把它克服的那些法律的、政治的、宗教的、艺术的或哲学的,简言之,意识形态的形式”[①]。马克思重视的是第一种情况,而对第二种状况持批判态度。因为我们判断一个社会就跟判断一个人那样,不应当以其意识为根据,而应当以其实际的现实矛盾为根据,因为这个意识本身必须从现实生活的矛盾中得到解释。应当注意,马克思的意思是,人们(尤其是作为统治阶级的人们)总是站在社会意识形态之中来看待事物,他们并没有意识到其意识形态是被现实存在决定的,他们只是意识到某种冲突,且只能用意识形态的形式(例如道德的、宗教的、政治的等形态)来解决和克服这种冲突。马克思把意识形态的这种特性看作类似于视网膜上的光学“倒像”那样的东西,[②]即它在解决问题的时候带有主观性和虚假性,而真正的现实却在它的视域之外。这个虚假性问题就是意识形态及其核心价值观的主要问题所在。

我们在理解和贯彻社会主义核心价值观的时候,就应当认识到,在坚持价值观问题时实际上存在着两种不同的视角:一种是意识形态本身的主观视角,另一种是马克思主张的客观的、科学的视角。后者要求我们在坚持社会主义核心价值观问题上应当意识到意识形态的局限性,意识到意识形态本身的虚假性和非本质性,意识到社会意识在反映社会存在的时候所具有的“倒像”特

---

① 柴毅龙:《马克思主义经典著作选读》,高等教育出版社1999年版,第27页。

② 中共中央马克思恩格斯列宁斯大林著作编译局:《马克思恩格斯选集》第1卷,人民出版社1972年版,第30页。

性，从而真正把握现实的矛盾。但前一个视角又是不可或缺的（从它的内容而不是形式出发），它对社会的发展又是起积极作用的。一个社会之所以坚持核心价值体系，是因为在一个社会形态之内它是我们力求克服社会存在（现实）矛盾的唯一途径，失去核心价值体系这一视阈，我们就失去了解决现实问题的框架或手段。

下面我们从理论上和历史上进一步揭示意识形态及其核心价值观所具有的这种两重性。

二、价值观的哲学和历史分析

党的十六届六中全会把社会主义核心价值观概括为四个方面的内容：马克思主义指导思想，这是社会主义核心价值观的灵魂；中国特色社会主义共同理想，这是社会主义核心价值观的主题；以爱国主义为核心的民族精神和以改革创新为核心的时代精神，这是社会主义核心价值观的精髓；社会主义荣辱观，这是社会主义核心价值观的基础。这个价值观体系是中华民族在中国共产党的领导下历史地形成的，逐渐被我们清晰地意识到并自觉加以贯彻。也就是说这里有一个发展变化的过程。现在中央将这个价值观体系化、理论化，为的是运用意识形态的力量，重新鼓舞人民的士气和唤起共同的意志，对社会存在做出强有力的反作用，并力图用以克服社会存在中的现实矛盾。

关于核心价值体系的产生，回顾世界近代历史，任何一个民族国家的强大和崛起，都有核心价值体系作为思想基础、精神凝聚力和引领前进的旗帜。欧洲的启蒙运动实现了人的思想解放。当时欧洲出现了一大批思想家和哲学家，不仅引领了时代的思想，而且凝聚了社会的力量。值得一提的是休谟的《人性论》，它不仅阐明了经验认识原则，而且也以怀疑论的方式建立了理性的批判意识（包括对康德的影响）。

康德在《判断力批判》中区分了“信念的事情”(Glaubenssachen)和“信仰条款”(Glaubensartikel)。前者是指纯粹实践理性本身的运用，即最高的善，它既不能在可能的直观经验里被证明，也不能在理论理性里被证明。例如早期基督徒那里的“上帝存在”和“灵魂不死”就属于“信念的事情”。而后者则试图用理论来证明“信念的事情”而逐渐转变为“信仰条款”。例如基督教哲学特别是后期的天主教教义就属于理性化的“信仰条款”。但康德认为，后者并不总是与前者对立的，如果我们在“信仰条款”中无论在内心还是行为上都遵从对“信念的事情”

的认识,那么它仍然是自由的保证,并与主体的道德是一致的。[①]

应当注意康德在这里的批判意图,这就是如果“信仰条款”变成某种思辨理性所研究的“科学”的东西,它将逐渐不再使人在内心和行为上遵从对“信念的事情”的认识,即不再被经验(内心信念)所检验,那么它对于我们的认识能力来说就是超越的(überschwenglich)。这时的“信仰条款”变成具有自主假象的、不可证伪的东西。例如“神学”和“心灵学”(Pneumatologie)就是这样的东西。[②] 显然,康德的这种批判性来自于休谟对理性主义的怀疑精神,其核心在于理性应当具有经验的可检验性——这就是康德所说的“先天综合判断”的价值所在。

从历史上看,核心价值观所具有的真实性和精神力量大都体现在一个时代初期或上升时期,这就是“信念的事情”。早期基督教、早期启蒙主义或 19 世纪下半叶到 20 世纪上半叶的马克思主义就具有这种真实的精神力量。但是随着历史的发展,这种价值观似乎必然地会固化为一种僵硬的教条,它从“信念的事情”蜕变为“信仰条款”,并与既定的物质利益相联系。这时它就失去了早期的那种革命力量,反而变成某种阻碍思想解放的障碍,因此改革和革命往往是不可避免的。例如 19 世纪 70 年代以后在日本发生的“自由民权运动”以及 19 世纪末美国的“进步主义运动”,分别是日本明治维新和美国独立战争以后的进一步解放思想、打破思想禁锢的运动。而在今天,世界范围的思想教条化状况之严重,以致麦金泰尔认为启蒙运动以来的“道德筹划”现在已经完全失败[③]。因此世界范围的改革和中国的进一步改革开放同样是不可避免的。

上述休谟和康德等人的批判精神今天依然被许多思想家所继承。20 世纪的语言分析哲学所做的“指称”(综合)和“意义”(分析)的区分研究,最终导致奎因以“没有教条的经验主义”对逻辑经验主义进行有力批判;波普的“证伪主义”也继承了批判性(被称为“批判理性主义”),对不可证伪的伪自然科学和社会科学进行了有力的批判;今天的媒介哲学(Medienphilosophie)也依然保持着康德式的批判理性,它把媒介的意义形式和媒介的意义内容区分开来,其中意义的形式部分被鲍德里亚等人称为“象征的形式”,它是我们今天尤其要警惕的东西,因

① [德]康德:《判断力批判》(下册),韦卓民译,商务印书馆 1964 年版,第 30(91)节及第 143 页的注释;参见德文原文,网络资源 http://www.korpora.org/kant/aa05/469.html.

② 同上,第 148 页;http://www.korpora.org/kant/aa05/473.html.

③ [英]麦金泰尔:《追寻美德:道德理论研究》,宋继杰译,译林出版社 2003 年版,第 65—78 页。

为它在今天已经成为典型的外在利益①的媒介物。与早期的思想激情和论战性相反，这时的言论转变为独断论的、不可交流和自言自语的东西（“信仰条款”）。今天，某些人的“核心价值观”与物质财富、地位、荣誉、金钱等外在利益相联系，这就是马克思主义所说的被经济基础所决定的保守的思想上层建筑，即机械化(autonomie)和僵化了的那部分观念，它的特点是空洞化和“象征化”。鲍德里亚说：“对我们而言，它在各处都是毁灭和死亡的形式。这正是象征的形式。”②我们对这种象征性的东西并不陌生，在那些台上讲核心价值观，台下搞腐败的贪官身上我们经常可以看到这些“象征的形式”；而不搞腐败的官员也习惯于这种说话方式。但是人们已经意识到，他们这样做是与他们谋求的外在利益绑定的。意识形态进入这种机械状态就表明人的主体性已经丧失，人成了物的副产品，看起来人们还在说着一些“努力”“积极”“认真”之类的主体性话语，但事实上他们变成了物的奴隶，就像被金融衍生产品完全控制了人的思想和行为那样。正是在这个意义上，我们说这种“核心价值观”是机械化的、象征性的。如今的中国百姓对这种象征性的语言深恶痛绝，因为它不仅不解决问题，而且严重束缚和禁锢人们的思想，阻挠思想解放和观念创新。深入地分析这个问题，可以发现这种形式化的语言是与“GDP 至上”、权力迷恋，以及传统增长模式紧密相连的。（鲍德里亚认为如今的劳动、生产乃至整个经济社会都是围绕着“象征”运转的）这个问题是世界性的，不仅我国存在着核心价值观（意识形态）的形式化问题，西方国家也存在同样的问题，而且病情严重。不仅麦金泰尔对启蒙运动以来的筹划丧失信心，鲍德里亚也沮丧地说这个世界“不再有（真正的）意识形态，只有一些仿象（象征）”③。全世界都已经看到，当如今的西方国家某些政客侈谈“自由”“人权”的时候，已经心照不宣、集体默认地与他们既定的利益相互绑定，它们已不同于18 世纪那些战斗的启蒙主义者真诚地为之奋斗的信念了。

马克思补充了黑格尔认为的历史总是出现两次的观点，认为第一次是作为悲剧出现，而第二次则是作为喜剧出现的——后来的资产阶级为了不让自己看见自身的狭隘的资产阶级内容，就必定要把自己的热情保持在当年伟大历史悲剧的高度上，以及重拾其所必需的理想、艺术和幻想。尽管他们总是打出当年革命时期的旗号，但是当人们发现他们的屁股上仍然打着狭隘的、残余的印记时就

① [英]麦金泰尔：《追寻美德：道德理论研究》，宋继杰译，译林出版社 2003 年版，第 239—243 页。“内在利益”和“外在利益”是麦金泰尔的核心术语，后者指金钱、权力、荣誉和地位等自身的价值，而失去了它们本来应该用来标示和服务的对象，即社会所需要的人的实践能力的“内在利益”的东西。

②③ [法]让·鲍德里亚：《象征交换与死亡》，车槿山译，译林出版社 2006 年版，前言第 3 页。

会哈哈大笑，一哄而散。[①]

但是从内容到形式化的蜕化在历史上不是界限分明的。除了意识形态象征化的趋势之外，总有某些人还在努力保持当年伟大历史悲剧高度所需的真诚性和真实性，它与前一种情况经常是交织在一起的（听上去二者似乎说着同样的语言）。它的特点是在原有的形式中坚持指向意义的内容方面，力求对上层建筑中僵化的话语体系有所突破和创造，以便将无效的、形式化的语言有效化，使意义的内容方面凸显出来。只是在这种情况下，我们今天学习和宣传社会主义核心价值观才是顺应民意的、进步的、符合改革方向的。事实上我们也发现，无论对“三个代表”重要思想还是科学发展观，中央都强调了“实践”“践行”或“落实”，这些表述本身就蕴含着防止将这些核心价值观形式化和象征化的意思。那么什么是核心价值观的内容呢？其实就是我们在核心价值观中常说的东西——要去落实的东西，而不是说辞本身。

三、社会主义核心价值观的人民性和现代性

打破某种形式的东西需要追根寻源，但这不是一件容易的事情，正如海德格尔要追问“存在”那样，需要拨开自苏格拉底以来的层层迷雾。因为象征的东西具有一种魔力，人们对这种魔力着迷。只有抵御和解除这种魔力，我们才能真正还原核心价值观的原初内容。

马克思主义指导思想是我们社会主义核心价值观的灵魂，那它说的是什么呢？它既不是一个深奥的东西，也不是用来吓唬人们的大旗（象征的形式）。它的根本目的就是解放劳动群众，尤其是无产阶级。马克思、恩格斯说：“共产党人为工人阶级的最近的目的和利益而斗争，但他们在当前的运动中同时代表运动的未来。”[②]中国共产党从毛泽东第一代领袖至今，尽管各个时期的任务有所变化，但其宗旨都是为了中国最广大的人民群众（无产阶级是其核心人群）。但要注意的是，这些语言本身不是宗旨。上述“象征的形式”之所以变成形式的东西，是因为这种说辞本身不仅“遮蔽”要说的内容，而且它具有了特殊的魔力：就像某些人不再努力工作去挣钱，而在崇拜金钱的魔力中无须努力工作一样。如今我

---

① 中共中央马克思恩格斯列宁斯大林著作编译局：《马克思恩格斯选集》第1卷，人民出版社1972年版，第274、604页。

② 同上，第284页。

们对待马克思主义也不能止步于它的正统光环，似乎它除了表达某种“不可触犯”的圣物之外，就只剩下折磨学生记忆力的考卷上的东西。事实上，温家宝经常讲到马克思主义的根源，那就是让人们有书读、有房住、有活干、有医生看、有安全感，还要有起码的尊严，如此等等。日常语言学派嘲讽那些滥用哲学语言的人：他们就像慕名而来要看一下心仪已久的牛津大学的游客，参观了一大圈看上去十分普通的图书馆、教室、实验室等等之外，还想看看“牛津大学”，导游告诉他们，你们看的那些就是“牛津大学”，没有别的。同样，我们讲社会主义核心价值体系的马克思主义“灵魂”，但我们一刻也不能忘记这个“灵魂”除了让人民群众生活得更好之外，没有别的。

中国特色社会主义是社会主义核心价值观的主题，因为它是我们的共同理想。但是如果这个主题只是少数人翻来覆去的说辞（它象征某些既定的利益），人民群众感受到的却是贫富差距，是被教育、医疗、房子、物价、就业等等长时期地困扰而孤立无助，对此敬而远之，那么这个主题就不再是人们的共同理想了。人们只能各显神通自己想办法，比如“胶囊公寓”，比如“蚁族”，又比如“打酱油”“偷白菜”，这如何能与开宝马住豪宅、有权有势有钱的人们形成“共同理想”呢？让我们回溯一下邓小平讲的社会主义是什么。他把社会主义看作人们期待的小康社会，他对日本人说：“所谓小康，从国民生产总值来说，就是人均800美元。……如果按资本主义的分配原则，绝大多数人还摆脱不了贫穷落后状态，按社会主义的分配原则，就可以使全国人民普遍过上小康生活。这就是我们为什么要坚持社会主义的道理。”①而如今这个800美元的人均目标早已达到，而全面的、共同的小康生活似乎总是无法达到。社会主义的公权本来应该对抗资本的盲目扩张，而如今二者走到了一起。“共同理想”被严重撕裂：10%的富裕家庭占城市居民全部财产的45%，而最低收入10%的家庭其财产总额占全部居民财产的1.4%，基尼系数高达0.473。② 当北京的某所贵族小学的小金库里放着一个亿的闲置资金，而偏远乡村破屋渗漏的小学校里瑟瑟发抖的孩子们坐着自带的板凳的时候，这如何形成“共同理想”呢？

事实上，当象征形式挤压或遮挡了意义的内容方面之时，也就是改革和创新的发生之日。改革就是摆脱被利益绑定的“象征形式”，真正把说了千百遍的东西不折不扣地落实下去，这才是我们的唯一出路（这恰恰是那些说辞的实现而不

---

① 柴毅龙：《马克思主义经典著作选读》，高等教育出版社1999年版，第414页。

② 新华网发展论坛：《财政部：10%家庭占有45%财富 社会“高度不平等”》，http://forum.home.news.cn/detail/72317770/1.html。

是背离)。尽管在这个过程中不可避免地表现出意识形态固有的滞后性,但改革和创新总是不可阻挡的。例如:胡锦涛同志提出了"包容性增长";农民人大代表的比例终于与城市代表一致了;收入分配改革方案也将呼之欲出;国务院下文要求垄断集团提高税后上缴利润;城乡统筹建设也在逐步实施;改革从效率转向公平;利益取向从少数人和集团向多数人和全社会转变;社会保障和民生事业受到广泛重视;国家中长期教育改革纲要以及今年教育部主抓的教育公平化;等等。尽管这些离人民群众的共同期盼、共同理想还相差很远。

那么这样一种改革是什么性质的呢?当我们说,以爱国主义为核心的民族精神和以改革创新为核心的时代精神是社会主义核心价值观的精髓,社会主义荣辱观是社会主义核心价值观的基础的时候("灵魂""精髓""基础"这些词汇说多了,也是象征性的表现),按照本文的理解,这些内容实际上就是培养和教育我国人民群众树立和形成理性爱国的现代公民意识。为什么这么讲?撇开象征的东西(以及被绑定的沉重的利益考虑),我们不难发现,无论是24字表达,还是"八荣八耻"(以热爱祖国为荣,以危害祖国为耻;以服务人民为荣,以背离人民为耻;以崇尚科学为荣,以愚昧无知为耻;以辛勤劳动为荣,以好逸恶劳为耻;以团结互助为荣,以损人利己为耻;以诚实守信为荣,以见利忘义为耻;以遵纪守法为荣,以违法乱纪为耻;以艰苦奋斗为荣,以骄奢淫逸为耻),对任何民族和任何社会制度都是适用的。因为它们只是我们的道德底线。而对于"中国特色"——中华传统文化——对当今中国人的深刻影响,不管你肯定也好,否定也好;欣赏也好,反对也好;自觉也好,不自觉也好,总是客观存在的,可以说根深蒂固,已经是"集体无意识"。既然如此,那又何劳要把这个东西当作"重中之重"来加以大力贯彻和落实呢?实际上,当今世界所有的民族都无法改变其传统的东西,即使美国、澳大利亚这样的移民国家也形成了独特的民族精神。而重要的在于,人们在相互交往的今天懂得如何与他人,与其他民族、其他宗教、其他人群和睦相处、和谐共存!而这就是现代道德要求人们学习和遵守的现代公民社会。胡锦涛同志提出构建和谐世界,就要求我们(以及其他国家,特别是发达国家)在爱国的同时学会尊重他人、他国的利益。对于传统必然有一个现代意义上的改造,因为传统之所以是传统,只能是现代意识中的传统,它是不能回去的(回去是复辟)。这里无须什么深奥的理论,就像每一个人都知道与邻居、与他人、与环境和睦相处,就是最好的爱家一样。这样一来,世界就是多样的、和而不同的。

四、结束语

一个崛起的民族和国家都必然地具有世界意识(而不是狭隘的民族意识)。古希腊晚期的斯多亚学派提出了“世界公民”概念,因为它已经意识到一个即将到来的、更加开放和广大的世界(不仅指古罗马的实际疆域,而且还指一个更加广大的基督教世界的精神领域);康德尽管一生隐居在那个叫作哥尼斯堡的小镇里,却同情在美国和法国发生的革命并始终坚持“世界公民权”;被马克思批判而又高度评价的现代资本主义生产力和资本主义文明开创了现代“世界历史”及其意识;而《共产党宣言》最后的那句口号——“全世界无产者联合起来”——实质上唤醒的是一个更加开放的、摆脱了资本束缚的新的世界意识(它改造了“正义者同盟”本来的“人人皆兄弟”口号)。如今,我们真正的爱国主义及整个核心价值体系只能在一个更加开放的国际舞台上才能够绽放出改革创新的、生机勃勃的创造力!

人民群众欢迎的社会主义核心价值观就像牛津大学里的那些不起眼的教室、实验室、图书馆,它们是人民福祉的真正所在,并支撑着那个象征的、响亮的牌子!

社会主义核心价值观认同机制探析

何建华[①]

【摘　要】强化社会成员对社会主义核心价值观的认同既是转型时期发挥社会主义核心价值观导向作用的客观要求，也是社会个体身心健康发展的迫切需要。社会主义核心价值观的认同，乃是社会与个体互动的产物，其实现取决于价值主体、社会主义核心价值观体系、社会环境的有机互动。必须根据社会主义核心价值观认同的要素、过程与内化机制，积极发挥价值观主体的主动性和积极性，注意社会主义核心价值观的可接纳性，发挥公众人物和官员的示范作用，健全社会利益机制，完善体制，健全法制，营造良好的社会道德氛围和环境，强化人们对社会主义核心价值的积极认同。

【关键词】社会主义核心价值观；价值观认同；认同机制

与社会转型相一致，现阶段正是我国社会价值观及其规范体系发生大变革时期，也是社会精神生活整合程度比较低、道德文化现象大量结构性失调，人们普遍感到价值观选择困惑的阶段。在社会生活中，新与旧、中与西、传统与现代、进步与落后，各种各样的价值观念杂糅渗透，异彩纷呈。人们眼花缭乱，无所适从。价值观选择的困惑正折磨着处于社会转型期的现代中国人。如何大力倡导和践行社会主义核心价值观，加强伦理文化建设，正确引导人们的人生观和价值观，是我们面临的重大理论课题和实践课题。近几年来，对社会主义核心价值观的内涵、社会主义核心价值观的历史传承、社会主义核心价值观的倡导和实践等问题进行了比较深入的研究。党的十八大报告明确提出，要倡导富强、民主、文明、和谐，倡导自由、平等、公正、法治，倡导爱国、敬业、诚信、友善，积极培育社会主义核心价值观。这是对社会主义核心价值观的最新概括。然而，在现实生活中，由于人们对道德、秩序、责任、意义等表现人生与社会相互关系的价值范畴的

---

① 何建华，浙江上虞人，浙江省委党校教授，主要从事经济伦理、发展伦理研究。

认识还不可能达到普遍的一致，我们以为，要使社会主义核心价值观真正发挥导向功能，使社会绝大多数成员的价值取向自觉地符合社会所倡导的价值观，首先必须解决人们对社会价值观的认同问题。

一、价值观认同：发挥社会主义核心价值观导向作用的基本环节

价值观认同是指价值主体在原有价值观念的基础上不断吸收社会价值观，同时又不断改变自身的价值观念以顺应社会价值体系发展的过程。它是个体或社会共同体（民族、国家等）通过相互交往而在观念上对某一或某类价值的认可和共享，是人们对自身在社会生活中的价值定位和定向，并表现为共同价值观念的形成。[①] 价值观认同提供了人们“在其中可以决定对什么是好的、有价值的或值得赞赏的，即价值观问题采取立场的框架。假如不是这样，他们就说，他们丧失了他们的承诺或认同，也就是说，他们不知所措”[②]。

价值观认同是一种社会认同。社会认同属于群体行为。社会认同是个人对自己属于特定的社会群体的认识，是一个社会类别的全体成员得出的自我描述。所谓社会群体指的是“两个或更多个体，这些人有共享的社会认同，或者换句话说，他们感知到他们这些人属于同一个社会范畴”[③]。这种群体成员的资格对个人有情感的和价值的重要意义，因为当人进行群际比较的时候，会带来一种相对积极的自我评价，这种评价提升了自我价值与自尊。

价值观认同是社会价值观发挥引导功能的必然环节。社会价值观作为社会共同利益、要求、意志的反映，是在一定社会历史条件、经济关系中生活的人的价值需要的产物，是个人价值需要所蕴含的共同性和普遍性的社会化形式。因此，它本身就包含着转化为个体价值观和价值活动的可能性和契机。同时，社会要有序地运行，也必然使每个社会成员自觉地遵循基于社会共同利益、共同理想的行为准则和价值目标，社会价值观只有内化为个体内在的行为准则和价值目标，才能发挥其自身的功能，完成它的使命。因而，社会价值观必然要转化为个体的

---

① 汪信砚：《全球化中的价值认同与价值观冲突》，《哲学研究》2002 年第 11 期。

② ［加］查尔斯·泰勒：《自我的根源：现代认同的形成》，译林出版社 2001 年版，第 55 页。

③ ［澳］迈克尔·A. 豪格、［英］多米尼克·阿布拉姆斯：《社会认同过程》，高明华译，中国人民大学出版社 2011 年版，第 9 页。

价值观念和价值活动，这是发挥其自身作用的前提。任何社会的价值观只能经过价值观认同并外化为价值主体的行为才能发挥应有的作用。只有社会成员认同并接受社会所倡导的价值观和价值体系，进而产生比较一致的价值选择和评价，才能使不同社会个体的行为保持与社会发展相一致的方向，形成一股推促社会前进的“合力”。因此，价值观认同是社会价值观内化为个体价值观念的必然环节和基本途径。

价值观认同也是社会个体实现人的社会适应性需要的必然环节。把社会价值观内化为社会个体的行为准则和价值目标，既是社会发展的必然要求，也是个体发展的内在要求。这是因为，人的本质在于其社会性，人离开社会就无法过人类的生活。在现实生活中，个体作为一个社会成员，要获得社会的认同，参与社会生活，才能生存和发展。而接受和遵循社会价值观就是社会成员参与社会生活、获得社会认同的重要途径和形式。当个体行为符合社会价值观要求时，他就能获得社会的认同，产生一种归属感和安全感；当个体行为背离社会价值观要求时，他就无法获得社会的认同，不能顺利地参与社会生活，就会产生一种失落感和被遗弃感。个体就是在对自己行为的社会信息反馈的这种正反内心体验的支配下，才逐渐认清自己对社会的依赖性，自己的个人利益同他人，同一定群体，乃至同整个社会利益的一致性和差异性，自觉地认同并选择某种社会价值观，将其内化为自身的行为准则和价值目标，从而形成相应的个体价值取向。

在社会转型时期，强化个体对社会主义核心价值观的积极认同既是社会发展的客观要求，也是社会个体身心发展的迫切需要，无论对社会还是对个体而言都是十分必要的。我们正处于一个全球化时代，价值观认同危机之所以在现代社会中凸现为一个无法忽视的问题，在很大程度上是因为“全球化把我们推进激烈的价值冲突中”①，全球化不可避免地会造成外来价值观念与原有价值观念产生激烈的碰撞，在这种碰撞中，人们一时会模糊或失去自己原有的价值认同，产生认同危机。同时，我们正处在由传统计划经济体制向社会主义市场经济体制转轨时期。任何一个社会，在新旧体制转换的过程中，都不可避免地会出现某种程度混乱和道德失范现象。但这种混乱和失范的程度以及持续时间的长短却是一个可控因素，它取决于社会主体对矫正这种现象的自觉意识和积极努力。人们总是从各自所处的利益关系中选择自己行为的价值取向或价值观。在现实生

① [德]马蒂亚斯·霍尔茨：《未来宣言——我们应如何为21世纪做准备》，王滨滨译，云南人民出版社2001年版，第181页。

活中，由于人们在社会经济关系中的经济地位、社会地位的不同，因而，人们的道德价值取向必然是多元或多样的。在市场经济条件下，由于出现多层次的利益主体和多样化的利益关系，人们的道德价值观念更是呈现出多元化或多样化的趋势。但这并不意味着每个社会成员可以自行其是，随心所欲。一个社会想要维持正常的运行，就必须有一种社会全体成员共同认同的价值目标和道德准则。任何社会都是通过道德价值导向来引导和统摄社会成员的道德价值观念，使他们的道德价值取向和行为自觉地符合社会的要求，从而形成社会前进所必需的推动合力。近几年来，由于新旧道德秩序的更替和道德价值观的多元取向，人们对社会主义的道德价值认同有所弱化。由于中国社会正处于社会转型与改革发展的攻坚阶段，热点难点问题和群体性事件增多，人们的价值选择、思维方式和生活方式多样性、多元化和多变性的特征日渐凸显，社会内部的分化加剧，经济和文化发展的各种不平衡性日渐凸现，不同社会阶层、社会群体的社会认同目标和方式存在分歧，当前中国社会价值认同的一个重要目标就是增进对当代中国人共同价值观的认同。在现阶段，强化人们对社会主义核心价值观的积极认同，可以使广大社会成员确立共同的价值目标，形成对社会价值规范体系的共识，使社会绝大多数成员的价值取向自觉地符合社会主义价值目标，从而充分发挥社会主义核心价值观的统摄和引导作用。它有利于增强社会主义核心价值观对社会的规范性控制，有利于促进社会生活健康、有序地发展。

同时，强化个体对社会主义核心价值观的认同也是转型期社会个体身心发展的迫切需要。随着我国现代化进程的深入，改革开放和市场经济所带来的利益调整正激烈地冲击着原有的道德价值规范，人们不再相信原来的那一整套价值规范体系，而新的与市场经济和改革开放相一致的价值规范体系还没有建立起来，有些建立起来的价值规范也还未为人们所认同。在这种情况下，难免会出现道德上的无序状态及与之相关的各种价值困惑、精神迷惘和空虚现象。在社会转型期，由于社会和个人所面临的大量价值困境，人们在内心深处常常会产生彷徨、苦闷、冷漠等“焦虑感”，并在行为上表现出“虚伪”或“双重人格”：在公开场合取悦于社会，在背地里则自行其是。“焦虑感”和“双重人格”的发生往往蕴含着最深刻、最严重的道德价值观的矛盾冲突。价值选择的“焦虑”产生于个体价值主体认定的价值观念与社会认可或倡导的价值规范体系之间的严重冲突，即个体价值主体自愿的或理想的价值规范和准则，却是社会不倡导甚至是不允许的，而社会要求个体遵循的价值规范和准则，则是个体价值主体既不愿遵循、又不得不遵循的。从根本上说，无论是道德“焦虑感”，还是“双重人格”，都是价值规范体系社会化过程中价值主体对社会价值观不能认同的结果，都是社会价值规范体系未能转化为个体价值观念的结果。因而，强化个体对社会主义核心价值观的认同，有利于使广大社会成员克服心理上的“焦虑感”和行为上的“双重人格”，顺利地实现社会主义核心价值观的社会化，使社会主义价值规范体系由他律向自律转化。只有强化人们对社会主义核心价值观的积极认同，才能使转型期的社会个体心理获得健康发展，才能使社会个体自觉地追求社会所倡导的价值目标，将社会主义价值规范体系内化为价值观念，成为一个真正有价值、有德性的人。

总之，在社会转型期，面对社会生活领域尤其是道德领域所发生的价值冲突，面对社会上存在着的大量道德失范现象，强化社会成员对社会主义核心价值观的认同，无论对社会还是对个体来讲，都是十分必要的。

二、价值观认同的基本要素和内化过程

价值观认同是社会与个体互动的价值交流和深层次的精神渗透，是社会成员对社会价值观所采取的自觉接受、自愿遵循的态度。它既是社会或群体对个体进行价值观导向、个体学习和认同社会价值观的受动过程，又是价值主体在自身社会实践的基础上通过自我意识，对社会价值观进行主动选择并积极加工的能动过程；既体现了一定社会或群体对于生活于其中的个体接受和遵循共同的行为模式和价值观，并使其转化为个体内在的行为准则和价值目标的基本要求，又显示了价值主体自我意识发展所处阶段、成熟程度、完善程度等不同的个性特征。作为一种价值互动，价值观认同的实现，取决于价值观主体、价值观客体（社会价值体系）和社会环境的有机互动。

价值观认同的发生和实现，首先依赖于价值主体即认同者的主观条件，其中起关键作用的就是认同者内在的具有稳定性的价值观念结构和价值观念系统。它的确立，是一个长期的、复杂的过程。它一旦确立，就不仅对个体的价值评价发生影响，也对个体的价值选择发生影响。认同者内在的价值观念结构和价值观念系统往往作为一种主观的内在尺度，引导个体对周围的价值现象进行感知、评价和选择。在价值观认同过程中，价值观念作为个体内在的一种先在结构，选择和控制外界信息的流入，是一种特殊的过滤器。在价值观选择过程中，个体价值主体总是以自己的价值观念系统为对照物，采用相应的逻辑方式对进入个体实践领域的价值规范进行解释、理解，并根据主体需要，吸收和选择与已有的价

值观念系统中相关、相近、相应的价值观，使之同化为价值观念系统的新内容；对不能被价值观念系统同化的价值观，价值主体会做出与价值观念系统相近的再选择、再解释、再处理，从而创造价值观念，使原有的价值观念系统发生相应的改变。

价值观认同的发生与完成还取决于被认同的社会价值规范体系的基本性质。个体价值主体不会盲目认同所有的社会价值规范。个体对社会价值规范的认同过程客观上也是一个价值观选择的过程；社会价值体系为人们所接受，通常应具备以下两个基本条件：一是社会价值规范体系必须符合人性的要求，这是任何一种价值体系最起码的存在前提；二是社会价值体系必须与价值主体的个人利益保持同一，在价值取向上应与个体价值主体的主观意向相吻合。这是价值规范具有生命力的基本条件。除此之外，社会所倡导的道德价值观和价值规范体系必须有现实、合理的根据，必须科学而有序，必须与环境相容，必须源于生活又高于生活，只有这样，才能给人们的价值选择提供正确的指导，才能为人们所认同。

价值观认同的发生与完成也离不开一定的社会环境。价值主体总是作为社会的一分子而生活于社会环境中。作为社会的一分子，个人必须面对他赖以存在的社会和由社会价值体系所造成的社会环境，只有在这种社会环境中，他才能确证作为价值主体的存在，并显示出他的个性。与此相联系，个体对社会价值体系的认同总是在具体的社会环境和道德氛围中进行的。同一个人在不同的社会环境和道德氛围中会有不同的价值评价和价值观选择；在同一环境中，具有不同道德素质的人可能产生相同的道德价值评价和选择。因而，社会环境对价值观认同产生正负两重效应：良好的社会环境有利于价值主体进行价值观认同，并能产生道德向善效应；不良的社会环境则不利于人们进行积极的价值观认同，使人们的良好道德素质及其表现受到限制、压抑和扭曲。

社会主义核心价值观认同的过程也是认同主体将社会主义核心价值观转化为自身价值观念并不断内化的过程。这个过程包含着理性认知、情感共鸣、思想转化、心理调适和沉淀内化五个阶段。理性认知是社会成员系统地了解、科学地把握社会主义核心价值观基本内容的阶段，是社会主义核心价值观认同的前提。情感共鸣是社会成员在理性认知的基础上，对社会所要求的价值观信息进行审视、比较，对“合意”的价值理念给予认可和选择。这一阶段是社会主义核心价值观认同的关键。思想转化是社会成员在认知认同与情感认同的基础上，把社会主义核心价值观整合到自己原有价值观念中，并按照社会主义核心价值观的要求，对自己原有的价值观念重新进行建构。这一阶段是社会主义核心价值观认同的重点。心理调适是社会成员重新建构自身价值观后，在此价值观的指导下破解自身发展难题，化解内心精神困惑的阶段。这一阶段是社会主义核心价值观认同的焦点。沉淀内化是社会成员自觉将社会主义核心价值观外化为良好的行为习惯阶段，是社会主义核心价值观认同的终点。社会成员正是通过这一心理演变过程来认同社会主义核心价值观的。[①] 在社会主义核心价值观认同过程中，社会个体的价值观念、心理需求等在认同过程中起了重要作用。价值观认同过程就是价值主体以内在的价值观念和需要为标准，对外在于自身的事物或现象所蕴含意义的认识和评价，带有很强的主观性。这种主观性，尽管造成了价值观念多元的现实，为社会主义核心价值观的认同增加了难度，但却是社会主义核心价值观认同的基本前提。

在社会主义核心价值观认同过程中，社会主义核心价值观本身的合理性是价值观认同的重要条件和内在动力。社会主义核心价值观是社会主义核心价值体系的凝练和提升，它构成了认同的基本内容，是认同的前提和基础。社会主义核心价值观是社会成员对社会主义意识形态和主流思想能否满足个人和社会的需要并对其进行评判时所持有的基本观点。因此，社会主义核心价值观必须以社会发展的需要以及广大人民群众的利益为根据，既集中体现社会主义意识形态的本质特性，又有着广泛的适用性和包容性，既代表社会先进文化的前进方向，又符合不同阶层社会成员的思想状况，是立足于我国社会主义市场经济基础之上所形成的价值共识。只有这样，才能具有强大的整合能力和引领能力，才能让反映社会主义本质属性的思想理论体系为广大社会成员所认同，并让其成为社会的主导价值观。

社会主义核心价值观认同的发生和完成，也离不开一定的社会环境。作为社会的一分子，个人总是生活于一定的社会环境中。社会成员对社会主义核心价值观的认同的过程也是在一定社会环境下进行的，是社会环境与社会主义核心价值观、价值主体、认同载体和方式等基本要素相互作用的产物。社会主义核心价值观、思想教育工作者、价值主体、认同工具和方式等是构成社会主义核心价值观认同过程的基本要素，它们相互融合、相互作用，推动着社会成员对社会主义核心价值观的理性认知、情感认同和行为认同。在社会主义核心价值观认

① 刘新庚、刘峥：《社会主义核心价值观认同的动力要素与过程机制探索》，《中南大学学报》2012 年第3期。

同过程中，宗教的、政治的、法律的、工会的、学校的、家庭的、传播的、文化的意识形态国家机器等，既是社会成员认同社会主义核心价值观的基本场所与基本载体，又是认同的基本工具和手段。在具体的认同过程中采取的如灌输教育、宣传感染、制度规范、政策实施等各种方法与措施，是社会成员认同社会主义核心价值观的基本渠道和实现路径。社会主义核心价值观的认同离不开宣传教育、制度规范和实践交流等活动组成的社会环境。

总之，社会主义核心价值观的认同，与任何社会价值观认同一样，乃是社会与个体互动的产物。社会主义核心价值观认同的实现，取决于价值主体、社会主义核心价值观体系、社会环境的有机互动。

三、强化人们对社会主义核心价值观的认同

党的十八大报告指出："社会主义核心价值体系是兴国之魂，决定着中国特色社会主义发展方向。"要"倡导富强、民主、文明、和谐，倡导自由、平等、公正、法治，倡导爱国、敬业、诚信、友善，积极培育社会主义核心价值观"。在大力加强社会主义核心价值体系建设过程中，必须把社会主义核心价值观融入国民教育全过程，切实把社会主义核心价值体系转化为人民的自觉追求，用社会主义核心价值观引领社会思潮、凝聚社会共识。应该看到，社会主义核心价值观的认同决非一蹴而就，它是一个科学的认知和转化过程，是社会成员将社会主义核心价值观转化为价值观念和日常生活意识的动态认知与内化过程。因此，必须根据社会主义核心价值观认同的要素、过程与内化机制，积极推进价值主体、社会主义核心价值观、社会环境的良性互动，强化人们对社会主义核心价值的积极认同。

第一，发挥价值观主体的主动性和积极性。社会价值观认同的发生和实现，首先依赖于价值主体即认同者的主观条件，其中起关键作用的就是认同者内在的价值观念结构和体系。广泛深入、形式多样的社会主义核心价值观宣传教育活动，让人们普遍关注与反思人生观、价值观问题，在个体与社会、个体价值取向与社会价值观导向的广泛交流和渗透中，把社会主义核心价值观内化为他们的价值观念，这是强化社会主义核心价值观认同的基本途径。在开展社会主义核心价值观宣传教育活动中，必须抛弃形式主义宣传，注意内容和方式方法的创新；必须发挥价值主体的主动性和积极性；必须赋予社会主义核心价值观以新的时代内涵；必须不断探索符合当代中国人精神需要的解读与传播方式。只有这样，才能强化社会成员对社会主义核心价值观的认同，使社会主义核心价值观真

正发挥导向作用。

第二,注重价值观内容的可接纳性。社会价值观只有同时兼有“社会功效性”和“个体功效性”,既能满足社会发展需要,又能在不同方面和不同层次上有助于个体利益和需求的实现,才能为人们所广泛认同,从而有效地发挥其价值观导向作用。鉴于目前人生观、价值观教育中存在的诸多问题,在加强社会主义核心价值体系建设中,尤其要注意社会主义核心价值观的凝练和内容的可接纳性。社会主义核心价值观的认同就是社会主义核心价值体系普及化、大众化的过程,是通过社会教化和个体认知的相互作用,并通过社会实践使社会成员将其内化为他们的常识,即成为社会成员日常生活的意识、观念与语言。因而,社会主义核心价值观向社会成员常识的转化过程应根据社会需要、各类不同阶层的具体状况进行多样化、多层次的具体化、形象化,逐渐成为通俗易懂、人民群众喜闻乐见的形式。这就要求思想教育工作者,应以各类教育对象现有的思想文化水平、心理需求状况为基础,在认同工具与方式上进行创新和突破。既要注重用社会主义核心价值观塑造各阶层社会成员的政治信仰,又要注重社会成员原有观念和常识的思维定式,特别要注重其固有观念对社会主义核心价值观认同的反向影响过程。社会成员的原有观念与常识所形成的心理与思维模式可能有助于其理解并接受社会主义核心价值观,也有可能阻碍其接受社会主义核心价值观。显然,要加强认同的效果,就必须正视人民群众原有观念和常识的消极反向作用,最大限度地实现社会成员思想观念的正向再造与变革。

第三,发挥公众人物和官员在倡导和践行社会主义核心价值观过程中的示范作用。著名社会学家涂尔干曾指出:倘若没有象征符号,社会观念的存在只能是不稳定的。[①] 这里所言的象征符号就是先进典型,他可以为民众提供一个清晰形象的样板,具体生动地彰显时代的主流价值观。在不同的历史时期,我们曾树立了许多体现先进价值观的典型人物。这些典型源自生活、来自群众,生动鲜活、真实可信、事迹感人、催人奋进。他们的事迹使时代的主流价值变得具体生动,让爱国、敬业、诚信、友善等道德规范变得可信、可亲、可学。要根据时代的要求,用先进典型人物的高尚品质和模范行为来弘扬时代精神,发挥示范作用,对人们的思想、观念、行为等产生积极的、正面的导向作用,从而使社会成员对社会主义核心价值观形成广泛的社会认同。尤其要发挥公众人物和官员的示范作用。子曰:“其身正,不令而行;其身不正,虽令不从。”(《论语·子路》)常言道:

① [法]爱弥尔·涂尔干:《宗教生活的基本形式》,渠东等译,上海人民出版社 1999 年版,第 276 页。

“言教不如身教。”在倡导社会价值观的活动中，公众人物和官员的道德形象是活动成效的高相关因素。就目前我国的道德状况分析，党员干部，特别是领导干部的道德形象是最有影响力的。这一群体的道德形象对社会价值观的示范引导，无论从“正向效应”还是从“负向效应”看，都具有不可低估的作用。在现实生活中，要使社会主义核心价值观发挥导向功能，各级领导干部必须率先垂范，以便起到示范引导作用。公众人物和官员不仅是社会主义核心价值观的宣传者，更应该是社会主义核心价值观的实践者。只有广大党员干部尤其是领导干部身体力行社会主义核心价值观，全心全意为人民服务，权为民所赋，权为民所用，切实关心并解决民生问题，用自身的行动倡导社会主义核心价值观，民众才会积极效仿，推己及人，进而营造良好的社会风气。

第四，健全社会利益机制，以利益为手段进行价值观导向。价值观认同是一个复杂的心理过程，这个过程离不开利益的激励。正如马克思所说，“正确理解的利益是整个道德的基础”[①]，物质利益和精神情感是决定价值认同的两个关键因素。一种价值观要获得认同，必须满足人们最起码的情感与利益需求。因此，利益机制是价值认同的基础。马克思指出：“人们奋斗所争取的一切，都同他们的利益有关。”[②]价值观认同说到底是一种利益的认同。利益作为价值观的基础，既决定了价值观的产生、变化与发展，又决定了价值主体对社会价值观的认同和选择。因而，社会价值观导向实际上是一种利益导向；离开主体自身利益的价值观导向，永远不能为价值主体所认同。当然，这里所谓的“利益”，不仅限于物质的，而且包括精神利益、政治利益和文化利益等。以利益为手段进行价值观导向，当前主要有两条途径：一是通过建立健全利益激励和保障机制，运用利益鼓励等手段，使道德高尚者的利益得到进一步扩展和提升；二是通过建立健全利益约束机制，运用惩罚等手段使那些不道德者自身的需要得不到满足，利益受到损失。实践表明，通过健全利益机制进行价值导向，是完全必要而又行之有效的。

第五，营造良好的道德氛围和社会环境。创造良好的道德氛围和社会环境是强化人们对社会主义核心价值观及其规范体系进行积极认同的重要条件。在现实生活中，人们对社会价值观的认同和选择，离不开道德评价和社会舆论。通过道德评价对人的行为做出善恶道德判断，并把这种道德判断反馈给行为本人，

---

① 中共中央马克思恩格斯列宁斯大林著作编译局：《马克思恩格斯全集》第2卷，人民出版社1957年版，第167页。

② 中共中央马克思恩格斯列宁斯大林著作编译局：《马克思恩格斯全集》第1卷，人民出版社1957年版，第82页。

借助社会舆论的赞许或谴责，调动人的荣辱感和道德良心，培养人们知善知恶的能力和从善去恶的态度，使人的道德认知和道德行为符合社会道德的要求，是价值观认同发生的基本机制。必须充分利用广播、电视、报纸、网络等大众传播工具，宣扬见义勇为、舍己救人的英雄，宣扬无私奉献的先进典型；抨击见死不救、自私自利、唯利是图等各种不道德行为。通过社会舆论的力量，使道德评价成为扬善抑恶的“道德法庭”，成为对社会成员强有力的道德监督，并通过对行为的道德判断反复传递善恶观念的信息，促使社会成员形成道德价值观念上的共识，唤起人们道德参与的社会责任感，树立起良好的社会风气。同时，要尽量创设践行社会主义核心价值观的情境与平台，促成社会主义核心价值观的广泛社会认同。社会主义核心价值观的认同最终要通过价值观践行来实现。如果说，内心的信仰与情感上的认同属于价值观认同的观念形态，那么“践行”是价值观认同的实践确证。长期以来，我们偏重于价值观建设的理论向度，对其实践向度有所忽视。必须创设践行社会主义核心价值观的情境与平台，积极引导人们去践行社会主义核心价值观。一方面，通过践行社会主义核心价值观，引领和规范社会成员的工作和生活，彰显其对于现实生活塑造的意义；另一方面，在践行过程中不断反思社会主义核心价值观，在价值认同过程中不断建构社会主义核心价值观，在价值实践中检验、丰富和发展社会主义核心价值观。

第六，完善体制，健全法制。倡导和实践社会主义核心价值观是一项综合的社会工程，仅靠价值观的引导、教育，往往难以达到预期的目的。在一个各种制度和规章尚不健全和完善的社会公共生活环境中，个人是不可能承受整个社会道德状况的改善这副重担的。在现实生活中，个人的道德理性和意志都是有限的，往往难以克制自私欲望的膨胀，或抵御不道德所获的诱惑。这就需要社会以制度的形式，建立一系列明确的社会规范，告诉人们什么是应当做的和什么是不应当做的，协助个体确立正确的道德价值观，强化个体的道德意志。尤其是在发展社会主义市场经济的今天，道德不再像传统社会那样依赖个人的修养，而是人们在现实的社会关系和相互制衡的制度环境中通过博弈而养成的。必须深化体制改革，完善社会主义市场经济体制，创造自由开放和公平竞争的制度环境；积极推进民主政治建设，对政府权力进行合理的制度安排，有效防止权力滥用；深化分配制度改革，完善收入分配制度，建立健全社会保障体系，切实保障弱势群体的生存权和发展权；建立健全法制，对个人正当的权利加以支持和保护，对不正当的逐利行为给以彻底否定和严厉打击。只有这样，社会主义核心价值观才能真正发挥导向作用。

以中华优秀传统文化涵养社会主义核心价值观的有效路径①

崔华前②

【摘 要】中华优秀传统文化是社会主义核心价值观的深厚源泉与坚实根基，继承与弘扬中华优秀传统文化可以为涵养社会主义核心价值观提供重要源泉。以中华优秀传统文化涵养社会主义核心价值观，必须坚持古为今用、批判继承、推陈出新。

【关键词】中华优秀传统文化；社会主义核心价值观；古为今用；批判继承；推陈出新

博大精深、源远流长的中华优秀传统文化，积淀着中华民族最深层的精神追求，包含着中华民族最根本的精神基因，代表着中华民族独特的精神标识，体现着中华民族独特的精神气质，是社会主义核心价值观的深厚源泉与坚实根基，为培育与践行社会主义核心价值观提供了肥沃土壤和丰厚滋养。2014 年 2 月 24 日，习近平总书记在中共中央政治局第十三次集体学习时强调："培育和弘扬社会主义核心价值观必须立足中华优秀传统文化。牢固的核心价值观，都有其固有的根本。抛弃传统、丢掉根本，就等于割断了自己的精神命脉。博大精深的中华优秀传统文化是我们在世界文化激荡中站稳脚跟的根基。"③习近平总书记的讲话要求我们，培育与践行社会主义核心价值观，必须以中华优秀传统文化为根基，充分发挥其对社会主义核心价值观的涵养功能。我们应该深刻领会习近平

---

① 本文为 2014 年"全国高校优秀中青年思想政治理论课教师择优资助计划"项目、浙江省教育厅科研资助项目"非主流社会思潮对大学生主流价值观认同的影响及对策"（项目编号：Y201432094）的阶段性成果。

② 崔华前，浙江工商大学马克思主义学院副教授，思想政治教育教研部主任，主要研究方向为马克思主义思想政治教育学原理与方法论。

③ 《习近平论社会主义核心价值观——十八大以来重要论述选编》，《党建》2014 年第 4 期。

总书记的讲话精神，积极探索以中华优秀传统文化涵养社会主义核心价值观的有效路径。

那么，究竟如何以中华优秀传统文化涵养社会主义核心价值观呢？习近平总书记对这一问题给予了明确而科学的解答："对我国传统文化，对国外的东西，要坚持古为今用、洋为中用，去粗取精、去伪存真，经过科学的扬弃后使之为我所用。"①"要继承和弘扬我国人民在长期实践中培育与形成的传统美德，坚持马克思主义道德观、坚持社会主义道德观，在去粗取精、去伪存真的基础上，坚持古为今用、推陈出新，努力实现中华传统美德的创造性转化、创新性发展。"②"对历史文化特别是先人传承下来的道德规范，要坚持古为今用、推陈出新，有鉴别地加以对待，有扬弃地予以继承。"③可见，以中华优秀传统文化涵养社会主义核心价值观，必须坚持古为今用、批判继承、推陈出新。

一、坚持古为今用

马克思主义辩证唯物史观认为，虽然社会存在决定社会意识、社会意识对社会存在具有依赖性，但同时社会意识又具有相对独立性，社会意识的发展具有历史继承性。一定历史阶段上的社会意识虽然在内容上主要是反映现实的社会存在状况，但同时也保留着历史上形成的反映过去社会存在状况的某些意识材料；在形式上虽然不断增添和主要采取新的具体方式，但同时也继承了既有的某些方式、方法和手段。正是这种历史继承性，才使得社会意识的发展呈现出一种前后相随、持续不断的状态，才使得社会意识有其可以追溯的历史线索，才使得一些先进思想意识与优秀文化成果能够被不断传承积累，形成穿越时空的超越性价值，具有强大生命力。

中华优秀传统文化虽然由古代贤哲所提出，是传统社会政治、经济发展状况的反映，服务于传统社会的发展需求，但同时又保留与传承着许多先进的、合理的、进步的文化内容与形式；虽然是历史，属于过去，作用于过去，具有重要的历史价值，对维护我国传统社会的和谐与稳定、推动中华民族的发展与进步，曾起过十分重要的历史作用，但同时又是现实，内存于现实之中，是历史在现实中的沉积，植根于中华民族的土壤中，经过世代传承，不断积累、发扬光大，业已成为整个中华民族的精神特质、精神风貌和精神财富，业已成为全人类所共有和共享

①②③ 《习近平论中国传统文化——十八大以来重要论述选编》，《党建》2014 年第 3 期。

的文化珍品，具有跨越时空的价值，业已成为一种强大的现实力量作用于当前乃至未来。例如，中华优秀传统文化中所蕴含的“夙夜在公”(《诗经·召南·采蘩》)、“天下为公”(《礼记·礼运》)、“乐以天下，忧以天下”(《孟子·梁惠王下》)、“国耳(而)忘家，公耳(而)忘私”(《治安策》)、“鞠躬尽瘁，死而后已”(《后出师表》)、“先天下之忧而忧，后天下之乐而乐”(《岳阳楼记》)的无私奉献精神，“位卑未敢忘忧国”(《病起书怀》)、“苟利国家生死以，岂因祸福避趋之”(《赴戍登程口占示家人》)、“天下兴亡，匹夫有责”(《饮冰室合集·文集之一·辨法通论·论幼学》)的爱国情操，“一而不党”(《庄子·马蹄》)、“富贵不能淫，贫贱不能移，威武不能屈”(《孟子·滕文公下》)、“权利不能倾，群众不能移，天下不能荡”(《荀子·劝学》)、“可亲而不可劫也，可近而不可迫也，可杀而不可辱也”(《礼记·儒行》)、“男儿自有守，可杀不可苟”(《古意》)、“松柏死不变，千年色青青”(《答郭郎中》)的人格独立精神，“杀身以成仁”(《论语·卫灵公》)、“舍身而取义”(《孟子·告子上》)、“生当作人杰，死亦为鬼雄”(《乌江》)、“人生自古谁无死，留取丹心照汗青”(《过零丁洋》)、“粉身碎骨全不顾，要留清白在人间”(《石灰吟》)的英勇献身精神等，不仅在历史上对中华民族的文明进步产生过十分积极的影响，即使在今天，对培育和践行社会主义核心价值观，仍具有重要的现实价值。

对于中华优秀传统文化中所蕴含的极其珍贵的内在价值，我们决不能仅仅只满足于把它们捧在手里，细细把玩、品味与欣赏，而必须把它们应用于培育与践行社会主义核心价值观的伟大实践中。对此，马克思曾经指出：“哲学家们只是用不同的方式解释世界，而问题在于改变世界。”①这里，马克思阐明了新唯物主义的根本特征及其在哲学史上实现革命的实质，揭示了马克思主义哲学同以往一切旧哲学的根本区别，主张人们认识世界的根本目的在于有效地改造世界。习近平总书记也明确指示：“要使中华民族最基本的文化基因与当代文化相适应、与现代社会相协调，以人们喜闻乐见、具有广泛参与性的方式推广开来，把跨越时空、超越国度、富有永恒魅力、具有当代价值的文化精神弘扬起来。”②“要加强对中华优秀传统文化的挖掘和阐发，努力实现中华传统美德的创造性转化、创新性发展，把跨越时空、超越国度、富有永恒魅力、具有当代价值的文化精神弘扬起来。”③“要认真汲取中华优秀传统文化的思想精华和道德精髓，大力弘扬以爱国主义为核心的民族精神和以改革创新为核心的时代精神，深入挖掘和阐发中

---

① 中共中央马克思恩格斯列宁斯大林著作编译局：《马克思恩格斯选集》第1卷，人民出版社1995年版，第61页。

②③ 《习近平论中国传统文化——十八大以来重要论述选编》，《党建》2014年第3期。

华优秀传统文化讲仁爱、重民本、守诚信、崇正义、尚和合、求大同的时代价值，使中华优秀传统文化成为涵养社会主义核心价值观的重要源泉。”[①]这里，习近平总书记一方面充分肯定中华优秀传统文化“跨越时空、超越国度、富有永恒魅力、具有当代价值”，另一方面又明确要求对于中华优秀传统文化必须坚持古为今用，“要使中华民族最基本的文化基因与当代文化相适应、与现代社会相协调”，“深入挖掘和阐发中华优秀传统文化的时代价值”。

马克思、习近平总书记的论述告诉我们，传承中华优秀传统文化，绝不是仅仅为了解释世界，也不是为了发思古之幽情，而是为了改变世界，实现古为今用。我们不仅要从历史的角度对中华优秀传统文化加以客观的审视，更要从现实的角度紧盯其现实价值，花大力气总结、提炼、发掘包含于其中的具有当代价值的东西。找到了它的现实价值，我们才能有针对性地用它来涵养、滋育社会主义核心价值观。如果忽略了其现实价值，那么对中华优秀传统文化的传承、研究和挖掘，就没有任何实际意义和用处。

二、坚持批判继承

列宁曾指出：“马克思主义这一革命无产阶级的思想体系赢得了世界历史性的意义，是因为它并没有抛弃资产阶级时代最宝贵的成就，相反却吸收和改造了两千多年来人类思想和文化发展中一切有价值的东西。”[②]孙中山也曾指出：“一般醉心于新文化的人，便排斥旧道德，以为有了新文化，便可以不要旧道德。不知道我们固有的东西，如果是好的，当然要保存，不好的才可以放弃。”[③]毛泽东曾强调：“中国的长期封建社会中，创造了灿烂的古代文化。清理古代文化的发展过程，剔除其封建性的糟粕，吸收其民主性的精华，是发展民族新文化提高民族自信心的必要条件；但是决不能无批判地兼收并蓄。必须将古代封建统治阶级的一切腐朽的东西和古代优秀的人民文化即多少带有民主性和革命性的东西区别开来。”[④]江泽民也曾强调：“对民族传统文化要取其精华，去其糟粕，并结合

① 《习近平论中国传统文化——十八大以来重要论述选编》，《党建》2014 年第 3 期。

② 中共中央马克思恩格斯列宁斯大林著作编译局：《列宁选集》第 4 卷，人民出版社 1995 年版，第 299 页。

③ 广东省社会科学院历史研究室、中国社会科学院近代史研究所中华民国研究室、中山大学历史系孙中山研究室：《孙中山全集》第 9 卷，中华书局 1986 年版，第 243 页。

④ 毛泽东：《毛泽东选集》第 2 卷，人民出版社 1991 年版，第 707 页。

时代的特点加以发展，推陈出新，使它不断发扬光大。”①这些论述，都旨在强调对历史上的思想文化遗产应坚持批判继承。

中华传统文化在历史上既曾产生过巨大的积极影响，又曾产生过不容忽视的负面影响；既有所长，也有所短，乃是精华与糟粕的复合体，而且两者往往胶结在一起。如，中国传统“孝”道，倡导尊老、养老、爱老、助老、护老，并强调“老吾老以及人之老”（《孟子·梁惠王上》），强化了社会生活中子女对父母应尽的责任，体现了中华民族“孝敬父母”的传统美德，有利于维护传统社会的和谐稳定，具有历史进步作用。但我们也必须认识到，从历史上看，中国传统“孝”道与小农经济的生产方式和男性家长制有着直接联系，其中也含有诸如“移孝为忠”“父为子纲”“子为父隐”“父母在，不远游”等落后内容。又如，“仁义礼智信”这“五常”，是中国传统社会的基本道德准则与核心价值观，对锤炼中华民族品格、培育中华民族精神、规范中华人际关系、确定中华文化的发展路向，都曾起过极为重要的积极作用。但我们也要清醒地看到，“仁义礼智信”这“五常”是建立在以小农经济为主要形式的封建制生产方式、以皇权政治为主要特点的封建制政治关系、以地主阶级压迫农民阶级为阶级实质的封建制阶级关系基础之上的，因而必然具有其阶级局限性与历史局限性。最为典型的是“五常”中的“礼”，它兼具道德与法律的双重功能，既强调“非礼勿视，非礼勿听，非礼勿言，非礼勿动”（《论语·颜渊》），规定了传统社会的礼仪、礼节，为中华民族赢得了“礼仪之邦”的美名，又强调“辩尊卑，别等级，使上不逼下，下不僭上”，“定亲疏、决嫌疑、别同异、明是非”（《礼记·曲礼》），规定了封建统治阶级的特权与广大劳动人民的单方面义务，肯定了男尊女卑与亲疏有别，具有扼杀人的自由和独立性的一面。

对于精华与糟粕并存的传统文化，我们的态度理应是批判其糟粕，继承其精华；舍弃其消极成分，吸收其积极成分；否定其不良部分，肯定其优秀部分；既不能全盘肯定、过分赞美、颂古非今，又不能全盘否定、完全抛弃，而应“一方面，对其丰富深刻思想中的宝贵遗产要注意继承和借鉴。对其谬误和偏见，在批判其思想内容时，也不要忽略借鉴它所提供的理论思维中的经验教训。坚决摒弃对待人类文明思想成果的历史虚无主义态度，对人类社会创造的一切先进文明成果，我们都要积极继承和发扬。另一方面，要看到以往社会历史理论中由于受社会历史发展程度、阶级偏见和思维认识的限制，存在着根本缺陷。这就是：它们

---

① 中共中央文献研究室：《江泽民论有中国特色社会主义》（专题摘编），中央文献出版社 2002 年版，第 385 页。

只考察了人们历史活动的思想动机，而没有探究出物质生活资料的生产和再生产是决定一切社会关系，因而也是决定人们思想动机的根源；只看到个人的历史作用，没有看到人民群众的作用，由此决定它们不可能科学地揭示社会历史的发展规律"①。即使是中华传统文化中的优秀成果，由于时过境迁、物是人非，我们也必须结合时代精神与现实需求，对之进行批判继承、加工改造，才能更好地以之涵养社会主义核心价值观。

三、坚持推陈出新

只有坚持"推陈出新"，不断进行"吐故纳新"，才能使中华优秀传统文化以富有特色的民族形式不断向前发展，充分发挥其对社会主义核心价值观的涵养功能。为此，我们必须：

（一）要找准中华优秀传统文化与社会主义核心价值观的结合点

以中华优秀传统文化涵养社会主义核心价值观具有现实可能性，这种可能性源于二者之间具有"结合点"。所谓"结合点"，指的是被结合的双方具有相融点。有了结合点，才能以中华优秀传统文化涵养社会主义核心价值观；没有结合点，二者风马牛不相及，强行将它们拉扯到一起，也不过是牵强附会。社会主义核心价值观本身就是借鉴、吸收、融合了人类历史上各种价值观的合理的、进步的、积极的因素，特别是继承了中国传统价值观的精髓与精华，而形成的一种迄今为止最科学的、最先进的价值观。社会主义核心价值观之树必须深深地植根于中华优秀传统文化的沃土之中，选择具有中国特色、中国风格、中国气派的，为广大老百姓所喜闻乐见、耳熟能详的概念、范畴来加以表述，以形成具有中国特色、中国风格、中国气派的价值观话语体系，才能生动形象、亲切可人、"接地气"，从而易为广大老百姓所"内化"与"外化"，才能在中华大地上生根发芽、开花结果。中华优秀传统文化必须为涵养社会主义核心价值观提供重要源泉，才能很好地实现自身的现代性转换与创新性发展，为自身在新的时代寻找到新的出路，焕发出新的光彩。这种相互融通、相互促进的关系决定了二者相互之间必然会有很多结合点。例如，中华优秀传统文化所倡导的"以人为本"（《管子·霸言》）、"民贵君轻"（《孟子·尽心下》），"和而不同"（《论语·子路》）、"礼之用，和为贵"

① 梅荣政：《马克思主义中国化的直接理论基础》，《思想理论教育导刊》2006年第2期，第9页。

(《论语·学而》)与社会主义核心价值观所倡导的“民主”“和谐”之间,中华优秀传统文化所倡导的“喻牛辞相”(《庄子·秋水》)、“不为物役”(《庄子·逍遥游》),“物无贵贱”(《庄子·秋水》)、“有教无类”(《论语·卫灵公》),“无偏无颇”“无偏无党”“无反无侧”(《尚书·洪范》)、“公义胜私欲”(《荀子·修身》)、“去私心行公义”(《韩非子·饰邪》)与社会主义核心价值观所倡导的“自由”“平等”“公正”之间,中华优秀传统文化所倡导的“天下兴亡,匹夫有责”(《日知录》)、“苟利国家生死以,岂因祸福避趋之”(《赴戍登程口占示家人二首》),“敬事而信”(《论语·学而》)、“敬业乐群”(《礼记·学记》)、“春蚕到死丝方尽,蜡炬成灰泪始干”(《无题·相见时难别亦难》)、“落红不是无情物,化作春泥更护花”(《乙亥杂诗》),“养心莫善于诚”(《荀子·不苟》)、“诚之为贵”(《礼记·中庸》)、“意诚而后心正”(《礼记·大学》)、“精诚所加,金石为开”(《后汉书·王荆传》)、“讲信修睦”(《礼记·礼运》)、“言而有信”(《论语·学而》)、“人而无信,不知其可也”(《论语·为政》)、“信则人任焉”(《论语·阳货》)、“以信接人,天下信之”(《物理论》),“兼相爱”(《墨子·兼爱上》)、“仁者爱人”(《孟子·离娄下》)与社会主义核心价值观所倡导的“爱国”“敬业”“诚信”“友善”之间,均存在着相互契合之处。我们必须要花功夫寻找和利用好这些契合之处。

(二)要对中华优秀传统文化进行现代转换

所谓中华优秀传统文化的现代转换,不是给中华优秀传统文化的“旧瓶子”贴上“新标签”,而是要求我们站在时代的高度,结合时代的发展需求,深入挖掘和提炼中华优秀传统文化的理论精髓与超时空价值,并赋予其新的时代内容和时代内涵,从而使它有可能同现时代衔接起来。如果对中华优秀传统文化不进行现代转换,而对之照搬照抄,将之原封不动地搬到现实中来,那样不仅糟蹋了中华优秀传统文化,而且对当代社会没有任何帮助,难免陷于“食古不化”。所以,对中华优秀传统文化进行现代转换,是实现它对社会主义核心价值观的涵养功能的必要环节,绝不可少。老一辈无产阶级革命家已在这方面给我们做出了榜样。如“实事求是”一语最先见于班固的《汉书》:“修学好古,实事求是。”唐人颜师古注释该语曰:“务得实事,每求真是也。”从此注释可知,古人对“实事求是”的理解,已含有求真务实的朴素唯物论的合理因素。毛泽东看到了其中的合理因素,站在马克思主义认识论的高度,对之做了辩证唯物主义的新解释,指出:“‘实事’就是客观存在着的一切事物,‘是’就是客观事物的内部联系,即规律性,‘求’就是我们去研究。我们要从国内外、省内外、县内外、区内外的实际情况出发,从其中引出其固有的而不是臆造的规律性,即找出周围事变的内部联系,作为我们行动的向导。"[①]这就是通过对中国古老的朴素唯物论命题的马克思主义改造,生动形象地阐明了辩证唯物主义认识论的基本原则,堪称中华优秀传统文化成果现代转换的典范。刘少奇在《论共产党员的修养》一文中,也曾征引孔孟所言,阐述共产党员加强道德修养的必要性,他说:"孔子说:'吾十有五而志于学,三十而立,四十而不惑,五十而知天命,六十而耳顺,七十而从心所欲,不逾矩。'这个封建思想家在这里所说的是他自己修养的过程,他并不承认自己是天生的'圣人'。另一个封建思想家孟子也说过,在历史上担当'大任'起过作用的人物,都经过一个艰苦的锻炼过程,这就是:'必先苦其心志,劳其筋骨,饿其体肤,空乏其身,行拂乱其所为,所以动心忍性,增益其所不能。'共产党员是要担负历史上空前未有的改造世界的'大任'的,所以更必须注意在革命斗争中的锻炼和修养。"[②]刘少奇对先秦儒家优秀文化成果的现代转换,既使先秦儒家优秀文化成果一下子放射出了新的时代光彩,又丰富和发展了马克思主义建党与修身学说。

(三)要用中华优秀传统文化来诠释社会主义核心价值观

李长春曾经指出:"如何在学习借鉴人类文明成果的基础上,用中国的理论研究和话语体系解读中国实践、中国道路,不断概括出理论联系实际的、科学的、开放通融的新概念、新范畴、新表述,打造具有中国特色、中国风格、中国气派的话语体系,是理论界和学术界面临的重大而紧迫的时代课题。"[③]"打造具有中国特色、中国风格、中国气派的价值观话语体系",就必须要用中华优秀传统文化来诠释社会主义核心价值观。如,可用"仁者爱人"来诠释社会主义友爱精神,可用"和而不同""礼之用,和为贵"来诠释社会主义和谐理念,可用"讲信修睦""言而有信"来诠释社会主义诚信准则,可用"天下兴亡,匹夫有责""苟利国家生死以,岂因祸福避趋之"来诠释社会主义爱国情操,等等。这种诠释,既可以化腐朽为神奇、实现中华优秀传统文化创造性转换与创新性发展,又可以使社会主义核心价值观平易近人和栩栩如生,彰显其特色之维;既可以增强价值观宣传的主动性,又可以增强价值观宣传的实效性。

---

① 刘德华:《马克思主义思想政治教育著作导读》,高等教育出版社2001年版,第272页。

② 同上,第386页。

③ 李长春:《在马克思主义理论研究和建设工程工作会议上的讲话》,《人民日报》2012年6月4日第2版。

执政伦理与服务型党组织建设

——以杭州市上城区的调查研究为依据

刘 勇①

【摘 要】执政为民是党的宗旨与最高伦理，十八大提出服务型党组织建设正是对党的宗旨的践行。当前，各地方积极探索服务型党组织建设。以杭州市上城区为例，该区委组织部在发挖本地区红色资源的基础上，充分利用现代科技手段建立党员服务平台，调动党员服务群众的积极性。总结上城区的经验，新时期服务型党组织建设，必须发掘本地区的文化传统，通过文化的力量改变党员的观念，通过多方式党员群众有序参与，促动他们自觉地服务人民。当然服务型党组织建设必须围绕“服务人民”的理念，并在“人本”精神的关照下，实现社会个体境界的升华。

【关键词】服务型；党组织；建设；执政伦理

引 言

任何一个政党都有其奉行的宗旨和伦理，而执政伦理就体现于政党在行政过程中所体现出的责任行为与责任意识。里普森认为：“政治过程充斥着对理想理念的诉求，人们使他们的政府致力于人的生存、自由和对幸福的追求，致力于平等、正义和良好的秩序。”②所以，中国共产党作为执政党，其执政地位决定了它对保障公共利益、社会公正和人民权利负有重大责任。而服务型执政党建设，则是践行执政伦理，履行政治责任的实践方式。党的十八大报告明确提出“建设学习型、服务型、创新型的马克思主义执政党”，同时，报告强调要“以服

① 刘勇，中共浙江省委党校党建部副教授。

② [美]莱斯利·里普森：《政治学的重大问题：政治学导论》，刘晓等译，华夏出版社 2001 年版，第 17 页。

务群众、做群众工作为主要任务，加强基层服务型党组织建设”[①]，十八大党章也写进了建设“三型”执政党的要求。按十八大报告的表述，建设服务型政党，其核心理念就是服务，主要任务就是服务群众、做群众工作，重点在基层。2014年5月，中办印发《关于加强基层服务型党组织建设的意见》，《意见》认为：“建设基层服务型党组织，要服务改革、服务发展、服务民生、服务群众、服务党员。要达到有班子，有队伍，有场所，有载体，有制度，有业绩的‘六有’目标。”服务型执政党建设与服务型政府建设是一种对应关系，它既反映党在新时期对执政为民宗旨的践行，也反映中国共产党政治理政理念的重大转变。这一方面是中国政治伦理的需要，在民主行政时代，执政党必将改变其“全能型管理者”的地位，从而与政党成员及社会公民处于平等地位，这样，执政党既不是导航者，也不是掌舵者，“而是公民权利的保护者，是社会自治的工具，只是为人们解决公共问题提供平台和服务，那时的教育和文化与劳动的世界水乳交融，所有的人依据大家都知道的‘游戏规则’参与其中，既是‘领导者’也是‘追随者’”。[②] 另一方面，服务型政党建设不仅是在传统的管理型执政党的基础上增加服务内容，而是要对其进行全面超越，突显其对执政伦理的践行。它以尊重党员主体地位和人民主体地位的基础，以“公民本位、社会本位理念为指导”[③]，以党员和人民群众的集体意志为导向，在承担社会服务的前提下，全面履行“执政为民”宗旨。

一、服务伦理与上城区的探索践行

全心全意为人民服务作为共产党的最高伦理，其实践形式就是通过多种方法为群众工作生活提供便利，解决群众利益相关的具体事务，开拓多种渠道为群众谋福利。从服务于民这一理念上来看，上城区的探索十分具有推广价值。上城区不足18.2平方公里的土地上，承载着近36万常住人口，民生保障、民生改善、民生服务的任务十分繁重。在这种情况下，上城区紧紧围绕以“品质上城、和谐家园”这一主题，通过整合驻区资源，把党建工作和经济建设、社会管理、公共

① 胡锦涛：《坚定不移沿着中国特色社会主义道路前进 为全面建成小康社会而奋斗——在中国共产党第十八次全国代表大会上的报告》，《人民日报》2012年11月18日第1版。

② Dwight Waldo: *The Devlopmeng of a Theory of Democratic Administration*, *American Political Science Review*, Vol 46, 1952.

③ 井敏：《构建服务型政府：理论与实践》，北京大学出版社2006年版，第12页。

服务有机结合起来，重质量、重效益、精耕细作、精益求精，为人民群众提供全方位的服务。

(一)努力整合科技服务平台

2012年以来，上城区委组织部协调力量，重点开发集“365”智能协作平台，“365”集中处理居民及企业的各方面求助信息，它是集信息收集、处置、上报、交办、办结和回访于一体的环闭式、开放型的数字化平台。“365”智能平台在处置各类事件的同时，又能对其全程进行跟踪记录，做到事过留痕，事后可评价。据区组织部长陈秋芳介绍，该平台依托区域化党建共建组织网络，融合了“八大联动平台”[①]、“九个联席会议组”[②]、60个党政职能部门、驻区共建单位和社区党建促民生复合体力量，通过“六力破题”[③]，形成了上下协调、内外协同、一体运转的工作机制，使党的组织优势和联系服务群众的优势得到有效发挥。在开发365平台的基础上，区、组织部依托淘宝网，整合辖区优势资源，建立的网上党员服务站，命名为“红淘网”。区、组织部一方面整合辖区街道社区、行业协会、楼宇商圈等组织的人才资源，精选100余名优秀党员专家，组建法律援助、心理咨询、教育服务、医疗保健、招商推介、旅游交通等10支服务队入驻“红淘”。另一方面，组织各街道、各商圈青年党员志愿者担任“在线管理员”(网上称店小二)，全天候受理群众的服务需求，并及时转交相应党员专家，48小时内提供免费服务。同时，区委组织部利用淘宝网评价系统，牵头建立党员专家“服务档案”和“服务计分卡”，对10支服务队百名党员进行集中考评，主要对其执行情况、配合情况、落实情况等打分评价。红淘网进一步拓宽基层党组织和党代表、党员发挥作用的平台，为党员发挥服务作用开拓了渠道。在区委层面加强科技平台建设的同时，一些街道、社区也积极创新，探索科技在服务型党组织建设中的作用，如望江街道探索“党员管理服务系统”，紫阳街道探索“红色邻里卡”。区委组织部计划在这些探索成熟后，把它们有效协调链接起来，最终打造全区范围内的“红芯党建平台”，从而为党员干部更好地联系群众、服务群众拓展空间。

(二)重点建设党员服务组织

近年来，上城区在党员服务群众组织方面，也进行了积极的探索。一是整合

---

① “八大联动平台”:“12345”信访、行政服务中心、“110”社会应急联动、城市管理智能管控系统、维稳、居家养老、组团式服务、消防安全平台。

② “九个联席会议组”:区党风廉政、宣传动员、组织人才、区域经济发展和工业经济、现代服务业发展、民生保障、社会管理、城建城管、绩效考核联席会议工作组。

③ “六力破题”:党代表、人大代表、政协委员、在职党员、辖区共建单位和志愿者参与服务。

发挥好区域服务力量。搭建"一会一委六组两平台"①的街道党建共建组织体系和"一会一室四网络"②的社区党建共建组织网络，采取如签订《党建共建协议书》和《党员志愿者服务书》等形式，充分盘活区域内机关企事业单位和党员志愿者力量，努力实现组织共建、党员共管、活动共办、工程共推、难题共解、资源共享。二是整合党代表力量。党代表是党员中的先进分子。上城区委在建设省级党代表工作室的过程中，把全区 235 名区党代表编入 7 个党代表工作室，深入开展"党代表进社区"活动，组建"党代表讲师团"和党建工作指导员队伍，构筑党代表微博、微访谈、微群、微刊、微友"五微"平台，实行党代表微博问政和网上接待日活动，切实当好民情信息员、政策宣传员、非公党建指导员。三是充分整合在职党员力量。区内各街道的集结在职党员进社区服务的活动，立足群众需求和工作需要，搭建服务平台，设计服务项目，积极引导居住在上城的省、市、区三级 3000 多名在职党员参与"东方品质体验区、幸福和谐示范区"建设，形成"工作在单位、服务于社区、奉献双岗位"的良好氛围。四是运用民主化手段推动服务高效化。创设"湖滨晴雨"工作室、党员邻里值班室、党代表工作室、陈文英网格工作室等党建促民主、惠民生载体，让群众参与，让群众监督，让群众评判，切实做到听取民意找问题，顺应民意抓整改，依据民意看效果，实现"小事不出楼道、大事不出社区，矛盾不上交、纠纷不激化"的良好工作局面。

(三)积极开展党员服务活动

在中央级省市组织部门要求，上城组织部积极探索，按照自身特点，开展多种形式的党员服务群众、联系群众活动。早在 2005 年，上城就依托现有党建平台，开展"5A"③党建活动。"5A"活动在满足居民群众日常需求的基础上，以党委政府的阶段性重点工作为中心，由社区党委牵头，整合在职党员、在册党员，以及有服务能力的居民组成临时服务团队，在提供服务的同时，协助政府和党委完成中心任务。近年来，上城区又在全区范围内开展"民情比武·服务争星"活动，按照党员自评、支部考评及年度互评方式，对区级直属单位及街道在职党员岗

---

① "一会一委六组两平台"：在街道层面设立区域化党建共建工作委员会；街道社会工作党委作为共建委员会的办事机构和议事主体，下设党群建设、经济发展、民生保障、生态环境、精神文明和平安维稳六个专项协调小组，并整合街道党员服务中心和志愿者工作委员会，作为区域化党建共建两大活动平台。

② "一会一室四网络"：社区层面建立区域化党建共建联合会，下设办公室和机关、社区、辖区单位、居民四个层面的党建共建协调员，形成"一会一室四网络"的社区党建共建组织网络。

③ "5A"就是从群众的具体需求出发，随时(anytime)，随地(anywhere)，采用合理的方式(anyhow)为群众(anyone)提供满意服务(any service)。

位、“双网”、志愿等服务情况进行考评，并按照得分高低评选五星级党员。“比武争星”活动极大地激发了机关事业单位在职党员接地气、强素质、优服务、争先进、创佳绩的积极性。区委组织部办公室主任苗丹丹介绍说，上城区以“比武争星”活动为契机，同步开展了区委常委领衔破难活动、领导干部挂包结对活动、基础网格和帮扶指导后进党组织活动、“双服务”活动，及时总结经验，推广有效做法，努力打造一批树得起、推得开、能借鉴、可持续、有实效的长效服务机制。除区委层面积极探索外，基层街道社区也努力整合资源，协调力量，开展多种形式的党员服务活动。如南星街道美政桥社区依托“网格化管理、组团式服务”大网格，进一步挖掘整合资源，着力打造一个“3G”[①]党员志愿服务超市。“3G”的目标就是要促使越来越多有时间、有技能或者有热情的党员志愿者自愿参与志愿服务，进一步扩展志愿服务范围以涵盖百姓大部分的需求，做到“第一时间发现问题、第一时间处置问题、第一时间解决问题”。此外，还有一些社区通过组织“党员会课厅”或“功能型党员小组”等，为党员群众提供个性化服务，不断提高服务的专业水平。

(四)发扬“红巷精神”

2009 年，上城区开展全面的党史胜迹普查，经过细致的历史“碎片”筛查，区内共有红色革命胜迹 18 处，这其中有新民主主义革命时期重要革命遗址 14 处，特别是皮市巷 3 号是浙江省第一个党(团)小组的诞生地，小营巷 56 号是毛主席生前唯一视察过的居委会，方谷园 2 号是中国航天之父钱学森的故居。上城人民亲切地把这三条小巷称为“红巷”。2011 年，习近平复信小营街道小营巷社区党委，对社区发生的新的可喜变化给予充分肯定，并勉励社区党委“珍惜荣誉，再接再厉，切实加强社区党建工作，把社区建设得更加美好”。2012 年 5 月底，上城区正式启动“红巷精神”的提炼活动，经过广泛征集、专家评选、群众认可，“红巷精神”在纪念中共杭州小组成立 90 周年大会上正式发布：“敢为天下先，甘做孺子牛。”“红巷精神”的根本出发点和落脚点就是甘做孺子牛，全心全意为人民服务。两年来，上城区坚持用“红巷精神”教育引导党员服务人民、服务社会，真心实意为群众办事，把解决好群众最关心、最直接、最现实的利益问题摆在首要位置。同时，上城区坚持敢为天下先，以“红巷精神”开拓创新，大力推进上城服务型党组织建设工作项目化、特色化、品牌化。

---

① 3G 即 genuine dedication(真正的奉献精神)，genuinely meet their needs(真正满足百姓所需)和 genuine convenience(真正方便快捷)。

执政党代表人民行使国家权力，而国家权力最基本的特征就是公共性。德国著名学者尤根·哈贝马斯认为："公共权力之所以具有公共性，是因为它担负着为全体公民谋幸福这样一种使命。"[①]所以，执政党行使国家权力属于公共伦理范畴。以此观点分析上城区的实践会发现，上城区紧紧围绕着一个价值理念——服务，这也正是执政党的价值伦理；上城区服务型党组织建设，从服务平台到服务组织，再到服务活动，最终提升到服务精神，真正做到想群众之所想、急群众之所急、办群众之所需、解群众之所难，不断为群众谋福祉。

二、上城区服务实践的成效及价值评估

刘建军教授认为："执政不仅仅是控制政府、煽动选民的政治艺术，更是对崇高的政治价值的落实和实践。"[②]上城区对服务型党组织建设的积极探索，正是对执政党政治价值的落实，这些探索也因此收效良好。"对实质的合理性的判断，取决于判断所依据的价值。"[③]新时期服务型党组织建设的实践进行评估，必然要以"公平正义""以人为本""公共利益"为价值目标和根本原则。综观上城的探索实践，不仅体现了以上原则和目标，而且体现出了地区特色，符合上城区的具体情况，更在实践中形成了值得借鉴和推广的经验。

（一）各类平台发挥实效

上城区近年来探索服务型党组织建设，在实践中收到了切实的效果，成绩是应该给予肯定的。上城区在推行"5A"服务模式过程中，共划分党员责任网格205个，党员服务队598支，共有3600多名服务成员，其中在职党员400余人。同时，与2187家辖区单位党组织签订了《共建协议书》，与8600多名党员签订了《志愿服务书》，有效解决了一些群众急待解决的民生问题。"365"平台运行仅4个月，共收集各类信息69337条，目前已处理完毕44722条，办结率64.5%，办结事件回访满意率达90%，一大批事关群众切身利益的问题得到有效解决。自2013年1月1日起到5月31日为止，该平台共收到超过12万条信息，办结率达到99%。从"红淘"服务站来看，淘宝网首页公告栏中"红淘"服务站的点击人数超过10万人次，截至2013年7月7日，"红淘"共售出服务2674笔，获得好评

① [德]哈贝马斯：《公共领域的结构转型》，曹卫东等译，学林出版社1999年版，第2页。

② 刘建军、陈超群：《执政的逻辑：政党、国家与社会》，上海辞书出版社2005年版，第2页。

③ [英]迈克尔·H.莱斯诺夫：《二十世纪的政治哲学家》，冯克利译，商务印书馆2001年版，第21页。

250个，保持100%的好评率。2013年5月30日的《南方周末》刊发了《“党的声音”在淘宝》的报道，介绍了上城区淘宝义售服务的工作。此后，浙江卫视、浙江电视台《党建好声音》栏目对“红淘”做了专访，《人民日报》、新华每日电讯、浙江之声、凤凰网、中国日报网等也对“红淘”的相关情况进行报道转载，美国《华尔街日报》也对“红淘”进行采访。另外，上城开展“党员会客厅”，在短短两个多月时间里，15个社区受理了1000余件群众求助事件，处理解决959件社区事务；社区党员参与率达88%以上，群众满意率达98%以上。社区民意调查表明，社区群众对党员的满意率由以前的63%上升到89%。美政桥社区的“3G”活动开展三个月以来，共接待居民400余人次，受理各种来信来访240余件，其中及时解决的有210余件，深受社区党员、群众的一致好评，最近据两社区的民意调查反映，社区群众对党员的满意率由63%提升到89%。这些都是实实在在的成绩，更重要的是，在服务型党组织建设过程中，社区党组织的影响力和凝聚力得到有效增强，社区日常管理问题得到大幅改善，有力地夯实了构建和谐社区的基础。

（二）制度化、规范化发展

服务型党组织是一项系统工程，需要以服务为核心，形成系统、稳定、长效的制度体系和运行机制，从而实现全方位、系统化发展。所以，上城区在探索服务型党组织建设过程中，更加注重制度建设。一方面，上城区及时总结经验，并将其制度化。从2011年5月起，经过上城区委组织部反复深入调研，上城区委制定出台了《上城区关于进一步加强区域化大党建工作的实施意见》；根据上城区党建的特点，上城区组织部门以党内法规为准绳，制定了《党员先锋手册》，同时，针对全区党员的不同身份类型，将其细分为《社区党员先锋手册》《企业党员先锋手册》和《机关党员先锋手册》。365平台和红淘网创建后，为规范运行，区委组织部会同相关部门制定了“365”区域化智能协作平台运行流程、联动服务、工作考核，以及运行软硬件配置等四大标准，编写了《红淘服务手册》《红淘客服服务规范》等制度。为了引导和规范社会组织参与服务型党组织建设，上城区又制定了《上城区社会组织发展三年规划（2013—2015）》《上城区社会组织发展扶植激励办法（试行）》等“1+7”文件，出台了《党员心连心互助基金募集使用和管理办法》《上城区“两新”组织党建工作23条》等规章。这些规定一方面使服务型党组织建设有章可循，另一方面也使一些探索的长期化发展有了保障。

（三）被动服务逐渐向主动服务发展

随着生活水平不断提高，居民群众对服务的需求越来越广泛，对服务的品质要求也越来越高，他们对基层党组织的服务要求也由原来的“单一型”向“多元型”转变。这就要求党组织不断提高服务水平和服务能力，提高服务的主动性和前瞻性。我们在调研过程中，也充分注意到，经过这些年服务型党组织建设的实践，许多党员的观念正在发生转变，许多党员由组织“要求服务”变为主动提出“我要服务”，服务的主动性有了很大提高。比如，《党员先锋手册》编写过程中，对社会主义荣辱观进行大讨论，有效地激发党员服务群众的热情和动力。许多机关党员不仅以行政人的身份来为群众服务，更是以党员全心全意为人民服务的宗旨来严格要求自己。当前，许多机关党员以“立足岗位做奉献”为目标，公开服务承诺，提高服务水平，变被动服务为主动服务、上门服务、跟踪服务，体现共产党员的先进性。再如，上城区在推进望江新城、湖滨商圈、“危改、庭改、背改、物改”等民生工程建设过程中，一些党员干部主动为群众提供家电维修、家政服务、困难帮扶等居民群众看得见、摸得着的实务型服务，一些功能型党小组还根据自身的专业特性，注重对居民群众的精神慰藉、心灵关怀，提供一些如相亲交友、文化娱乐、心理缓压，以及上门陪聊、医疗保健、法律咨询等服务活动。总体来看，党员干部在服务型党组织的建设过程，定期上门走访采集居民群众信息，随时了解掌握服务需求。一方面，在为居民群众服务的过程中赢得群众的信任和支持；另一方面，也使服务人民的思想更加深刻，服务行动更加自觉。

（四）基层党组织的创新活力被激发

基层党组织处在服务第一线，与群众联系最直接，服务群众也最便捷。党中央将服务型党组织建设的重点放在基层就是要解决服务群众“最后一公里”问题，这对践行群众路线、巩固党执政的组织基础和群众基础具有非常重要的意义。所以，基层组织是服务型党组织建设的重点，基层服务型党组织建设必须充分尊重群众和基层的首创精神，不断总结新经验，形成新成果，指导新实践。我们在调研过程中，也深切感受到基层组织在服务型党组织建设过程的创新活力。上城党建许多创新的做法，都是来自基层的实践。比如，上城正在规划和筹建的“红芯”党建平台，正是受望江街道的“党员管理服务系统”和紫阳街道探索“红色邻里卡”的启发；再如，上城临时功能型党小组最初也来自于基层的实践。它作为一种灵活的党员活动方式，使党建工作摆脱了“条条、块块”等束缚，也为党员搭建了随时参与社区建设和中心事务的平台。近年来，上城区始终抓住大胆试验、用心总结这两项工作，推广基层好做法，召开党代表进社区、“民情比武·服务争星”等现场会；总结基层好经验，提炼陈文英网格工作室、“红淘”党员志愿服务站等特色做法，从而真正做到“老百姓的事有人问，老百姓的倾诉有人听，老百姓的公理有人断，老百姓的权益有人护”。党的事业根基在基层，血脉在基层，活力在基层。要营造浓郁的创新氛围，鼓励基层先行先试、探索创新、重点突破，同时集思广益，吸纳更多的群众参与到服务中去，形成推动服务的强大社会力量。

三、上城区经验与政党服务伦理一般规律性

党的十八大提出建设“服务型党组织”的重大命题，这既丰富了“党建科学化”的内容，也昭示了新时期党组织建设的职能和使命。但是，什么样的党组织才能算得上是“服务型”呢？怎样在现实条件下建设“服务型”党组织呢？笔者通过调研认为，上城区的实践探索，至少部分回答了上述时代课题。

（一）挖掘本地特色文化资源

人类学家霍尔认为：“文化决定了人的存在：表达自我的方式（包括感情的流露），思维方式，行为方式，解决问题的方式。”[①]事实上，这也正是上城区服务型党组织建设独具特色的地方。上城区政府充分利用本地区红色资源和“红巷精神”来激励上城区党员联系群众、服务群众，这些红色文化以及在这些文化熏染下形成的传统已经成为上城建设服务型党组织的精神动力，而未来党组织的建设和发展也必然要基于这些文化传统之上。因为“世界上没有一个国家割断自己的传统而获得发展”[②]。而且“传统文化是在历史的长河中，由一代代人传承下来，它支配着现时人们的思想和行动，时时刻刻影响着现时文化发展”[③]。所以，上城区近年来不断弘扬“红巷精神”，开展“闪光言行”“群英谱”“两优一先”“最美小营人”等“红色人物品牌”的评选表彰，开展“十分圈”“双网融合网格管理机制”“湖滨晴雨工作室”“党员邻里值班室”“雨露万家”等“红色党建品牌”建设，不断深化“红色品牌”。而这些红色品牌所蕴含的都是上城区的红色文化与精神。从上城区经验可以看出，服务型党组织建设必须发掘本地区的文化传统，通过总结提炼使之升华，并形成本地特色的服务文化，通过文化的力量改变党员的观念，促进他们自觉地服务人民。

---

① ［美］萨姆瓦等：《跨文化传通》，陈南等译，生活·读书·新知三联书店1988年版，第76页。

② ［德］Wolfgang Brezinka：《信仰、道德和教育：规范哲学的考察》，彭正梅、张坤译，华东师范大学出版社2008年版，第10页。

③ 李宗桂：《文化批判与文化重构——中国文化出路探讨》，陕西人民出版社1992年版，第126页。

(二)引导党员群众有序参与

美国学者丹哈特认为,"公务人员所参与组织的公共组织与网络,如果能够通过基于尊重公民的合作过程与领导分享,则其更有可能获得成功"①。这正吻合了新时期服务型党组织建设的基本理念。从上城区的实践可以看到,其相关部门所创建的科技平台、组织架构和运行机制的最终指向就是引导广大党员和群众有序参与。事实上,服务型党组织建设,不论建设者初衷如何高尚,如果没有群众的参与,就意味着这种行动没有得到社会的认同,正如盖伊·彼得斯所说:"在这样的一个时代里,如果没有公众的积极参与,政府很难使其行动合法化。"②可见,建设服务型执政党绝不仅是党政干部的职责,它更是广大党员的任务,也是人民群众的责任。所以,在服务型政党的建设过程中,党组织必须充分尊重党员和人民群众的主体地位,并与他们积极互动。这正是丹哈特所倡导的"公共行政官员在其管理公共组织和执行政策时应该着重强调他们服务于公民和授权于公民的职责。换言之,将公民置于首位"③。若更进一步探究,"在一个具有积极公民权的世界里,公务员的角色发生了变化。公共行政官员将日益扮演的不仅仅是一种提供服务的角色——他们将扮演的是一种调解、中介甚或裁判的角色"④。解读这句话,在构建服务型党组织过程中,党政干部不应再以管理者的身份出现,他们本身也是参与者、协调者,与普通党员和人民群众共同组织了参与主体,而且这一主体的界定,既是服务主体,也是服务客体。党组织的任务就是要充分利用现有条件,丰富党员群众参与方式和拓宽他们的参与渠道,提高参与质量,从而形成组织建设与政治参与的良性互动。

(三)紧紧围绕"服务人民"的价值理念

张康之认为:"在公共管理中,控制关系日渐式微,代之而起的是一种日益生成的服务关系,管理主体是服务者,而管理客体是服务的接受者。"⑤这就是"新

① Robert B. Denhardt, Janet Vinzant: *The New Public Service: Serving Rather Than Steering*, *Public Administration Review*, Vol. 60, 2000, Issue 6: 549—559.

② [美]B. 盖伊·彼得斯:《政府未来的治理模式》,吴爱明、夏宏图译,中国人民大学出版社 2001 年版,第 59 页。

③ [美]珍妮特·V. 登哈特、罗伯特·B. 登哈特:《新公共服务:服务,而不是掌舵》,丁煌译,中国人民大学出版社 2004 年版,第 21 页。

④ 同上,第 81 页。

⑤ 张康之:《公共管理伦理学》,中国人民大学出版社 2003 年版,第 7 页。

公共服务理论”的核心。我们可以这样认为，公共组织如果能在保障组织成员权利的基础上通过合作的方式来进行组织管理，就一定能获得成功。因此，在服务型党组织建设过程中，党组织必须把主体的需要和价值放在决策和行动的首要位置上。对于执政党的组织而言，组织建设至关重要的是不断探索提升政党的政治效能和服务品质，而且，“这一努力必须百折不挠，即使面对众多批评，公职人员仍须怀有无私的奉献精神和勇气，不断地努力解决那些非个人或私人行为所能解决的问题。他们每个人仍须致力于集体决策，并确保这些决策能够反映人民的利益”[①]。这就表明，服务型政党建设终极关怀就是“服务”，党的建设过程中所采取的措施、实施的方法、搭建的平台、建立的组织都必须紧紧围绕这一核心价值。脱离这一核心，服务型党组织建设就会陷入技术主义的泥潭或杜克所说的“活动陷阱”。当然，服务型政党的根本理论就是以人为本，执政党需要做的就是“不负人民重托，积极回应并通过提供公共服务的方式满足公共需求，增进公共利益”[②]。表现在实践上，就是改变以往的组织本位，代之以党员本位和人民本位，树立人民至上的行政理念。

（四）对“人”的发展的终极关怀

在丹哈特看来，一个好的政治组织中，每个成员“都富有人情地对待他人，尊重人和人之间的差异并重视彼此之间的真诚正直”，而且这个组织“会培育合作和相互依赖的氛围，使所有的成员都认为他们彼此都相互需要”，这样组织中的每个成员都会有一种归属感和认同感，以及在这种情感上形成的相互负责的精神。[③] 以这样的理论来关照中国共产党的建设，那么服务型党组织建设必须把握“以人为本”的价值理念。即服务型党组织建设的最终追求就是通过党组织的服务，引进党员群众参与党的建设和社会建设，主动践行服务人民、服务社会的使命，从而在不断实践中提高党员群众的自身素养和综合素质，最终实现自身境界的升华，成为具有高度公共精神的社会个体。弗雷德里克森把这种“高度的公共精神”解释为“乐善好施”，他认为“乐善好施”就“意味着一种对公民的广泛的和问心无愧的热爱。它也意味着一种服务于更大的公共利益、公平地照顾公民的需要的承诺。有了乐善好施，公共行政便有了意义，我们所做的工作因此而显

---

① ［美］B.盖伊·彼得斯：《政府未来的治理模式》，吴爱明、夏宏图译，中国人民大学出版社 2013 年版，第 2 页。

② 李军鹏：《公共服务型政府》，北京大学出版社 2004 年版，第 30 页。

③ ［美］罗伯特·B.丹哈特：《公共组织理论》（第三版），项龙、刘俊生译，中国人民大学出版社 2003 年版，第 200 页。

得尊贵”[①]。哈贝马斯则把执政伦理上升到公共性上来论述，他认为“公共性始终都是我们政治制度的一个组织原则”[②]。执政伦理的“公共性”主要体现在执政党的行政过程中，即执掌国家权力只有以维护和实现人的需要和权益，以促进人的自由全面发展才真正具有价值合理性。结论就是：“高度职业素养”“高度公共精神”和“执政伦理的公共性”共同构筑起有责任担当、相互友爱与相互信任的政治氛围。而这种友爱互信的政治氛围将构筑起一个高度发达、高度文明的现代社会。

① [美]乔治·弗雷德里克森：《公共行政的精神》，张成福等译，中国人民大学出版社 2003 年版，第 204 页。

② [德]哈贝马斯：《公共领域的结构转型》，曹卫东等译，学林出版社 1999 年版，第 4 页。

论意识形态建设中的社会心态优化问题

严国红[①]

【摘　要】加强意识形态建设是弘扬中国精神、实现中华民族伟大复兴的重要举措，作为意识形态建设中的浅层领域，社会心态优化问题关系到社会主义意识形态建设的精神基础，因而显得尤为重要。在意识形态建设中，社会心态优化方面主要存在着多范畴社会治理过程中政府简单性管理存在不足、多元化社会中政府单向度话语权垄断功能在消减、文化的庸俗商品化进程中政府强力引导支配力弱化等“瓶颈”障碍。必须坚持实践性、时代性、科学系统性等原则，并采取种种方法与途径，加强意识形态建设中社会心态优化。

【关键词】中国精神；意识形态；社会心态；优化

“物质贫乏不是社会主义，精神空虚也不是社会主义。社会主义不仅要使人民物质生活丰富，而且要使人民精神生活充实。”[②]在当前，要实现中华民族的伟大复兴、实现“中国梦”，加强意识形态建设无疑是弘扬“中国精神”最重要的举措。作为意识形态建设中的浅层领域，社会心态优化问题关系到社会主义意识形态建设的精神基础，因而显得尤为重要。

从基础上讲，社会主义意识形态建设中的政治稳定环境需要良好的社会心态氛围作为保证。一方面，社会心态现代化有利于人们对中国共产党进行现代化建设过程中政治治理“合法性”的认同。另一方面，从社会个体的角度看，社会主义意识形态建设最终要在普通民众的日常生活中得到具体体现。“人就是人的世界，就是国家，社会”[③]，当普通民众的心态适应了社会主义意识形态建设，

---

① 严国红，中共浙江省委党校哲学教研部讲师。

② 中共中央文献研究室：《毛泽东邓小平江泽民论世界观人生观价值观》，人民出版社 1997 年版，第 602 页。

③ 中共中央马克思恩格斯列宁斯大林著作编译局：《马克思恩格斯选集》第 1 卷，人民出版社 1995 年版，第 1 页。

那么，普通民众就会对自身的政治、文化、经济、社会地位有相应的满足感，他们对社会就会产生高度认同感，他们与社会经济、文化、政治等的现代化的“心理上的距离”①就会缩小为零，他们的共产主义信念将会更加坚定，这对社会主义意识形态建设过程中的政治稳定将发挥着不可替代的作用。

从前提意义上讲，社会主义意识形态建设的包容能力需要良好的社会心态氛围作为前提。社会主义意识形态建设的重要目标是建设“诚信友爱”的社会主义，要实现各种社会关系的和谐。然而，在当前现代化建设中，社会阶层之间的差距已经凸显出来，“贫富分化，财富集中程度高；阶层结构的定型化倾向，各阶层的心理心态得到内部认同与固化；社会结构紧张从而使社会关系处于敏感状态”②。社会阶层矛盾的凸现，使得各阶层的社会心态冲突演变为人们现实关系的冲突，出现了群体与群体之间的矛盾关系。而社会心态优化能够增强人们相互的包容与信任，增加人们对于现实矛盾的容忍度，使人们可以以最大的宽容度去承受社会主义意识形态建设过程中出现的种种“不和谐”的社会现象，同时降低矛盾的激烈程度，并创造良好的心态氛围，使各种矛盾向着有利于和谐社会建设的方向发展。

由于社会心态优化问题与意识形态建设紧密相连，在加强社会主义意识形态建设过程中，我们党和政府十分重视培育健康社会心态，并根据形势的发展不断丰富其内涵，党的十七大报告中明确提出“注重人文关怀和心理疏导”，《国民经济和社会发展第十二个五年规划纲要》中也提出“弘扬科学精神，加强人文关怀，注重心理疏导，培育奋发进取、理性平和、开放包容的社会心态”。党的十八大进一步明确提出“注重人文关怀和心理疏导，培育自尊自信、理性平和、积极向上的社会心态”。这些重要文件，为我们在社会主义意识形态建设过程中科学认识和积极培育健康社会心态提供了重要的理论支撑，同时，也为我们优化社会心态氛围提供了重要的实践途径。

一、意识形态建设中社会心态优化的“瓶颈”障碍

在社会主义意识形态建设过程中，一方面党和政府必须旗帜鲜明地主张和实施正确的方针路线，发挥马克思主义指导思想的引领功能，确保马克思主义

① 乐国安：《中国社会心理学研究进展》，天津人民出版社2004年版，第154—155页。

② 李强：《当前我国社会分层结构变化的新趋势》，《江苏社会科学》2004年第6期。

意识形态的指导性地位，为社会心态的优化创造积极现实环境。另一方面，又必须积极有效地排除在社会心态优化过程中出现的种种障碍，尽可能消除产生不良社会心态的现实土壤。尽管党和政府不断加强社会心态的优化工作，但在当前的社会主义意识形态建设过程中，仍然存在着一些社会心态优化的“瓶颈”障碍。

(一)多范畴社会治理过程中政府简单性管理存在不足

从社会发展的视角看，当今社会正在朝着多范畴化的方向发展。所谓“范畴化”就是“将这个世界划分成界限明晰的领域”①。很明显，在社会生产力极大提高的情况下，社会范畴越来越多，人们同时从属的“社会范畴”较之以前社会多了很多，如在过去，一个人可以同时从属于“教师”“商品购买者”“羽毛球爱好者”这些社会范畴，而现在，这个人除了从属上述社会范畴之外，可能还会从属于更多的社会范畴，如“网民”等。也就是说，在多重社会范畴之中生活的人们的视野越来越宽泛，其产生的社会认同或排斥领域越来越多重化，进行社会行为时所依据的社会价值标准也越来越多元化，所折射出来的呈现在个人身上的社会心态也明显带有多重社会范畴的相关特征。更为关键的是，多重社会范畴化所带来的另一个影响是市民身份意识的模糊性，从而导致呈现在其身上的社会心态并没有明显的指向，只是一个抽象的、难以界定的“灰箱”。然而，我们可以发现，在这种多范畴的社会生活中，政府在进行意识形态建设的社会管理过程中，所采取的基础方式仍然是以传统的简单性社会范畴化为依据的。如仍然将普通民众划分为社区居民、村民、农民工等几种常规的大范畴，进行单一性的、简单的意识形态引导。这种社会管理模式在过去社会范畴并不多的社会现实生活中无疑具有巨大的实用价值，但是，它已经难以适应当今社会范畴越来越细化、越来越多样化的社会生活管理：一方面，这种简单范畴化的社会管理模式与民众的多重范畴化社会生活愿望存在严重冲突，无形之中增加了民众产生不良社会心态的可能性；另一方面，这种简单化社会管理模式适用的是有着明确身份定位的社会对象，而当今社会对象的社会身份定位具有模糊性的特征。因此，这种意识形态建设过程中的管理模式没有针对性，因而就失去了曾经具有的社会管理效果。

(二)多元化社会中政府单向度话语权垄断功能在消减

现代话语权实质是人的现实平等的潜在权利的表达，“话语是权力，人通过

---

① ［澳］迈克尔·A. 豪格、［英］多米尼克·阿布拉姆斯，《社会认同过程》，高明华译，中国人民大学出版社 2011 年版，第 90 页。

话语赋予自己权力"①。在先前的社会主义意识形态建设过程中,由于话语权的信息非对称性,导致民众长期被动习惯于政府的话语权环境,从而使得我国当前的话语权呈现为"政府积极垄断、民众被迫沉默"的"非均衡性"格局。在我国过去单一经济体制之下,社会阶层没有明显分化,民众利益不存在激烈冲突,这种强势政府话语权可以有效体现"全心全意为人民服务"的宗旨,再加之人民对我们党和政府高度信仰认同,在民众心中,政府的话语就是他们所需要的话语,因而不存在任何话语权的危机。然而,在多元化社会里,民众的利益已呈现多元化,阶层利益之间的博弈性冲突日趋激烈,各种利益主体必须有效表达自己的利益诉求才有可能真实实现自己的现实利益,而最大限度地行使自己的话语权无疑是最有效、最快捷的途径之一。"'话语'意味着一个社会团体依据某些成规将其意义传播于社会之中,以此确立其社会地位,并为其他团体所认识的过程。"②可见,在多元化的社会中进行意识形态建设,话语权也必须具有多元化的性质,应该是多向度的。在意识形态建设过程中,一方面,"社会精英的民主"思维正在迅速崛起;另一方面,"社会草根意识"的苏醒已成事实,"维权"之声不绝于耳。尽管政府拥有比民众更多的话语表达渠道和机制,其话语权仍然处于主导地位,但是其垄断功能正在减弱,民众话语表达"失语"已成过去。政府话语权垄断功能的减弱势必导致政府的引导功能的弱化,从而无法和先前一样以最佳的视角引导民众按照政府设想的方式去思维与行为,同时,民众的话语权表达可能与意识形态建设实践相悖,而政府无法发挥先前的强势引导功能,从而使得民众清晰意识到自身利益表达与现代化建设现实存在明显差别。这一事实的结果之一就是"社会焦虑"成为现代化建设过程困扰民众的普遍社会现象,导致人们丧失了积极的社会心态,降低了民众参与社会主义现代化的积极性。

(三)文化的庸俗商品化进程中政府强力引导支配力弱化

在社会主义意识形态建设过程中,加强文化建设是重中之重。从本质上看,文化的发展应该遵循相应的规律,然而,在意识形态建设过程中,文化的现代化进程呈现"非现代化"的特征。由于文化与一般的商品不同,它是民族存在的文明见证,因此,文化的现代化必须充分彰显文化本身所蕴含的价值,尤其需要凸现的是文化的"正义"性内涵。但是在现代化发展之路上,民众普遍认为"重要的是交换价值,而不是真实的价值"③,例如,在以"经济建设为中心"的氛围中,现

---

①② 王治河:《福柯》,湖南教育出版社 1999 年版,第 159 页。

③ [美]赫伯特·马尔库塞:《单向度的人》,刘继译,上海译文出版社 2006 年版,第 53 页。

代媒体的新闻报道在很大程度上优先考虑的是新闻的社会经济效益。为了获得最大的交换价值,现代媒体往往会弱化新闻本身内在的文化价值,这样就很难兼顾文化现代化发展过程中的“正义性”问题,而是将文化的现代化发展引导为简单等同于社会主义市场经济条件下一般物品的商品化过程,从而大大降低了文化本身的价值功能,导致缺乏必要内涵的“快餐文化”“娱乐文化”大行其道。更让人担忧的是,在商业利益的驱动下,大量不符合我国现代化建设需要的所谓“西方经典文化”经过种种以呈现其交换价值的方式而被盲目引入。在现代化建设过程中,正是这种带有方向性错误的文化的庸俗商品化过程引导民众出现了“急功近利”“普遍浮躁”“偏执怀疑”等不良社会心态。这些不良的社会心态又在很大程度上弱化了政府的强力引导力。

同时,“自媒体”时代的文化的庸俗商品化过程中,政府积极应付能力不足。“自媒体”的出现完全摆脱了传统信息传播渠道的束缚,突破了过去信息传播的时空边界,任何社会事件都有可能在瞬间成为民众的焦点,这无疑对现代化建设中的政府积极应对的能力提出了更高的要求:一方面,由于传播信息源的不确定性,民众关注的焦点问题已不能被政府事先良好掌控,民众可能会出现的舆论倾向也无法在处理过程中被政府判断准确,这就增加了政府做出准确应对的难度;另一方面,由于民众在传播信息过程中不遵循任何规则,而政府在回应过程中却必须遵守相应的规则程序,因而,从时效上看,政府对社会事件的回应具有“滞后性”的特征,使得民众对政府能力产生“质疑”“不信任”等不良社会心态。

二、意识形态建设中社会心态优化的基本原则

社会主义意识形态建设是一个动态过程,同样,社会心态优化也是一个动态的过程。在这一动态的过程中,我们首先应明确其基本的指导原则,为我们在加强社会主义意识形态建设实践中做好社会心态优化提供理论的指导方向。

(一)实践性原则

在马克思主义看来,实践是人们本质的存在方式,人们正是在实践的过程中创造了人类社会及其发展历史。“人的思维是否具有客观的真理性,这不是一个理论的问题,而是一个实践的问题。”[①]人们心态的产生、发展以及对心理内容的

---

① 中共中央马克思恩格斯列宁斯大林著作编译局:《马克思恩格斯选集》第1卷,人民出版社1995年版,第58页。

抽象表现等等都源自人们的实践活动，都是人们在认识和改造自然实践活动过程中的精神结晶，可以说，任何社会心态的产生、发展与沉积都是在具体的社会实践的基础上形成并不断丰富起来，并最终为人类的实践活动本身服务的。因此，社会心态优化也应该遵循一种实践性的原则，将社会心态优化当作一种培养人们对和谐社会深厚社会感情和坚定社会信仰的社会实践活动，而不能把其看作一种纯粹的心理安慰法。

社会实践是随着生产力的提高而不断深化的，社会心态优化要坚持实践性的原则，也就要求在加强社会主义意识形态建设过程中，我们要将社会心态优化看作一个发展、动态的过程，而决不能将它看作一个僵化、固定的静态模式。因此，我们要注意社会心态优化的阶段性，不能超越特定社会时期的社会心态发展的阶段性，一定要遵循社会心态的变化规律。

社会心态优化的实践性原则还要求我们在建设过程中，要做到现实针对性。在社会心态的产生、形成、发展过程中，不同的群体在相同的社会现实状况中，由于各种现实的原因，其社会心态状态也是有所差异的。同时，从社会整体上看，意识形态建设的不同阶段所需要解决的社会心态的现实问题也不一样。因此，在社会心态优化过程中，要在大量实践调查基础上，针对不同群体的不同社会心态状况，进行有针对性的引导，采取现实性的调控思路，将社会心态优化与现实社会环境改造有机结合起来，在改造现实生活环境的实践活动中建设和谐的社会心态。

（二）时代性原则

在社会心态优化过程中，应该将“继承传统”与“着眼当下”有机统一。新时期社会心态优化必须是与当前社会生活紧密相连的，是与改革开放、全面建设小康社会和大力推进中国特色社会主义建设这一现实目标紧密联系在一起的，因此，一定要把握时代性，以不断丰富社会心态优化的内涵。

社会心态优化必须坚持时代性的原因在于社会心态的产生与发展是由社会现实所决定的，当社会现实发生变化时，社会心态也将随之变化。社会心态也正是在人类历史的不断前进中不断丰富其内涵的。在社会主义意识形态建设过程中，社会心态只有不断发展变化，不断顺应社会主义市场经济发展的需要，不断增加时代性的内容，才能保持与社会主义意识形态建设相同的步伐，才能更好地为和谐社会建设服务。

当前，我国正处于社会改革转型期，在这场巨大的社会变革之中，社会各种现实状况会导致大量新观念的出现，特别是社会主义市场经济的蓬勃发展在极大程度上激发人们的生活热情,使他们产生新的精神风貌的同时,也会导致他们价值观念发生变化。而且,改革所产生的种种不公平现象也会给他们带来精神上的压力,导致他们的社会信仰出现变化。因此,社会主义意识形态建设必须体现时代性。同样,社会心态优化也应该紧跟时代的精神脉搏,让社会成员的内心直接感受到时代主流精神和主流价值观念的存在,并自觉以和谐社会的主流精神和主流价值观念引导自己认识和谐社会建设过程中的种种现象。

(三)科学系统性原则

社会主义意识形态建设既是一个开放的过程,又是一个科学的过程,同样,社会心态优化也应该是一个科学的过程。在优化过程中,要抛弃凭经验估算以及凭借政治权力压制的不科学做法,而要把社会心态优化置于科学体系的基础之上,充分加强科学技术在社会心态优化中的运用,加大基础性投入,加强对现实生活中社会心态的实证性研究,利用科学的分析方法测量与评价社会心态优化中各种现实影响因素的性质、影响程度等,并以此为基础建立合理的社会心态预警监控系统。同时,将民众的社会心态反映纳入政策实施效果的参考指标体系之中,以科学的态度高度重视社会主义意识形态建设中的社会心态优化问题。

在马克思主义看来,社会是“一切关系在其中同时存在而又互相依存的社会机体”[①]。因此,应该把人类社会“当作一个十分复杂并充满矛盾但毕竟是有规律的统一过程来研究”[②]。社会心态是这一有机系统的重要组成部分,因此,在社会心态优化过程中,我们要从系统的角度来着手,不仅仅要平衡和协调社会心态系统内部之间的关系,而且要注重社会心态这一系统与社会主义意识形态建设其他系统之间的相互作用和相互影响,综合采取各种措施,促进社会心态优化。

三、意识形态建设中社会心态优化的方法与途径

在社会心态优化实践过程中,我们应当在坚持实践性、开放性、时代性、科学系统性等原则的前提下,以解决当前社会主义意识形态建设过程中出现的现实的问题为出发点,群策群力,多管齐下,从多种维度进行社会心态优化。

---

① 中共中央马克思恩格斯列宁斯大林著作编译局:《马克思恩格斯选集》第1卷,人民出版社1995年版,第143页。

② 中共中央马克思恩格斯列宁斯大林著作编译局:《列宁选集》第2卷,人民出版社1995年版,第586页。

(一)建立多层次的社会心态疏导机制

在当前的社会转型时期,“社会焦虑成为一种普遍的现象困扰着人们,使得人们丧失了宁静的心境及应对社会变化的从容心态,缺乏从长计议的理性安排,失去踏实作风,导致急功近利的行为倾向”①。如果这些社会焦虑情绪不能得到很好的释放,就可能会不断凝聚,从而使人们产生对抗情绪,最终危害到社会主义意识形态建设。而建立多层次社会心态疏导机制可以有效消除现实社会中的社会心态障碍,增强人们的心理承受能力,引导人们的社会心态达到和谐的理想状态。

一是完善“社会安全阀”机制。“社会安全阀”最早由美国社会冲突学派的刘易斯·科塞在阐释齐美尔的社会冲突理论过程中提出来的。他认为,社会个体在进行情感宣泄的时候,“积累起来的敌意和进攻性情绪不仅可以向敌意的原初对象发泄,也可以向替代目标发泄”②。而社会安全阀“为敌意的转移提供了一个替代物,从而那里的冲突本身也被引离了最初的不能令人满意的关系”③。作为“社会成员之间敌意发泄的直接出口”④的社会安全阀的主要功能是“使敌意转向替代目标,或说是起发泄释放的通道的作用”⑤。而我们所说的完善“社会安全阀”机制就是要使“社会安全阀”为社会成员宣泄情感、寻求心理和谐提供合法化的渠道。

因此,要建立通畅的民意表达与民意监测体系。民意表达机制不畅通,意味着人们的利益诉求不能得到较好的表达,日积月累,在社会上就会形成一种压抑、不满的社会心态氛围,如果不及时进行疏导,就可能引发社会的群体性事件。因此,要加强各种民意表达沟通渠道的建设,如信访制度、投诉举报制度、政务公开制度、民意调查制度等,使人们的利益诉求得到多维度的表达,体现社会对他们的尊重,从而缓解他们不良的社会情绪,同时,充分发挥媒体的宣传功能,做好舆论引导。社会舆论对和谐的社会心态的建设具有重大意义,正如江泽民同志所说:“舆论导向正确,人心凝聚,精神振奋;舆论导向失误,后果严重。”⑥要充分利用好社会媒体,做好重大事件、重大社会现象、重大理论、重大方针政策的报道

---

① 王旭丽:《社会个体心理和谐的影响因素及其塑造》,《南都学坛》2008 年第 1 期。

② [美]L. 科塞:《社会冲突的功能》,孙立平译,华夏出版社 1989 年版,第 25 页。

③ 同上,第 138—139 页。

④ 同上,第 26—27 页。

⑤ 同上,第 26 页。

⑥ 江泽民:《论党的建设》,中央文献出版社 2001 年版,第 131 页。

与解释工作，有效解答人们心中的困惑，营造一种与和谐社会建设相一致的社会心态的氛围。

二是加强社会心态危机干预系统的建设。其首要任务是建立社会心态危机的预警体系。一方面，要建立社会心态调查数据库，采用各种方式定期大范围地进行社会心态的监测，及时收集成员心理状态的有关信息，加强有关民众信心指数、满意程度等有关民生指数的监测，科学地分析带有群体性倾向的社会动向，并及时公布相关数据，全面深入分析当前影响社会心态变化的现实因素，研究引发社会群体性事件的社会心态的临界值范围，并在此基础上建立社会心态危机的早期预警系统；另一方面，由于在社会生活中所处的弱势地位，有些特定阶层容易产生社会心态问题，因此，应该对容易产生心理问题的人群进行准确划分，如弱势群体、大学毕业生、青少年、老年人等，并进行重点跟踪与监测，有针对性和指导性地及时解决他们在现实生活中出现的种种社会心态问题。

(二)加强现代健康人格的塑造

尽管有关人格要素的学理分析还没有统一的认识，但是，健康的人格“是一种复杂的、具有多方面和多种特征的综合体”[①]已成为共识。现代健康人格的塑造必须与人的发展联系在一起。在马克思、恩格斯看来，人的发展与环境的关系十分紧密：一方面，人是环境的产物；另一方面，“环境正是由人来改变的”[②]。正因为如此，他们把健康人格的塑造与人生存的社会环境紧密联系起来。在资本主义社会里，由于人生存的社会环境极为恶劣，“活动着的个人却没有独立性和个性”[③]，要想在资本主义社会建设健康人格，唯一的途径便是“消灭资产者的个性、独立性和自由”[④]。作为共产主义的初级阶段，我国的社会主义为现代健康人格的塑造提供了现实的社会环境。从社会的角度看，尽管我们的社会主义为现代健康人格的塑造提供了制度保证，但是在和谐社会的建设过程中，我们仍应当加强和谐社会环境的建设，尤其是公平正义的社会环境的建设。“只有切实维护和实现社会公平和正义，人们的心情才能舒畅，各方面的社会关系才能协调，人们的积极性、主动性、创造性才能充分发挥出来。”[⑤]

---

① 殷陆君编译：《人的现代化》，四川人民出版社 1985 年版，第 285 页。

② 中共中央马克思恩格斯列宁斯大林著作编译局：《马克思恩格斯选集》第 1 卷，人民出版社 1995 年版，第 59 页。

③④ 同上，第 287 页。

⑤ 胡锦涛：《深刻认识构建社会主义和谐社会的重大意义——在省部级主要领导干部提高构建社会主义和谐社会能力专题研讨班上的讲话》，《人民日报》2005 年 2 月 20 日。

另一方面，要让社会民众积极参与和谐社会的生产实践，在建设的过程中大力发展社会生产力。爱因斯坦曾说过："人格绝不是靠所听到的和所说出的言语，而是靠劳动和行动形成的。"[①]当人们以积极上进的心理状态进行社会主义建设实践时，只有在正确理论的指导下，才能有正确的社会认知能力，才能有正确的大局观念，才能正确处理好彼此之间的社会关系，现代健康的人格才有可能真正形成。同时，只有人们大力进行社会实践，社会生产力才能极大发展，社会的各项制度才能更加完善，社会财富这块"大蛋糕"才会得到公平的分配，民众的贫富差距问题才有可能得到彻底的解决，人们的现代健康人格才有实现的可能，和谐的社会心态才有可能变为现实。

(三)大力发展先进文化，积极进行有中国特色的社会主义文化创新

从作用机理上看，社会心态是一种文化观念的反映，也就是说，社会心态深受文化的影响。在社会转型期，随着社会开放力度的加大，传统文化与外来文化的碰撞已成为社会上的一种文化融合现象，不同的文化价值观将会导致人们的心理状态的冲突，并最终对社会心态产生影响。当前社会信仰之所以出现危机，很大程度上是由于缺乏与和谐社会建设相适应的先进文化，没有人们自觉乐意接受的主导性文化，使人们在文化认同上出现了迷失，从而导致心理的失衡，社会风气出现低落。一句话，当前社会信仰出现危机最主要的原因在于社会主体的文化意识存在缺失。

因此，要消除社会信仰危机，为和谐的社会心态的建设创造良好的文化氛围，一方面必须大力发展先进文化，坚持有中国特色的社会主义文化的主导性地位，增加社会主体的文化自觉意识。"文化自觉，意思是生活在既定文化中的人对其文化有'自知之明'，明白它的来历、形成过程、所具有的特色和它发展的趋向。自知之明是为了加强文化转型的自主能力，取得决定适应新环境、新时代文化选择的自主地位。"[②]在当前中外文化交织的情况下，必须积极继承和弘扬我国民族的优秀传统文化，加强我国民族传统文化的理论研究，通过开展各种优秀的传统文化活动来建设先进文化，"在当代中国，发展先进文化，就是发展有中国特色社会主义的文化，就是建设社会主义精神文明"[③]。通过发展有中国特色社

---

① [美]爱因斯坦：《爱因斯坦文集》第3卷，许良英等译，商务印书馆1979年版，第143页。

② 费孝通：《文化自觉 和而不同——在"二十一世纪人类的生存与发展国际人类学学术研讨会"上的演讲》，《民俗研究》2000年第3期。

③ 江泽民：《论"三个代表"》，中央文献出版社2001年版，第158页。

会主义的文化，大力培育民族精神，增强民族的凝聚力，增加民众的民族文化自豪感和文化建设责任感，增强民众的文化自觉意识，从而增强民众对当前和谐社会建设中的文化碰撞的心理承受能力，使人们对外来文化保持必要的“自知之明”，从而正确处理外来文化与传统优秀文化的关系，保持我们自身民族文化的主导性地位。

另一方面，坚持对外开放，积极吸取外来文化的养分，努力进行文化创新。任何民族文化只有在与其他民族的交往中才能获得符合时代的发展。中国特色社会主义文化只有不断吸取先进的文化成果，才能不断创新，才能始终保持其主导性地位，正如江泽民同志所说：“创新是一个民族的灵魂，是一个国家兴旺发达的不竭动力，也是一个政党永葆生机的源泉。”①在对待外来文化问题上，要坚决反对文化保守主义，要用马克思主义的辩证方法，积极吸取其他文化的合理成分，要“大胆吸收和借鉴人类社会创造的一切文明成果，吸收和借鉴当今世界各国包括资本主义发达国家的一切反映现代社会化生产规律的先进经营方式、管理方法”②。当然，在积极吸取外来文化先进成果的同时，必须旗帜鲜明地抵制各种错误的文化思潮对我国社会心态氛围的负面冲击，尤其是要坚决抵制那些打着“普世价值”旗号的所谓西方价值观念。

（四）加强社会主义核心价值体系建设，进一步巩固马克思主义的指导地位

社会信仰的危机也是社会价值观的危机，当社会出现价值观的混乱时，价值观的引导、激励与调节作用将无法发挥出来，从而导致人们的是非观念出现混淆，从而致使社会心态在这种价值冲突中受到巨大冲击。因此，必须加强社会主义核心价值体系建设，帮助民众建立科学的价值观体系，从而从根本上化解由于价值观的冲突而引起的消极的社会心态。

首先，必须加强思想政治教育，提高民众的社会主义思想政治素质。“思想政治素质是最重要的素质，不断增强学生和群众的爱国主义、集体主义、社会主义思想，是素质教育的灵魂。”③在社会主义意识形态建设实践过程中，将马克思主义的真理性、思想政治教育者人格的魅力、全方位的社会舆论导向和丰富多彩的教育形式有机结合起来，“切实把社会主义核心价值体系融入国民教育和精神

---

① 江泽民：《论“三个代表”》，中央文献出版社 2001 年版，第 46 页。

② 邓小平：《邓小平文选》第 3 卷，人民出版社 1993 年版，第 373 页。

③ 江泽民：《在第三次全国教育工作会议上的讲话》，《光明日报》1999 年 6 月 16 日。

文明建设全过程，转化为人民的自觉追求”[①]，使民众能自觉运用社会主义核心价值体系主导社会认知，从而培养爱国情感，树立正确的社会价值观。

其次，加强社会主义道德建设。在社会转型期，道德失范已成为社会发展中亟须解决的问题。享乐主义、拜金主义、贪污腐败、缺乏诚信、丧失职业道德等现象都存在于现实的社会之中，更令人担忧的是，一些民众对这些道德失范行为持“不以为耻，反以为荣”的社会心态倾向。因此，在加强社会主义核心价值体系建设的过程中，极有必要对目前的社会道德进行反思与总结，并有针对性地采取有效措施进行控制与规范：一方面，大力弘扬社会正义正气，加大对社会先进典型人物与事件的宣传力度，提倡艰苦奋斗、勤俭节约的优良传统，倡导诚实守信和公正廉洁，培育文明风尚，深入广泛开展社会公德、职业道德的教育，尤其是青少年的思想政治道德教育，倡导和谐的人际关系，大力弘扬爱国主义和集体主义，加大对社会主义荣辱观的宣传教育；另一方面，建立合理的社会道德奖惩机制。优化社会心态必须使人们的精神生活得到充实，而适当的物质奖励可以促进精神生活的充实，广泛的社会道德赏罚是对社会道德进行调控和评价的有效方式。通过强大的物质和精神鼓励的方式，向社会民众倡导正确的、积极的社会道德，从而在全社会形成良好的道德风尚，正如邓小平同志所说：“通过赏罚分明，在各条阵线上形成你追我赶、争当先进、奋发向上的风气。”[②]因此，应该在全社会范围内建立合理的社会道德奖惩机制，对“舍己救人”“见义勇为”“无私奉献”等道德行为要给予物质和精神上的奖励，对“损人利己”“好逸恶劳”等道德行为进行适当的物质和精神处罚。同时，将对这一道德奖惩机制的宣传纳入国民教育体系，以达到弘扬正义的社会道德的目的。

① 胡锦涛：《高举中国特色社会主义伟大旗帜 为夺取全面建设小康社会新胜利而奋斗——在中国共产党第十七次全国代表大会上的报告》，《人民日报》2007年10月25日。

② 邓小平：《邓小平文选》第2卷，人民出版社1994年版，第151—152页。

◆浙学·浙商专题研究

浙商文化的历史轨迹及其传承发展

周明宝[①]

【摘　要】古往今来，世界各地的商业竞争归根结底是商人的竞争，是商业文化的较量，是商业伦理价值观的博弈。浙江商业文化是农业文明与海洋文明的有机组合，开放前沿赋予了浙江人经商贸易的天然土壤，重商崇儒、工商皆本的思想观念不断激活民间商业行为。在各种商贸实践中，浙江商人逐步由散而群，由竞而合，在历史上形成了若干区域性商业帮群，成为推动浙江区域经济发展的基本力量，缔造了浙商创富传奇和浙江经济奇迹。面对全球金融危机的“倒逼”考验，当前，浙江经济进入经济田径场上的“弯道”区间，迎来了转型升级的调整时期，网络经济和以文化附加值提升为目标的文创产业在浙江蓬勃发展，新经济特征显山露水，浙江商业文明在传承中有机发展。

【关键词】浙江商帮；创业创新；重商崇儒；商业文明；代际传承；文化创意

中国历史上长期处于农耕社会，近代才系统地进入商业社会，但是民间的商业实践却年代久远。中国商人在历史上还形成了“商帮”这种特殊的经济形态。

---

① 周明宝，硕士，现为浙江外国语学院欧亚语言文化学院党总支副书记、浙江省青年研究会理事，主要研究方向为社会学、思想政治教育。

这种以地域为中心，以血缘、乡谊为纽带，以“相亲相助”为宗旨，以会馆、公所为其在异乡的联络、计议之所的一种既“亲密”又松散的自发形成的商人群体，形成了组织化的社会力量，有力地扩大了商人群体在当时经济社会发展中的声望和影响。在今天，“商人”进一步泛化为个体以自己名义专业从事商品交易或商业活动的人，各区域性商帮也历经着兴衰更替。在市场经济中勇立潮头的商人群体已发展成为推动社会经济发展的中坚力量。

一、传奇创富的浙商群像

浙江省地处中国东南沿海长江三角洲南翼，背山靠海，内陆与海洋的相互交融，使得浙江人既有勤劳朴实的农耕特性，又有开放创新的海洋特性。“东南形胜，三吴都会，钱塘自古繁华。烟柳画桥，风帘翠幕，参差十万人家……”北宋柳永的词作生动描绘了江南城市的繁华。历史上浙江是河姆渡文化的发祥之地、春秋时期的吴越争霸之地、明清以来的江南鱼米之乡、新中国改革开放的市场经济先行之区，一代代勤劳智慧的浙江人延续着繁荣富裕的梦想，创造出各个时期的商业传奇。

(一)由散而群，浙江商帮享誉四方

浙江商贾风尚源远流长。据《史记》记载，战国时期越国的名臣范蠡就是中国最早的大商人之一。在封建社会历代王朝里，浙江商人一直是商品贸易的活跃群体。近代以来，浙江人身处中西汇通前沿，得风气之先。开放前沿赋予了浙江人经商贸易的天然土壤，农商并举、工商皆本的思想观念不断激活民间商业行为。

在各种商贸实践中，浙江商人逐步由散而群，由竞而合，在历史上形成了三大商帮——宁波商帮、龙游商帮、南浔丝商竞风流的格局。[①] 宁波商帮以“无宁不成市”与“稳健大气”著称，龙游商帮以“无远弗届，遍地龙游”与“诚信经营”知名，南浔丝商以“四象八牛七十二金黄狗”[②]与“贾而好儒”称绝。若干区域性商

① 韩永学：《浙江历史上的主要商帮及其经营思想研究》，《绥化学院学报》2009年第1期，第55页。

② 晚清时期，由于湖州南浔盛产一种叫“辑里丝”的优质生丝，畅销全世界，一批南浔人从“辑里丝”开始发家，当时南浔百姓把资产超过1000万两白银的富商称作“象”，超过500万两的称作“牛”，超过100万两的称作“金黄狗”，如果把这些人的资产加起来，可以超过当年全国的财政收入，故有“四象八牛七十二金黄狗”之说。

业帮群成为推动浙江区域经济发展的基本力量,缔造了浙江经济发展和商业文明的历史成就。

(二)创业创新,当代浙商缔造传奇

改革开放以来,地处沿海的浙江商人,勇立潮头,大力发展民营经济,一跃成为中国经济高速发展的生力军。他们“八仙过海,各显神通”,将家庭作坊发展为现代私营企业,在多样化的经营中派生出各具特色的现代产业集群和专业市场,在块状经济的有机发展中衍生出特色鲜明的产业带和都市圈。

一代勤劳人,画出浙商脸谱;两只万能手,垒起半壁江山。当下,民营经济在我国经济结构中“三分天下有其一”,而浙江是民营经济“大本营”,当代浙商是民营企业的集合。浙江民营经济占全省 GDP 的 70%以上。以民营经济见长的浙商的崛起,改变了中国的经济版图;600 万省外浙商在中国乃至全球各地创业;在国内外林立的浙商分会,成为那些远离故土、异乡创业的各地浙商的娘家。当代浙商群像,形成了一种独特的经济和人文现象。在历年的全国民营企业 500 强、福布斯财富排行榜以及各类慈善纳税榜中,浙商以及他们领导的企业都稳居全国前列,当代浙商的创富能力使其赢得了“中国第一商帮”的美誉,“鱼米之乡”的浙江是名副其实的“老板之乡”。

(三)企业实践,“四千”精神成就灵魂

改革开放的阳光雨露,全面激活了浙商的“文化基因”,在丰富的商业实践中,当代浙商内在自成了富有区域文化特质的群体特征。义乌货郎担挑出“世界超市”、包天包地温州人、长袖善舞新甬商……凭借着“走遍千山万水,讲遍千言万语,想尽千方百计,吃尽千辛万苦”的“四千”精神,当代浙商以勇气、智慧、汗水和担当,创造了一个又一个传奇的“浙江现象”,这种现象成为“自强不息、坚韧不拔、勇于创新、讲求实效”的浙江精神和“务实、守信、崇学、向善”为内涵的当代浙江人共同价值观的鲜活写照。当前,金融危机考验着全球经济,浙江经济进入转型升级的关键时期。浙商审时度势,千方百计提升品牌、千方百计保持市场、千方百计自主创新、千方百计改善管理,以“新四千精神”引领着企业发展,为建设“物质富裕、精神富有”的现代化浙江注入强劲动力。

二、重商崇儒的浙商文化

浙江工商业的长久繁荣并不是无源之水、无本之木。一代又一代在崇文重

教、重商崇儒环境下成长的“浙商”是支撑浙江经济发展奇迹的有生力量。“浙商”不仅仅是一个商业现象，更是一个文化现象。文以载道，化为天下，“文化基因”注入经济理念，造就了历史上浙江商帮的传奇故事；“义利兼顾”的“事功”文化观，也伴随着一代又一代浙商群体的商业实践，派生出耦合于市场经济时代的商业文明，重商崇儒成为浙商创富的文化力量。

(一)传奇商圣的经商法则

在中国古代茫茫商海，浙江出现了许多商人典范。其中最著名的就是被称为商圣的范蠡和胡雪岩。陶朱公范蠡，一生不仅做到了“君子生财，取之有道”，更有一股侠商的气概，重商而不耻言利的陶朱遗风启蒙了浙商的商业实践；胡雪岩坚持义利相统一，一生诚信经营，坚持把道义放中间，利益摆两旁。由此，他们都成为被千古称颂的君子商人。如今，这种商道品质，汇流于中国传统优秀文化的精髓，代代传承，历久弥新，惠泽万民。

(二)扶商的儒脉和崇儒的商贾

源远流长的儒家文化滋养着浙江商人。历史上，浙江基本上远离中央集权的政治中心，同时有着海洋文明与农耕文明的双重性，浙江文化由此有着开放性和包容性的区域特色。浙江人把儒家思想与商业文化融合起来，形成了崇文重教、崇尚儒学、重商亲商的传统，使浙江成为儒商摇篮。浙江的思想先驱们又立足浙江生活实际，逐渐提炼并自成了一种学术精神——浙学精神——求实、批判、兼容、创新。在北宋时期，这些价值观念与“儒学思想”交汇，产生了“新儒学思想运动”，这一思想在浙江中、东部一带传承过程中，形成了一股具有鲜明反经学与理学倾向的革新思潮。南宋以后兴起于浙东的事功学派（包括以陈亮为代表的永康学派，以吕祖谦为代表的金华学派和以薛季宣、陈傅良、叶适为代表的永嘉学派）就是浙江重商文化的代表。他们崇尚并传播“通商惠工”“义利并存”的“事功”文化价值观。

商帮文化承载了悠久深厚的浙江商业文化精髓。在浙江这块土地上，从范蠡的“散财济民”、王充的“实事疾妄”到陈亮的“义利双行”，从叶适的“崇义养利”“以利合义”到黄宗羲的“工商皆本”，从经商致用的“永嘉文化”到胡庆余堂承续百年的“戒欺”祖训，再到蔡元培的“兼容并包”，无不展示了浙江深厚的崇儒商业文化底蕴。在今天市场经济的大舞台中，浙商与浙东事功学说的精神文化一脉相承，把自己打造成集经济人的理性计算、社会人的责任反哺、文化人的人本观照于一体的强大现代商业群体。冯根生与正大青春宝国药传统坚守、鲁冠球与万向国际化思维、马云与阿里巴巴电子商务理念、宋卫平与绿城房产文化细节和气质……当代浙商将儒家思想学说融入企业经营管理,经济文明与儒家文化的融合发展,使浙商发展成有口皆碑的品质浙商。

(三)慈善反哺与企业发展的社会责任

早在2000多年前,孟子就提出了"穷则独善其身,达者兼济天下"的主张,这是儒家学派对做人道理的生动阐释。在浙江商业文脉发展史中,浙商参与慈善等公益活动由来已久;在浙商的创富传奇中,浸染儒商文脉的他们一直践行着义利并行、乐善好施的善良本性。慈善是浙商承担企业社会责任的原始方式。研究者徐忠友认为,浙商参与慈善等公益活动由来已久,他们自古就有守信济贫的优良传统①,如宁波商帮有着近百年的诚信经营传统,他们以"宁可做蚀,弗可做绝""诚招天下客,信誉值千金"等经营格言,长期建立了可靠的商业信誉和信用制度,使宁波商帮的盛誉名闻海内外。

近代中国,浙江商帮充分实践对国家和民族的积极情怀,纷纷创办民族企业,进行实业报国,推进了民族工商业的发展。告别特殊年代,新中国成立以来,浙商秉承中国传统儒商精神,坚持"义行天下"的社会意识和社会责任感,以实际行动支持公益事业,回报社会。宁波商帮中的影视巨子邵逸夫是浙商群体中乐善好施的杰出代表。他于1973年在香港设立"邵氏基金会",30多年来,在内地不遗余力地兴办教育、卫生和文化事业,造福中华儿女。

浙江经济是民办、民营、民有、民享的民本经济,浸染儒商文脉的浙商一直践行着义利并行、乐善好施的善良本性。融入市场经济的现代浙商在企业经营实践中,更加注重实现自我价值和社会责任的和谐统一。时下,绿色生产、品牌认证、社会责任……这些体现企业社会责任的行为成为浙商致富思源、富而思进的社会价值观,从功利到公利、从"浙商"到"责商",近年来,浙商平衡着财富积累和责任担当的关系,成为社会慈善的主力军。在胡润慈善榜中,浙商始终处于第一爱心方阵。浙商的慈善表现如同浙商崛起的扎堆现象,"责商"群体的慈善行为激发和带动着整个社会商人道德情操的提升。在2007年浙商大会上,3000多名浙商郑重地在《浙商社会责任倡议书》上签字,共同做出五大承诺:改革创新,做强做大;关爱员工,诚信守法;环境友好,节约资源;扶贫济困,热心慈善;修身立业,传承文明。

---

① 徐忠友:《浙商在社会责任面前勇挑重担》,《中华工商时报》2010年10月27日。

三、商业文明推陈出新

浙江商业文化是农业文明与海洋文明的有机组合，当代浙商立足于以血缘为纽带的熟人社会，以家族、村落、乡镇为载体，扩张生发出新的现代商业形态。改革开放30多年，浙江以一个自然资源匮乏的小省一跃成为GDP排名全国第四位的经济大省和强省；崛起于改革开放社会生态中的当代浙商，发端于草根，燎原于市场，做强于民企，闯荡于天下，推动着商业文化的现代化。基于灵活的创业机制，和谐的创业氛围，浙江大地创业风潮迭起。短短几十年，以吉利集团为代表的浙江民企便跻身世界500强，成为全球资本市场里耀眼的新兴企业明星。

20世纪90年代中期，新技术革命引起了经济增长方式、经济结构以及经济运行规则的变化，在经济全球化背景下，世界经济进入信息技术(IT)革命以及由信息技术革命带动的、以高新科技产业为龙头的新经济时代。技术的进步意味着经济边界的扩展，"浙江制造"引人注目，"浙江创造"任重道远。面对全球金融危机的"倒逼"考验，浙江经济进入经济田径场上的"弯道"区间，迎来了转型升级的调整时期。如何推动浙江商业文化向现代商业文化蜕变与演化，已经是一个不容阻挡的历史趋势。

"浙江模式"的转型升级，其背后是同质竞争，比较粗放的"小狗经济"如何发展为"大象经济"，块状经济如何向现代产业集群提升，单纯外贸模式如何向企业产业新模式转变，如何进一步推进城乡一体化和公共资源均等化。在这一转型发展过程中，浙江许多企业从承包走向研发，从贴牌走向自主创新，从单纯制造走向发展生产服务业；浙商越来越重视技术更新、品牌发展、产权保护、标准化认证和管理创新。整装雄起，浙商再出发，以前所未有的勇气和智慧，抢滩新经济时代的"蓝海"。

(一)浙商进入代际传承新时期

文化是泥土，什么样的土壤生长出什么样的植物。浙江商人汲取儒家思想精华，注重以礼修身，崇文重教，诗礼传家，将儒家经典及其道德规范运用在商业实践中，世代相传，直到现代市场社会。

创业创新之路，引领着浙江成为民营经济大省，在市场社会，曾经的一个个小作坊变成了大型企业。伴随着企业做大做强，草根创业的第一代浙商迎来向

"富二代"传承家业的高峰期。浙江民企大多为家族企业，目前，这些企业处于两代人财富、权力的交接过程，而如何做好企业传承与转型，成为浙商群体能否可持续发展的重要基础。根据麦肯锡一项关于家族企业的研究结果表明：全球范围内，家族企业的平均寿命只有24年，只有30％的家族企业可以传到第二代，能传到第三代的企业不足总量的13％，而只有5％的企业在三代继续生存。浙江民营企业面临着代际传承的历史性考验。

子承父业，是创业者绕不过的坎。调查发现，在培养方式上，浙江的企业家较多选择让自己的子女接受国外的教育，有70％的浙商表示已经送子女出国或者有此计划，而且出国的年龄越来越低。浙商们往往希望选择精英教育的方式来培养自己的子女。在他们的意识中，似乎只有国外的教育才更适合培养出新一代能力超群的浙商来。这些企业老总子女在国外学的大多是与本企业经营业务相关的专业知识和管理知识。更重要的是，他们在国外多方面地吸收了先进商务理念和管理模式。在传承方式上，"子承父业""财不外流"是中国人的传统。在调查中，88％的老浙商选择让自己的子女接手辛苦创立的事业；只有6％的人愿意请职业经理人来管理，让子女继承财富，把经营权出让；另有6％选择在亲戚中挑选接班人。①

时下，家族企业接班人的培育已经成为关系到家族企业能否可持续发展的关键问题。对于接班，在分析浙江民企的现状后，浙江大学城市学院家族企业研究所所长陈凌教授提出了"子承父业"的四种模式：一是子女在父亲的指导下，从企业的底层或者中层做起，达到一定积累后，接手父亲的事业；二是子女根据新的经济形式和自身能力，在父亲的财力资助下，创办新企业；三是集体接班性质的，多个有能力的后代同时接手子公司，各掌一方，最后由市场来选择；四是子女继承了父亲的财富，但企业经营权交给职业经理人，这种属于"托孤式"。经济学家钟朋荣认为，要管理好本家族的企业，得采取"传、帮、带"的方式，要和师傅带徒弟一样。子承父业是民营企业家族企业中的一个重要的优势，也是一种重要的激励机制。②笔者认为，浙江企业传承的本质不是简单的财富与资产交接，而是通过创业精神、核心价值观和优秀商道的传承发展；要加快建设现代企业制度，推动新生代企业家在岗位历练中由"富二代"成为"创二代"。

传统商业文化向现代商业文化的蜕变与演化，已经是一个不容阻挡的历史

---

①② 陈聿敏：《薪火相传，浙商新命题》，http://zjnews.zjol.com.cn/05zjnews/system/2005/01/07/004137735.shtml。

趋势。浙江民营企业能否顺利传承，关键是新生代企业家的素质和能力。当前，要加大新生代企业家培养力度，努力引导和培养他们成为“政治上有方向，经营上有本事，责任上有担当，文化上有内涵”的新生代企业家，让草根一代开创的浙商文化基因薪火相传，血脉延续，推动浙江民企财富大厦基业长青。

(二)网络新贵掀起消费革命

浙商文化的与时俱进，其最大的一个表现就是他们对现代信息的渴求。生活在信息流中的新浙商开始积极探索创新，走产业化、信息化、国际化、现代化的道路。表现在浙商文化的影响上，信息产业的发展促成了众多想象力的产生，促进了“后浙商文化”时代的产生。最明显的就是“生活在信息流中的新浙商”的价值观与生活方式的变化。比如，浙江作为全国第二的通信大省，浙江近 30 万的中小企业，其中就有 5 万多的企业建立了自己的网站，如中国化工网、中国纺织网、中国金蚕网、各种网上农业博览会等，其中仅嘉兴的中国金蚕网通过网上成交的有 200 多个亿。如此高的交流沟通频度展示出新浙商的新变迁和活力。从农业文明、草根阶层中崛起的跑单帮，开始成为日理万“讯”、运筹帷幄的现代化职业经理人。[①]

随着网络时代的到来和知识经济的兴起，不仅在商业和制造业浙商继续执牛耳，在前沿的 IT 领域也涌现了许许多多的知名企业和知名人物。如阿里巴巴的马云，网易的丁磊，盛大的陈天桥，网盛的孙德良，分众传媒的江南春，金山的求伯君等。互联网使人们进入了数字化生存时代。反映在生活方式上，电子商务作为以商务活动为主体，以计算机网络为基础，以电子化方式为手段；在法律许可范围内所进行的商务活动过程，成为人们新兴的消费生活方式。

网络消费引领人们进入了“拇指文化”时代，其中以阿里巴巴为代表的网商的崛起功不可没。阿里巴巴是由马云在 1999 年一手创立的企业对企业的网上贸易市场平台。2003 年 5 月，投资 1 亿人民币建立淘宝网。2004 年 10 月，阿里巴巴投资成立支付宝公司，面向中国电子商务市场推出基于中介的安全交易服务。2012 年 2 月，阿里巴巴宣布，向旗下子公司上市公司提出私有化要约，回购价格为每股 13.5 港元。2012 年 5 月 21 日阿里巴巴与雅虎就股权回购一事签署最终协议，阿里巴巴用 71 亿美元回购 20%股权。2012 年 7 月 23 日，阿里巴巴宣布调整淘宝、一淘、天猫、聚划算、阿里国际业务、阿里小企业业务和阿里云

① 徐龙：《新浙商文化的内涵》，http://www.zj.xinhuanet.com/newscenter/2005-04/08/content_4025897.htm。

为七大事业群(号称“七剑下天山”),组成集团 CBBS 大市场。

自阿里巴巴于 1999 年成立以来,基于阿里巴巴价值观体系的强大的企业文化已成为阿里巴巴集团及其子公司的基石。他们在商业上的成功和快速增长以企业家精神和创新精神为基础,并且始终关注满足客户的需求。文化是阿里巴巴的 DNA。如今,阿里巴巴推出的电子商务深入千家万户,即使在互联网建设相对滞后的农村地区,也呈现蓬勃发展的态势。

(三)创意产业引领浙商“智造”

温家宝同志指出,一个国家,当文化表现出比物质和货币资本更强大力量的时候,当经济、产业和产品体现出文化品格的时候,这个国家的经济才能进入更高的发展阶段,才能具有可持续发展和持续创造财富的能力。① 由小生意起家的草根浙商,在传统制造业中积累了一定的原始资本后,开始把目光锁定在“创造”“智造”上。当前,以文化附加值提升为目标的文创产业在浙江蓬勃发展,新经济特征显山露水。

文化创意产业是指以知识产权的形成和应用为载体,将具有一定文化内涵的创意,通过科技的支撑作用和市场化运作可以被产业化的活动的总和。早在 1947 年,法兰克福学派首先使用“文化工业”的概念;1997 年,芬兰在“文化产业最终报告”中,将文化产业定义为“基于意义内容的生产活动”,强调内容生产,不再提工业标准,也称“内容产业”,包括建筑、艺术、书报刊、广电、摄影、音像制作及分销、游戏及康乐服务等;1997 年,英国制定创意产业政策,将创意产业界定为源自个别创意、技术及才干,通过知识产权的开拓及利用,有潜力创造财富和就业机会的活动;20 世纪 90 年代,美国人用“版权产业”来说明文化产业状况,将文化产业视为“可商品化的信息内容产品业”。在我国,国家统计局 2004 年第一次公布《文化及相关产业分类》,将其定义为“为社会公众提供文化、娱乐产品和服务的活动,以及与这些活动有关联的活动的集合”。它包含新闻、出版、广电和文化艺术等“核心层”,新兴文化产业如网络、娱乐、旅游、广告、会展等“外围层”,以及提供文化用品、设备生产、销售的“相关文化服务层”。②

一般认为,文化与经济生活不断融合,经历了五个发展阶段。第一阶段:和以农业为基础的经济相对应,是传统文化阶段。它是脱离大众的精英文化,文化艺术主要由少数人创作,同样由少数人收藏和观赏。艺术家们为贵族和皇家所

① 温家宝:《关于发展社会事业和改善民生的几个问题》,《求是》2010 年第 7 期。

② 张晓明、韩谨:《走向“创意”产业》,《出版参考》2005 年 2 月上、中旬合刊。

供养。第二阶段:和以工业为基础的经济相对应,是商业文化阶段。工业革命推动了城市化,并使大量城市下层居民产生文化需求,刺激了大规模复制与传播的现代传媒技术的发展。人类文明进入"商业文化"时代。第三阶段:和以服务业为基础的经济相对应,是文化产业阶段。涵盖了从电子媒介到互联网以前的发展阶段。19 世纪到 20 世纪,由于电报、电话、广播的发明,纸质媒介过渡到电子传媒,进入"大众文化"时代,并第一次具有工业化的生产形态,形成"文化工业"。第四阶段:和以知识性服务业为基础的经济相对应,是内容产业阶段。它从互联网出现开始,是信息社会第一阶段;20 世纪八九十年代以来,"数字化信息技术革命"使复制与传播技术登峰造极,并实现了所有传媒手段技术基础的统一。其最显著特征是:传媒汇流使传媒手段过剩,内容不足。因而使文化产业升级为内容产业。第五阶段:和以艺术、文化知识服务业为基础的经济相对应,是创意产业阶段。这是信息社会第二阶段。① 在当前网络信息社会和读图消费时代,米老鼠和唐老鸭、Hello Kitty、喜羊羊等诸多文化符号证明,一个文化产品在充分传播并成为大众文化偶像之后,它就有着长久的延伸消费功能、广阔的消费空间和可观的消费收益。

上述五个阶段几乎同时出现在浙江省内城乡的很多地方。浙江是制造业大省,又面临着资源约束日趋严峻的形势,这对浙江如何转变经济增长方式提出了现实要求。然而浙江文化底蕴深厚,文化名人辈出,这为浙商将传统产业和文化产业有机融合,推动浙商释放文化新能量,进而步入"思想浙商"的高级阶段奠定了良好的文化基础。2008 年 6 月召开的浙江省委工作会议提出了建设文化产业发展体系的任务,并且提出了"大力发展文化创意产业"的要求,明确在加快建设创新型省份和文化大省的进程中要把发展文化创意产业作为一项重大工作来抓。2012 年浙江省第十二次党代会报告中明确提出:"要把发展服务业作为新的经济增长点和结构调整的战略重点,尤其要大力发展金融、创意、信息、咨询、物流、旅游、会展、电子商务等现代服务业。"在政府的鼓励下,在企业的实践下,浙江文创产业正迎来百花齐放的黄金时期。

当前,浙商的创富传奇和商业文明演化进入以文创为导引的崭新时期。浙江省正按照《浙江省文化创意产业发展规划》的部署要求,推动文化创意产业成为带动产业结构转型的战略产业,加快新型城市化进程的重要引擎和推进文化大省建设的有效抓手,强力推进全省经济转型升级。

---

① 张晓明、韩谨:《走向"创意"产业》,《出版参考》2005 年 2 月上、中旬合刊。

◆研究生论坛

德性之冠:亚里士多德论“大度”①

柳孟盛②

【摘　要】何种生活通向幸福?亚里士多德在《尼各马可伦理学》第一卷中的答复是政治生活,而在第十卷的答复是沉思生活。对于这种矛盾表述,学界争论的关键在于政治生活是否必要。而解决这个问题的最佳路径无疑是审视政治的最高德性,即“大度”。本文第一部分将论述“大度”和其他德性构成的上升序列,并表明逻各斯的推动力量;第二部分将分析《后分析篇》97b16—24 列举的五位“大度”之人,进而呈现“大度”对血气的净化历程;第三部分将揭示努斯对幸福生活的决定作用,从而表明“大度”代表的最高政治生活也能通向幸福。

【关键词】亚里士多德;“大度”;政治生活;幸福;努斯

政治与哲学之争,是西方古典哲学的永恒论题。在希腊那个堪称“黄金时代”的岁月里,除了众所周知的哲学传统,政治传统亦是人生场上的大驰骋者。相较哲学而言,政治可谓希腊生活之正统,其代表人物有二类:一为建功立业的英雄者,如伯里克利;一为倡导政治的修辞家,如伊索克拉底。人降生于此世,不一定成为哲人,却必定

① 本文的写作得到中央高校基本科研业务费专项资金资助。

② 柳孟盛,浙江大学哲学系博士生。

具有政治的维度。就此而言,政治可称第一重传统,之后哲学才称第二重传统。不过,第二重传统发现了自然之境并且以此标榜自身,在某种程度上又反过来成了第一重传统的前传统。二者孰为根本的问题必然出现,在古代就已经争论不止。该问题在伦理学的语境中可表达为:通向幸福的道路是政治生活还是哲学生活?抑或是二者兼备的生活,甚至可以说"条条道路通罗马"?不同的人给出不同的表述和解答。就本文探究的亚里士多德而言,他在《尼各马可伦理学》[①]中的矛盾表述不可谓不醒目:第一卷开头直言政治实践关乎至善;第十卷结尾则说沉思生活最为幸福。学者们对于如何解决这里的"矛盾"众说纷纭,提出了各种思路,但是并未达到共识。本文将选取一个独特的视角:从亚里士多德的"大度"[②]德性入手,具体呈现亚里士多德对人生最高实现活动的设想,进而表明其兼具抽象与现实两种向度的幸福观。

一、"大度"的德性序列

亚里士多德在《尼各马可伦理学》开篇提出幸福论题之时,直言有三种候选生活:经济生活、政治生活、沉思生活(*NE* 1095b15—20)。接下来他便大谈经济生活和政治生活,而对于"第三种生活,即沉思的生活,我们将留到以后考察"[③],这一留便留到了全书的近结尾处。究竟何者通向幸福?经济生活首先遭到摒弃。但在选择政治生活还是哲学生活之际,亚里士多德似乎各有所向,立场很是暧昧。学界对此争论不休,意见各有不同。[④] 其实,要回答这个问题,亚里士多

---

① 即 *Nicomachean Ethics*,以下简称 *NE*。亚氏著作参见 *Aristotlis Opera*, Revised by Immanuelis Bekkeri, Apud Georgium Reimerum, 1831。英文译本参见 *The Complete Works of Aristotle*, Edited by Jonathan Barnes, Princeton University Press, 1991。中文译本参考《尼各马可伦理学》,廖申白译注,商务印书馆 2003 年版。

② 希腊原文为 μεγαλοψυχια,英译有 magnanimity,greatness of soul,high-mindedness,pride(W. D. Ross 的译法,因本文选用的英译本乃依据 Ross 的牛津本修订而成,特此说明),self-respect,dignity 等词,当前学术界常用者是 magnanimity 和 greatness of soul,意为灵魂宏大。严群先生将其译作"豪侠",包利民译为"恢弘胸襟",廖申白译为"大度",余纪元译为"大气"。鄙人私以为译作"大人气度"最为合适。但本文无意在翻译方面多费笔墨,因而仍采用普通读者最为熟悉的译法,即《尼各马可伦理学》中译本的"大度"译法。

③ [古希腊]亚里士多德:《尼各马可伦理学》,廖申白译注,商务印书馆 2003 年版,第 12 页。

④ 意见分两脉:一脉是承认亚氏的矛盾立场,更甚者直言第十卷第 6—8 章不属于原书计划,应该予以删除(参见 M. C. Nussbaum: *The Fragility of Goodness*, Cambridge University Press, 2001; J. Annas: *The Morality of Happiness*, Oxford University Press, 1993);一脉是表明亚氏的立场并无矛盾,其中两大主流是理智论(参见 Richard Kraut: *Aristolte on the Human Good*, Princeton University Press, 1991)和综合论(参见 J. M. Cooper, "Contemplation and Happiness: A Reconsideration", in Cooper: *Reason and Emotion*, Princeton University Press, 1999, pp. 212—236)。

德已经给出了线索。他认为幸福即德性，那么，最高的幸福一定在于最高的德性之中。哪个德性是亚里士多德的最高德性呢？大度。

让我们对“大度”德性展开讨论。

“大度”主要出现在《尼各马可伦理学》第四卷第三节。在亚里士多德的笔下，它堪称完美，可谓“德性之冠”(*NE* 1124a1)。我们先看亚里士多德的论述思路：(a)“大度”是“自视重要且配得上重要”；就人而言，“配得上重要”的外在衡量标准乃是荣誉，因此(b)“大度”的人关切荣誉；荣誉是对德性的奖赏，拥有德性最多的人才能获得最大的荣誉，而“大度”之人追求至高荣誉，可见(c)具备“大度”德性意味着要具备其他诸多德性(*NE* 1123a35—1123b30)。亚里士多德的逻辑很是清晰，但论述到了(c)，极易引出一个问题，即：“大度”是混合型的德性还是单一型的德性？打个比方来说，如果将德性序列视为一座拱门，“大度”是整座拱门还是单指拱顶？对于“大度”和其他德性的关系，亚里士多德的原话是“它使它们变得更伟大，而且又不能离开它们而存在”①。亚里士多德的意思似乎是“大度”德性的成立需要其他德性作为前提，但这并不表示“大度”本身包含了其他德性。“大度”虽和其他德性密切相关，但它仍是一种区别于其他德性而独立存在的具体德性。用我们的话说，“大度”既非拱门本身，亦非脱离基座的孤立拱顶，而是整扇拱门当中的高耸拱顶。

接下来我们就将考察“大度”所处的德性序列，继而呈现它和其他德性之间既分离又结合的关系。就第四卷第三节的直接描述而言，“大度”之人还同时拥有勇敢②和公正(*NE* 1123b30)、慷慨和友善(*NE* 1124b9—23)③以及诚实(*NE* 1124b28)等诸多德性。这些德性如何与大度形成具有内在关联的序列？在回答这个问题之前，我们先看下亚里士多德在讨论具体德性时所采用的对偶结构。罗斯曾批评亚里士多德“压根就没有逻辑地区分诸多情感或行为”④，这显然有失偏颇。亚里士多德并非随意地谈论这些德性。比如说，他曾解释过为何谈完勇敢之后就接着谈论节制：因为“勇敢和节制是灵魂的无逻各斯的部分的德性”⑤。所以，根据亚里士多德的论述顺序以及德性对应的灵魂结构和生活维度，本文得出以下表格。

---

① [古希腊]亚里士多德：《尼各马可伦理学》，廖申白译注，商务印书馆2003年版，第108页。

② 原文是“一个‘大度’的人不大可能在撤退时拼命奔跑”(*NE* 1123b30)。

③ 亚氏也没有直说大度之人慷慨友善。他的原话是“他乐于给人以好处”(*NE* 1124b9)，暗含慷慨友善之意。他在《欧台谟伦理学》中1232a19—38则明言“大度”之人与大方之人相像。

④ David Ross: *Aristotle*, Routledge, 1995, p. 211.

⑤ [古希腊]亚里士多德：《尼各马可伦理学》，廖申白译注，商务印书馆2003年版，第88页。

灵魂的无逻各斯部分的德性	勇敢	三卷六、七节	类似勇敢	三卷八节	隶属于政治生活
	节制	三卷十、十一节	放纵	三卷十二节	隶属于经济生活
无逻各斯部分的德性的上升	慷慨	四卷一节	大方	四卷二节	从经济出发
	“大度”	四卷三节	小荣誉方面的德性	四卷四节	从政治出发

毋庸置疑，这种对偶结构有助于我们更好地呈现“大度”的德性序列。“大度”与重大荣誉相关。在亚里士多德看来，若要获取荣誉，最根本的路径自然是践习德性，一方面呈现自身之好，另一方面造福城邦。而根据城邦所处环境的不同，最易获取荣誉的德性（暂且不论“大度”）也会有所变化：战争年代为勇敢，和平年代为大方。前者无需多言，当政治生活的中心转至战场之后，勇敢的人更容易建功立业。而在和平年代，大方之人对公益事业的投入最大，比如义务为合唱队提供设备，修建三层舰，举办公共宴会，等等。于是，我们便依据荣誉这个维度首先确立了“勇敢——大方——‘大度’”的德性序列。然而，荣誉自始至终都是外在的衡量标准。民众对此往往缺乏清醒的认识。他们看到荣誉常常落在拥有权力或财富的人身上，便认为财富使人“大度”（*NE* 1124a21—25）。在他们的认识中，“大度”德性被限定于经济层面。对于经济层面上的东西（欲望、享乐），亚里士多德虽不像他的老师柏拉图那样百般排斥，却也把它放在最低的位置。“大度”作为德性之冠，其内核自然不会停留在最低的经济层面。

并非说“大度”没有经济的维度。若从经济的角度看，我们又可确立“节制——慷慨——‘大度’”的德性序列。亚里士多德在论述“大度”的“自视重要且配得上重要”时，还谈及另外三种情况：自视重要却不配得重要（自负），自视不重要且不配得重要（节制），自视不重要却配得重要（谦卑）。在该划分当中，节制所处的境地一目了然：虽有逻各斯的指引，但它处理的对象并不重要；而且，即便处理得再成功，也无法获得重大的荣誉。第三卷第十、十一节的直接描述也可以看出，节制同肉体快乐相关（*NE* 1118a2），完全隶属于经济生活。慷慨和大方专指花钱方面的德性（前者的格局比后者小），乍看之下，也应隶属于经济生活。但慷慨和节制不同，它能够让它的践习者获得荣誉。荣誉意味着政治性。慷慨德性虽离不开经济要素，但其内涵却在政治要素。在经济层面上看，从节制到慷慨是个从收到放的过程。若视角离得远些，我们会注意到从经济层面到政治层面的某种上升意味。到了“大度”这里，就愈发地远离经济层面。财富看似重要，本质上却与“大度”没有多少关联。从节制到“大度”，就像从一个极端跃向另一个极端。

就上述分析来看，经济虽然可以帮助人们走向“大度”德性，却称不上是“大度”德性的必备维度。于是我们转向另一个德性序列，即“勇敢——‘大度’”。相比大方，勇敢更接近“大度”。“大度”之人在面对重大危险时，会不惜生命(*NE* 1124b8)。在他看来，荣誉代表的“好”(arete)[①]高于生存本身。这像极了在战场上冒着生命危险追求不朽声名的勇士。此外，“大度”之人言行坦白，他的真诚表现更让人联想到勇士，而不是多诈的逐利之徒。亚里士多德还在《政治学》中表示“大度”之人具有血气(thumos，吴寿彭译作“精神”)：“精神(热忱)这事物总是向外发展而且不可屈服……实际上，凡胸襟豁达、神智高爽的人，其性情必不致流于残暴——只是，对于罪行和恶人自当另眼相看。”[②]这一切都暗示“大度”和勇敢有着甚为密切的关系。

勇敢和“大度”皆超越血性。纯粹血性的人流于残暴，易受情感控制；而真正的勇敢出于高贵，出于逻各斯(*NE* 1117a7)。从类似勇敢的品质到勇敢，就是逻各斯升华血性的过程。因此，勇敢的人“在行动之前平静，在行动时精神振奋”[③]。“大度”的人亦是沉静稳重(*NE* 1125a13)。就升华血性而言，“大度”和勇敢并无二致。但升至顶点之后，“大度”似乎又呈现出完全不同于勇敢的某些特质。比如，他最后扬弃了荣誉，他再也不觉得有什么事物是了不起的了。简言之，他要走向自足。而这已经到了政治领域的边界，其中的内容远非勇敢所能论述。我们稍加注意，就会发现“勇敢——‘大度’”和“节制——慷慨”有着相似的运动取向。前者从政治层面往上升，后者从经济层面往上升。这些上升序列虽然在很大程度上暗示了“大度”和其他德性之间的内在关联，但同时又表明了“大度”对这些德性的全面超越。“大度”一方面与它们结合，另一方面又与它们分离。作为德性之冠，它代表了政治生活的最高峰值。然而，站在最高处往下看，一切都变得渺小。维系政治高贵性的诸多德性也极有可能受到轻视。换言之，“大度”之人潜在地威胁着政治生活的稳定性。为何政治生活的巅峰之作反而会威胁政治生活自身？或许黑格尔的辩证法就能一言以蔽之。但我们显然希冀更多。接下来我们将换个视角，从亚里士多德的具体案例入手，从而找寻当前部分未能发现的其他细节。

---

① arete最早专指武德，到后来才发展成通常意义上的“好”“优秀”或“德性”。若从语义学的角度讲，“好”和“勇敢”之间本就关系密切。参见 G. C. Field: *Plato and His Contemporaries*, Routledge, 2013, p. 104.

② [古希腊]亚里士多德：《政治学》，吴寿彭译，商务印书馆 2009 年版，第 368 页。

③ [古希腊]亚里士多德：《尼各马可伦理学》，廖申白译注，商务印书馆 2003 年版，第 81 页。

二、"大度"的具体案例

亚里士多德在《后分析篇》(*NE* 97b16—24)中列举了五位"大度"之人:阿喀琉斯(Achilles)、埃阿斯(Ajax)、阿尔喀比亚德(Alcibiades)、吕山德(Lysander)、苏格拉底(Socrates)。他将前三人放在一处,他们的特征是"无法忍受耻辱";后二人则另放一处,特征是"对好运和噩运皆漠然视之"。[①] 关于这两组表现的核心内容是否一致,亚里士多德并未给出定论。它们既可以是一种"大度"的不同表现,也可以是两种"大度"的各自表现。若为后者,参照亚里士多德在《尼各马可伦理学》的论述,基本上可以确定两种"大度"当中一者为真,另一者只是类似而已。

五人当中,阿喀琉斯和埃阿斯来自传说,阿尔喀比亚德、吕山德和苏格拉底则为现实人物。除了苏格拉底,其余四人又都是希腊人眼中的英雄豪杰。英雄们"要永远成为世上最勇敢最杰出的人"[②],自然而然,他们无法忍受耻辱。在阿喀琉斯、埃阿斯和阿尔喀比亚德身上,这种特质是如此的明显。他们都认为自己受了奇耻大辱,于是狂暴地寻求报复。不可否认,这些血气之人在顺境时皆如神明般光芒万丈,但在逆境时,却往往走向自我毁灭。有人因此认为"大度"之人过于自负。[③] 但亚里士多德显然赞赏"自视重要且配得重要",英雄们有资本傲视众生。真正成问题的是,本该强健有力的英雄却在困难时刻彰显了生命的脆弱。这种强者的脆弱性虽是希腊悲剧的精髓所在,但对于"大度"德性而言,似乎有些格格不入。"大度"的人不会因为外在环境的变化而影响自己的清醒判断,尤其是在身处困境的时候,他会用高贵的行径来对抗耻辱。"对好运和噩运皆漠然视之"恰恰表明了"大度"之人对外在环境的不屑一顾。不论是在顺境还是在逆境,"大度"之人都将恒定地表现自我的高贵。由此可见,"无法忍受耻辱"是"大度"之人基于传统的血气表现,彰显了生机勃发的男子气概;而"对好运和噩运皆漠然视之"则是源于德性自身的内在要求。在后者那里,血气得到净化,众人眼中业已封顶的男子气概再次向上飞升,从而真正具有神明般的光彩。

---

① Aristotle: *Posterior Analytics*, From J. Barnes(ed.): *The Complete Works of Aristotle*, Vol. 1, Princeton University Press, 1991, pp. 58—59.

② [古希腊]荷马:《伊利亚特》,罗念生、王焕生译,上海人民出版社 2012 年版,第 305 页。

③ J. Howland: "Aristotle's Great-souled Man", *The Review of Politics*, Vol. 64, The University of Notre Name, 2002, pp. 27—56.

不管两组表现是属于一种“大度”还是两种“大度”，第一组表现在其强度上都不及第二组表现。毫无疑问，以城邦的视角来看，第一组表现已经最大程度地呈现了“大度”之人的强健力量。然而，“血气因相信武断的、复仇心切的荷马诸神而产生，它并未诱发出真正的勇敢所需要的知识和推理”[①]。英雄们的血气过于旺盛，以致很少有机会让灵魂的理性要素来决定最后的行动。而真正的勇敢遵照逻各斯的要求(*NE* 1115b12)。真正的“大度”亦是如此。因此，亚里士多德把苏格拉底列为第二组的案例也就不足为奇了。苏格拉底不同于其他四人，他没有赫赫武功，但德尔菲神谕却说他是最智慧的人。对此，他的解释是他知道自己一无所知。自知之明对于今天的读者而言似乎没有什么特别之处。我们可以试着换一种表述：苏格拉底的自知之明不仅针对他自己，更是针对人本身。人终究是无知的，就像英雄努力表现强健，却在噩运来临时不自禁地表现脆弱一样。若要改变人的无知处境，唯一的方法就是知道自己无知。尽管这种知道充其量只是渺茫的一点点知识，可它确是真正的智慧。它开启了追求逻各斯的无尽道路。正是有了这种对自己以及对人类处境的自知之明，苏格拉底才如此坚定地追随逻各斯的指引。他知道雅典判他死刑是对他的最大侮辱，他的人生处于最为艰难的时刻，但他没有像传统英雄那样通过伤害他人或政治共同体来抵消耻辱。他选择从容地面对死亡。若没有逻各斯的指引，苏格拉底不可能这般淡然，他必会卷入好运和噩运编织的无常网络之中。理性在此时驯服了血气。第一组表现因此转换成更为澄明有力的第二组表现。这让我们想起柏拉图在其《会饮篇》当中对苏格拉底和阿尔喀比亚德那段关系的精彩描写。虽然二者同为“大度”之人，但阿尔喀比亚德在交锋中明显处于下风。苏格拉底更像是阿尔喀比亚德的老师，教导他“要在肉眼失去敏锐的时候，灵眼才开始烛照”[②]。然而事实证明苏格拉底的教育以失败告终，阿尔喀比亚德并没有走向关注内在的理性生活。这一切都在表明，第二组表现(即“对好运和噩运皆漠然视之”)才是“大度”德性的更深层次的展现。

鉴于苏格拉底的特殊身份，人们很容易就把第二组表现视为哲人的特质。但这种看法显然有些武断。我们需要更加细心地审视亚里士多德笔下的具体案例。五人当中，站队最为奇怪者当属吕山德。他是斯巴达的军事首领，和阿尔喀比亚德同是伯罗奔尼撒战争期间的风云人物。论地位论声名，他更应该是传统

---

① 查尔尼：《亚里士多德笔下的血气与虔敬》，尚新建译，转引自刘小枫、陈少明主编：《血气与政治》，华夏出版社 2007 年版，第 35 页。

② [古希腊]柏拉图：《会饮篇》，王太庆译，商务印书馆 2013 年版，第 77 页。

的英雄豪杰。但亚里士多德却把他和苏格拉底列为一组。若把第二组表现视为哲人的特质，就意味着吕山德也是哲人。然而，无论是修昔底德，还是色诺芬，还是在后人的传记作品中，都没有表明吕山德是位哲人。他和苏格拉底的相似之处在于他们都很克己，都带有斯巴达的苦行气质（生活简单而贫穷）。这让我们想起《普罗塔戈拉》342b—343a处苏格拉底的言论，他说"克里特和斯巴达是哲学的故乡"，还说斯巴达人"把自己的智慧隐藏起来，装作傻瓜，因此人们不知道他们在智慧上比其他希腊人优越，反而认为他们的长处在于打仗和勇敢"[①]。莫非亚里士多德也持这种观点，并暗示吕山德研习哲学？若按照这个思路进行下去，我们还可以在吕山德身上找到类似哲人的表现。亚里士多德曾说"大度"之人"行动迟缓、语调深沉、言谈稳重"（*NE* 1125a13），这种表述到了普鲁塔克那里，就成了"忧郁的气质"。

> 亚里士多德曾经说过，伟人多少会具备"忧郁的气质"，像是苏格拉底、柏拉图和海克里斯莫不如此，他笔下的赖山德早期的生活倒是看不出来，到了老年就有这种倾向。[②]

普鲁塔克显然把这种忧郁气质视为哲人的气质。那么，以上这些材料是否足以表明吕山德过着哲学生活？我们需要注意的是，吕山德到了老年才有这种倾向。时间往往赐予人智慧。可亚里士多德所言的哲学是努斯（Nous，即灵魂、心灵、纯理性）和科学的结合（*NE* 1141a20），而不是人生阅历带来的明智。对于吕山德的忧郁气质是因明智而来还是因哲学而来（抑或是因其他理性品质而来），我们无法给出定论。然而，不论是吕山德还是苏格拉底，他们都选择维护政治共同体的利益。虽然他们潜在地威胁着政治生活的稳定性，但他们都以克己的方式取消了这种潜在的威胁。在回答了第一部分结尾处的问题之后，我们离本文的核心问题——即"'大度'德性代表的最高政治生活能否通向幸福？"——更近了一步。最后，我们将再次审视大度自身，重点关注它超越政治层面的上升之路，从而揭示"大度"、哲学、幸福之间的多重关系。

---

① Plato: *Protagoras*, From J. M. Cooper (ed.): *Plato*: *Complete Works*, Hackett Publishing Company, 1997, p. 773.

② ［古希腊］普鲁塔克：《希腊罗马名人传》，席代岳译，吉林出版集团有限责任公司2011年版，第790页。

三、通向幸福的道路

通过分析"大度"的德性序列，我们得知德性上升的关键要素是逻各斯；但在分析"大度"的具体案例时，我们却无法确定"大度"的人是否具有哲学的维度。"大度"自身的模糊性随之呈现于我们跟前。因为这种内在的模糊性，"大度"和幸福的关系也变得难以捉摸。除此之外，亚里士多德本人对幸福的理解也带有某种含糊意味。为了解决本文的核心问题，我们需要进行澄清，然后谨慎地寻找合理可行的解释路径。

首先澄清"大度"。1."大度"的经济维度："节制——慷慨——'大度'"的德性序列表明"大度"之人能够正确地花钱，并且乐于给他人好处；但"大度"之人不一定富有（苏格拉底和吕山德皆安于贫穷）；金钱能为"大度"锦上添花，却不是"大度"生活的必需用品。2."大度"的政治维度：毋庸置疑，"大度"源于政治生活。它和政治领域的其他德性不同，它是封顶的德性，再无上升的空间可言。它之所以是最高的政治德性（或道德德性），还在于它能够辐射所有的政治生活（兼容武德和文德）。3."大度"是否具备哲学维度？第二部分的讨论结果是没有定论。最早对"大度"做专题研究的现代学者高介纥（R. A. Gauthier）却给出了肯定回答。他直接将"大度"之人等同于柏拉图笔下的哲学王。[①] 若"大度"之人是哲学王，那么所有的问题都将迎刃而解。哲学和政治的结合将使人走向幸福。然而，这个回答受到学界的诸多质疑。其中一种意见便是："大度"之人目空一切，怎么看都不像具有自知之明的哲人。反对者常引用《尼各马可伦理学》1125a2 的一句话作为反驳，即"ουδε θαυμαστικος"。"ουδε"表否定之意，而"θαυμαστικος"既可表示惊讶，又可表示崇拜。于是，对应的翻译便有两种，"nor is he given to admiration"或"nor is he given to wonder"。廖申白先生的中译本采用第一种，即"他也不会崇拜什么"[②]。而反对者采用第二种，即"'大度'之人

---

① R. A. Gauthier：*Magnanimité*，Librarie Philosophique J. Vrin，1951，pp. 104—17. 亦可参见 W. F. R. Hardie："Magnanimity" in Aristotle's "Ethics"，*Phronesis*，Vol. 23，1978，pp. 63—79. 其中有对 Gauthier 观点的清晰整理（但他本人并不赞同 Gauthier 的观点）。与 Hardie 持相似看法的还有 Susan D. Collins：*Aristotle and the Rediscovery of Citizenship*，Cambridge University Press，2006，pp. 61—66；Nancy Sherman："Common Sense and Uncommon Virtue"，*Midwest Studies in Philosophy*，Vol. 13，Blackwell Publishing，1988，pp. 97—114.

② ［古希腊］亚里士多德：《尼各马可伦理学》，廖申白译注，商务印书馆 2003 年版，第 111 页。

不会对任何事物感到好奇”——这无异于说“大度”之人远离哲学。[①] 这些论证并不弱，却也没有强到使人不得不认为“‘大度’不具备哲学维度”。对于以上的争议情况，其实还存在一种理解：“大度”的人或许到达了逻各斯的顶峰，成了智慧的人，于是再不会对任何事物感到好奇，同时也再不会崇拜什么。“ουδε θαυμαστικος”或许不是某些人所说的研习哲学，也不是某些人所说的远离哲学。它或许暗示了“大度”之人通过其他路径达到了哲人所追求的终极境界。

回过头来看，“大度”超越政治层面的上升之路也支持以上这种解释。第一部分的德性序列已经表明，上升之路的推动力来自逻各斯。正是因为逻各斯的作用，各种政治品质才得以矫正自身，进而不断向上提升。毋庸置疑，逻各斯内在于哲学生活。与此同时，德性序列的上升之路也表明逻各斯内在于政治生活。不过，逻各斯在两种生活中以不同的面貌呈现。亚里士多德在《尼各马可伦理学》第六卷罗列了逻各斯的五种品质：技艺、科学、明智、智慧和努斯（*NE* 1139b15）。技艺与制作相关；科学指确定的知识，包括数学、天文学等；明智是实践德性，可谓逻各斯在政治领域的完美表现；智慧是努斯与科学的结合，哲学即“爱智慧”，不仅寻求确定的知识，还追求透彻的领悟；努斯则通神。五者当中，努斯最为精粹。“证明的结论以及所有科学都是从始点推出的。所以，科学据以推出的那些始点不是科学、技艺和明智可以达到的……始点就只能靠努斯来获得。”[②]需要注意的是，亚里士多德所言的“沉思”正是“努斯的实现活动”（*NE* 1177b18）。而幸福与沉思同在（*NE* 1178b27）。言下之意，幸福与否的衡量标准在于努斯。只有通过努斯，人才像神一样。智慧既然是努斯与科学的结合，那哲学生活通向幸福也就无需赘言。然而，单凭科学本身无法通向幸福。单凭明智也无法到达始点。在某些人看来，这就意味着明智代表的政治生活前途晦暗。于是，哲学王应运而生：政治结合哲学从而让政治生活通向幸福。难道政治生活通向幸福就只有结合哲学这一条路径吗？回答是不。哲学并非唯一选择。政治生活也可以直接结合努斯，而把科学部分剔除出去。就推出和被推出的关系而言，努斯是推出者，科学和明智是被推出者。科学和明智之间并不存在推出和被推出的关系。科学不能推出明智，也就是

---

① 有些学者还从“大度”之人的缺点着手，从而间接否认“大度”的哲学维度。参见 Aristide Tessitore：*Reading Aristotle's "Ethics": Virtue, Rhetoric, and Political Philosophy*, State University of New York Press, 1996；T. W. Smith：*Revaluing Ethics: Aristotle's Dialectical Pedagogy*, State University of New York Press, 2001；J. Howland：“Aristotle's Great-souled Man”, *The Review of Politics*, Vol. 64, The University of Notre Dame, 2002, pp. 27—56.

② ［古希腊］亚里士多德：《尼各马可伦理学》，廖申白译注，商务印书馆2003年版，第174页。

说，学习数学、几何学、天文学等知识并不见得会让人变得明智。由此可见，“大度”对政治层面的超越不一定就是进入哲学层面，它可以直接通向神灵。

最后澄清“幸福”。本文所言的幸福皆指最高层次的幸福，即“灵魂的一种合乎完满德性的实现活动”（*NE* 1102a5）。也就是说，真正意义上的幸福是属神的，而沉思就是与之对应的最高实现活动。需要厘清的是，沉思生活并非哲学生活，尽管哲学生活天然包含了沉思生活（哲学生活之所以能够通向幸福，恰恰在于它所包含的沉思生活）。然而，“我们的本性对于沉思是不够自足的”①。于是，亚里士多德说“幸福的生活就在于德性的实现活动”（*NE* 1179a7）。以上两种说法看似相同（皆是“幸福即德性”的论调），实为不同：前者规定了德性当中的最佳者，单指完满德性；而后者没有对德性进行规定，涉及所有德性。当“完满德性”泛化为“所有德性”时，幸福就从属神的层次下降到属人的层次。若单从属人的层次来说，拥有普通德性的政治生活就可通向幸福，毋须特定讨论“大度”代表的最高政治生活。最高政治生活因其边界位置而具有某种分离趋势。正是因为这种分离趋势，政治生活方可与哲学生活分庭抗礼，不然它将永远限于属人的层次而低于哲学生活。换言之，政治生活也能对属神的幸福发起冲击。这便是亚里士多德的“大度”德性所要呈现的核心内容。

综上所述，通过对《尼各马可伦理学》第一卷和第十卷之间关于幸福的矛盾陈述，本文提出了另一条理解路径：不管是哲学生活还是政治生活，只要真正具备了努斯，就可通向最高层次的幸福。学习哲学课程并不意味着就过上了哲学生活；不研习哲学也不表示政治生活无法和努斯结合。政治虽然远离哲学，但万花筒般的丰富感受亦能促使天才之人进行沉思。“大度”或许就是政治生活结合努斯的德性典范。正是因为努斯，“大度”之人才能站在政治生活的巅峰，才会心如止水、目空一切。然而，人不可能时刻拥有沉思的生活。沉思乃是神的生活，而人永远要面对人自身的局限性。对于人而言，自足状态难以持续。所以，幸福终究带有理想色彩。但亚里士多德并没有因为神的美好而抹灭人的美好。用包利民先生的话说，“亚里士多德固然主张古典大序思维，但是他的大序与柏拉图的大序有所不同，每一层次都有自己相对独立的价值，而非仅仅最高一层才有价值。德性精英是必要的，公民也是必要的；哲学是重要的，政治也是重要的”②。本文论述的“大度”德性和政治生活既结合又分离，这恰恰表明了亚里士多德对人生最高实现活动的既现实又理想的双重设想。

---

① ［古希腊］亚里士多德：《尼各马可伦理学》，廖申白译注，商务印书馆 2003 年版，第 310 页。

② 包利民：《古典政治哲学史论》，人民出版社 2010 年版，第 191 页。

从完整人格的角度理解康德“人是目的”思想

程能的[①]

【摘　要】康德“人是目的”的思想是其伦理学思想中的一个核心内容，该思想自从在《道德形而上学的奠基》中首次提出以来，学界对此就一直存在先验式和经验式两种理解方式。笔者在本文中将“人是目的”思想分为：一个中心问题（德福一致）、两个基本概念、三对重要关系、四层人格境界。本文在肯定该思想同时具有先验式和经验式的意义的前提下，尝试以人格之完整性作为沟通两种理解方式的桥梁，“人是目的”思想能够在先验与经验的意义上成立且是统一的，这不是法则或者超验的存在者决定的，而是人本身作为统一的整体决定的。

【关键词】人是目的；德福一致；完整人格；共同体

“人是目的”思想的完整表述是：“你要如此行动，即无论是你的人格中的人性，还是其他任何一个人的人格中的人性，你在任何时候都同时当作目的，绝不仅仅当作手段来使用。”[②]康德将人的价值提升到了一个无以复加的地位，这与目的论伦理学将“幸福”等外在的因素作为目的形成了鲜明的对比。而且，康德还认为，将“人”作为“目的”，应该会产生一种我们希望的结果，即“德福一致”。所以这里我们首先面临的问题就是，“人是目的”这一命题到底是在什么层次上才是有意义的？如果仅仅将之归为超感性的理念，这不但会使“德福一致”这一结果成为空谈，而且会与康德的伦理学体系的整个逻辑完全相悖。但是假使承认这一命题在现象界的意义，那么在如何理解现象界和理性世界之间的关系这方面，又将产生另外的问题。而要厘清这些问题，我们首先要从命题中的基本概念入手。

---

① 程能的，浙江财经大学2013级伦理学专业研究生。

② 李秋零主编：《康德著作全集》第4卷（道德形而上学的奠基部分），中国人民大学出版社2013年版，第437页。

一、两个概念："人"与"目的"

我们知道，康德否认经验对象及任何的情感刺激作为终极目的的绝对价值。由此推之，人作为现象界的存在者，其肉体也就至多只有相对价值。故而在"人是目的"的命题中，"人"这一概念也就仅仅只是指作为有限的理性存在者的人，而不是作为现象界的存在者的人。但倘若以如此抽象的定义来理解"人"之概念，至少在康德自己的伦理学体系里就会出现明显的矛盾。例如，康德在《道德形而上学的奠基》中，将"不能自杀"在内的四个例子作为道德法则的第一条基本法则的例子，对于"不能杀人"这一判断，康德给出的直接依据是自杀这一行为准则无法被普遍化。[①] 不过假使仅仅以形式上的可普遍化作为道德判断的依据，那么一些不道德或者是非道德行为准则也能够成立，甚至我们也可以这样说："在留下了子嗣的前提下，每个人都有结束自己生命的自由。"就形式而言，这条准则也是可以普遍化的。

关于自杀的问题，有学者认为，包括不得杀人在内的四个例子体现了康德伦理学形式主义的弊病。[②] 但是笔者认为，我们不妨这么来看，即在相信康德的伦理学体系之逻辑连贯性的情况下，我们也可以这么说，就算作为感性质料的肉体的人不是目的本身，但是至少它也应该在某种程度上受到目的之关切，而非仅仅只能够作为手段来对待。也就是说，作为目的的"人"，其否定性的定义是：人的肉体与理性不是割裂的，它们至少存在着某种联结的方式。

"人"的概念的去经验化理解可能会被贴上形式主义的标签，在对"目的"概念的理解上我们也同样会遇到这样的困扰。所谓"目的"，首先可以分为内在目的与外在目的。康德在《实践理性批判》中认为，古希腊晚期的伊壁鸠鲁学派的快乐主义和斯多亚学派的德性论都错误地通过将德性与幸福同质化的方式来支

---

① 苗力田先生在《道德形而上学原理》的代序中对此是如此概括的："如果一个人，由于饱经忧患，洞观恶邪，对生活感到厌倦，认为生命的延长只意味着更多的痛苦，把缩短生命作为自己的原则，那么这就是出于利己的动机，和责任的普遍规律是完全不相容的。"参见康德：《道德形而上学原理》，苗力田译，上海人民出版社 1986 年版，第 11 页。

② "这四个例子的意义恰恰不在于如何能够与康德道德法则相一致，而在于它的不一致，即暴露了它的形式主义的致命弱点。"参见李泽厚：《批判哲学的批判 康德述评》，生活·读书·新知三联书店 2007 年版，第 288 页。

持各自理论中的目的理论。① 虽然康德对斯多亚学派在德性上的追求是报以赞赏的态度，但是，斯多亚学派将德性作为一种与现象界相对立的精神实体，这种观点从认识论的角度来看是独断的，从目的论的角度来看，与快乐主义典型的外在目的论无异，同样都是外在目的论。而外在目的论的实质和机械因果论是一致的，从原因到结果就像是从一个起点，中间通过一段在空间上的"位移"，最后推进到一个终点。而倘若我们将康德的现象界与理性世界区分为两种不同意义的实体，"人是目的"就可以视为从作为感性质料的人的肉体上升到理性层面的一种超越。那么发生在外在目的论那里的起点到终点的"位移"，在这里也会同样存在，只不过是由发生在平面上的"位移"，转化成了发生在一个三维空间里的立体的"位移"。举例来说，我们从地面乘坐直升机直线上升一千米，从雷达上看，我们的位置在平面上并没有发生变化，但"位移"确是存在的，只是发生在不同的平面之间而已。所以对现象界和理性世界倘若是实体性的区分的话，那么内在目的论将只是外在目的论的一个变种而已。而要解决这一问题，首先要取消现象界与理性世界的实体性的区分，否则两者的关系就与传统形而上学的此岸世界和彼岸世界没有区别了。既然两者不是实体与实体的关系，那么在外在目的论那里发生的"位移"在这里就不会发生。不过问题仍然存在，如果内在的目的仅仅只意味着人的理性或者说脱离现象界的自由理念，而这种情况又发生在取消了现象界与理性世界的实体性的区分的前提下，那这个目的就会是一个高度形式化的，既不能认识，又难以理解的概念。要解决这个问题，唯一的途径就是通过承认内在目的与"德福一致"之间存在着某种联系来避免"目的"概念被贴上形式主义标签。只有如此，才能够避免出现对内在目的的"为了义务(德性)而义务(德性)"的形式化的理解。这就是关于"目的"概念的否定性定义。虽然在《实践理性批判》中，康德还是将"上帝存在"这一"德福一致"的凭恃作为一种假设。我们还能够得出这样的尽管只是否定性的定义，是因为在《判断力批判》中，康德已经通过反思判断力的合目的性原则为"上帝存在"做出了主观上的道德证明。② 虽然这种证明只是出于我们道德上的需要，但这种需要已经足以说明"德福一致"在内在目的中必须占有一席之地的必要性，而不仅仅是可以被希望而已。

---

① 参见《实践理性批判》第 2 卷"纯粹实践理性的辨证论"部分。李秋零主编：《康德著作全集》第 5 卷(实践理性批判部分)，中国人民大学出版社 2013 年版，第 117—127 页。

② 参见《判断力批判》第 87 节"论上帝存在的道德证明"。李秋零主编：《康德著作全集》第 5 卷(实践理性批判部分)，中国人民大学出版社 2013 年版，第 466—472 页。

二、三对关系：个体与共同体、目的与手段、自由与自然

前部分的讨论只涉及概念本身有关的内容，而我们知道，“人”这个概念，如果不加以说明，就会像对“人是万物的尺度”的理解一样产生歧义，即如何处理“人”的概念中个体与共同体的关系。而不论我们对“目的”概念采取哪一种理解，始终也不能绕过其与手段的关系。另外，康德哲学的二元论背景也顺理成章地让我们要面对自由与自然的关系。

首先我们来看个体与共同体的关系。在《道德形而上学奠基》和《实践理性批判》中，在说到道德义务的时候，不论是完全义务还是不完全义务，义务的相关者都是作为个体的自身以及与自身相对的他人，这里面好像都没有提到共同体的问题。虽然按照康德的说法，道德法则是以先验的自由意志作为其存在的理由，但是当康德把道德法则用自然法则的形式表述出来的时候——“问一问你自己，你打算采取的行动如果应当按照你自己也是其一部分的自然的法则发生的话，你是否能够把它视为通过你的意志而成为可能。”[①]“要这样行动，就好像你的行为的准则应当通过你的意志成为普遍的自然法则似的。”[②]事实上要使得这个法则的表述形式是正确的话，就必须预设一个人类的共同体的存在。因为道德法则虽然不是自然法则，但是形式上却是采用自然法则的形式，所以在现象界中的适用性虽然是普遍的，但却是有限的，即只针对人而已，而自然法则却是对所有的无机物、有机物、植物、动物和人都有效。所以就将道德法则通过为自然法则的形式表述出来而言，这里就必然要预设一个人类的共同体的存在，而这个共同体就其占有现象界的空间之广延而言，首先应当是一个经验概念。另外这个共同体的预设，除了出于形式上的必要性之外，同时就道德法则之内容而言，也具有必要性。也就是说，虽然对于指向自身和他人的完全义务以及指向自身的不完全义务而言，都可以因为义务的可普遍化与义务的反面不可能成为普遍的自然法则式的规律而成立，但是就他人的不完全义务而言，即我们通常所说的济困扶危。连康德也承认，就算人人自扫门前雪，对别人的生活不管不问，人类

---

① 李秋零主编：《康德著作全集》第5卷（实践理性批判部分），中国人民大学出版社2013年版，第74页。

② 李秋零主编：《康德著作全集》第4卷（道德形而上学的奠基部分），中国人民大学出版社2013年版，第445页。

也照样可以生存下去。但是“一个人还需要别人的爱和同情，有了这样一条出于他自己意志的自然规律，那么，他就完全无望得到他所希求的东西了”①。为什么一个人的情感能够在人与人之间普遍地传达？为什么我们需要别人的同情和爱的时候，别人能够感受到并在情感上回馈我们，而这种情感一旦放到动物身上就是对牛弹琴？康德在《判断力批判》中提出的“共通感”为我们提供了答案，虽然情感只是我们的主观感受，但是也是可能有先验的主观普遍性的，否则人与人之间情感的传达就会变得不可能了。而这里我们预设的共同体就是以共通感为基础的，从道德法则的内容上来看，共同体关涉的是每个人的幸福生活的可能性；从道德法则的形式上看，它则是作为道德法则能够以自然法则的形式而被表述出来的前提。

共同体概念不仅能够为个体与个体之间的不完全义务的履行提供认识理由与实践动力，同时，也能够让我们更好地理解目的与手段这一对关系。

在关于“目的”概念的阐释中，我们认为康德意义上的目的是内在目的。但是要分析目的与手段的关系的话，这里首先存在一个问题，即作为指涉人的自由并与人的幸福有着某种必然联系的内在目的，与手段之间是不直接对等的，与手段存在直接对等关系的是外在目的。就形式上而言，外在目的与手段是一种自然机械运动的因果关系。举例来说，如果我们问：世界上为什么会有老鼠？答案可能是老鼠要被猫吃。那么为什么世界上要有猫呢？因为要让它去吃老鼠。这样的答案一环套一环，原因同时也被作为结果，结果同时也被作为原因，永无止境。如果这样来理解人不仅仅作为手段，同时也是目的即外在目的，那无异于是对康德思想的曲解。相对而言，另一种理解方式就是建立在自然法则与道德法则的区分之基础之上，认为外在目的和手段是在自然法则的范围内有效，而内在目的是在道德法则的范围内有效，这样的理解固然可以消弭目的和手段在同一个对象——人之上的逻辑矛盾，却也和我们上面在分析“目的”概念时说到的，其实质还是将现象界与理性世界作为两个不同的实体存在，不仅是形式化的还是独断的。那么第三种也是笔者赞同的理解方式，其理论基础是康德在《判断力批判》中提出的目的论判断力理论，包括自然目的论和道德目的论。在自然目的论中，所有的生物包括人都不是单纯的机械存在，而是被看作有机物，即“自然的一个有机产品就是在其中一切都是目的并且交互地也是手段的那种产品”②。也

① ［德］康德：《道德形而上学原理》，苗力田译，上海人民出版社 1986 年版，第 41 页。

② 李秋零主编：《康德著作全集》第 5 卷（判断力批判部分），中国人民大学出版社 2013 年版，第 391 页。

就是说，老鼠的存在不是为了给猫吃，而是以其自身的生存和繁衍作为目的。那么整个自然界也就是一个以有机体为基本单位的生态系统，每一种生物作为有机体都在其中扮演着必不可少的角色，以其自身的生存与后代的延续作为其自身存在的目的。当然，自然目的论的思想并不是认识原则，而只是反思判断力的合目的性的范导性原则，本身不构成自然知识，只是为后者提供认识的主观目的性框架，毕竟就算我们说狼吃羊是为了控制羊的数量，反而有利于后者的生存，狼也并不清楚自己竟然肩负着如此重要的使命。

人类社会虽然作为一个经验的也是历史的共同体，按照自然法则规定的那样，每个人为了自己的生存，人与人之间互为手段，尤其在经济生活当中，是不可避免的，这本身无关善恶。但是我们如果出于反思判断力的合目的性原则，将人类的共同体比作以有机体为组成单位的自然界的话，我们也就可以认为人与人之间是互为目的和手段的，每个人都因其自身的目的而存在，并在客观上作为手段促进着他人的生存。不过这里的目的虽然可以说是我们每个人的生存权利进而幸福，也就是人作为现象界的存在者的最终目的，甚至是自然的最终目的。[①]当然，这种目的就像自然目的一样，只是一种非认识论的设想，作为与外在目的对等的手段与真正的内在目的之间的形式中介。所以，“那些对于自然来说还有可能是一个最终目的的事物，按照我们可能给它配备的一切想得出来的规定和属性，毕竟作为自然事物永远不能是一个终极目的”。也就是说，真正决定最终目的的那个终极目的并不在现象界之中，而一定在现象界之外。这也就是从自然目的论上升到了道德目的论，这种上升也就让我们探讨的内容从目的与手段过渡到了第三对关系——自然和自由。

虽然我们可以说人是以其自身的生存与幸福为最终目的，但这样的表述只是基于实然的描述而非应然的判断。而在最终目的之上的那个终极目的是不依赖于自然条件的，应该自身就具有制定目的的能力。康德认为，这个终极目的就是道德目的，即“作为本体来看的人”[②]，也就是理性的人、自由的人、道德的人。之所以得出这样的结论，康德不是独断地设想一个外在的道德目的强加到自然

---

① 该论断出自：“我们有充分的理由把人不仅像一切有利存在者那样作为自然目的，而且在这个尘世上也作为所有其余的自然事物之相关而构成一个目的系统的那个自然最终目的。”李秋零主编：《康德著作全集》第5卷（判断力批判部分），中国人民大学出版社2013年版，第447页。

② 原文为：“现在，我们在世界上只有惟一的一种存在者，它们的因果性是目的论，亦即是指向目的的，而毕竟同时具有这样的形性状，即它们应当据以为自己规定目的的那个法则，被它们自己表现为无条件的和不依赖于自然条件的，但就自身而言却是必然的。这种类型的存在者就是人，但却是作为本体来看的人。”同上，第453页。

目的之上，而是“因为若没有这个终极目的，相互隶属的目的的链条就不会被完备地建立起来”[①]。那么，在《纯粹理性批判》和《实践理性批判》中，康德做了明确区分的自然和自由通过反思判断力的合目的性原则就又联系了起来，这种联系就是自由决定自然。当然，这里的“决定”不是知性能力的规定性判断，因为这一判断不是通过经验认知而得出，而是基于反思判断能力的范导性思考，是出于实践的需要。从形式上来看，内在的终极目的决定了外在的自然目的（最终目的），而在外在目的中，目的和手段又是互动的关系，所以，终极目的最终也决定了手段。从内容上来看，终极目的“不是就自然的实存而言自然的（自然内部）一个目的，而是自然的实存连同其所有安排的目的，从而是创造的终极目的”[②]，作为创造的终极目的，它是所有自然目的何以实存的最终原因。所以，人类共同体之概念，就不仅仅是经验性的概念，而是有了先验来源的概念。在康德看来，公民社会的法制可以防止人与人之间的对抗，充分发挥人的自然禀赋，而战争“尽管是人们的一种无意的（由放纵的热情所激起的）尝试，却毕竟是至上智慧的深深地隐藏起来的、也许是有意的尝试”[③]，一系列的苦难促使着人类为了实现“世界公民”这一人类共同体而建立基于道德的法制体系。[④]

三、完整人格与人的四层境界

人的理性归根结底是一种自主设定目的的能力[⑤]，也就是自我实现的能力。人作为认识主体、实践主体与价值主体，应当被看作一个至少包含了肉体与精神的统一之整体，即完整人格，就好像是自然目的论中的有机体。完整人格与“人是目的”思想如何完整地被理解，以及“德福一致”的可能实现息息相关。完整人格的内在统一并不意味着将人格中的所有部分都同质化，而是在彼此界限明晰的前提下通过某种联系而产生的同一。根据上面的分析与康德伦理学的思想，我们可以将完整人格划分为四层境界：现象我、认知我、情意我和德

① 李秋零主编：《康德著作全集》第5卷（判断力批判部分），中国人民大学出版社2013年版，第454页。

② 同上，第462页。

③ 同上，第451页。

④ 该部分内容不与本文直接相关，在此不做引申。

⑤ “因此，人在自然中的所有目的也就只剩下了形式的、主观的条件，亦即一般而言自己为自己设定目的，并且（人在规定目的时不依赖于自然）一般而言与他的自由目的相适合地把自然当作手段来适用的适应性条件。”参见李秋零主编：《康德著作全集》第5卷（判断力批判部分），中国人民大学出版社2013年版，第449页。

性我[①]。

四层境界中，现象我对应人在现象界之中作为感性质料的存在状态，而德性我对应人在理念世界中作为自由的存在者的存在状态，认知我和情意我则作为区别于存在性层次的功能性层次，分别对应了人的经验认知能力和以共通感作为其主观的先天原则的反思判断力能力这两种认识性能力，同时现象我和德性我也分别具有产生欲望和设定目的的能力这两种欲求能力。从自我以及外在认知的角度来看，认知我为现象我，即人在现象界的存在提供了对自我以及受自然法则限定的现象界中的其他对象的认识能力；而情意我则一方面通过目的论判断力为德性我在自然中的实践提供了一种好像是认知的理解能力，另一方面通过自然目的论为认知我在对自然界的认识上提供范导性而非规定性的助力。

从人格的完整性来看，首先，四层境界不是相互之间完全独立、没有联系的。对于一个完整人格的反面，我们最直观的感受就是心口不齐、言行不一。晚期斯多亚学派代表人物塞涅卡就是这样一个典型的例子，他一方面宣扬德性至上、摒弃物欲，一方面自己却穷奢极欲、聚财敛物，并声称："哲学家所谈的并不是他自己怎样生活，而是应当怎样生活。我是讲美德，不是讲我自己。"[②]我们上面说过，现象我具有产生欲望的能力，而德性我具有设定目的的能力。如果这两种能力完全没有联系的话，那么不仅仅"目的"概念是形式化的，而且这样的人格也是不完整的，是分裂的，就其自身而言就是自相矛盾的。

其次，四层境界并不像金字塔排列一样有等级高低之分，德性我并不比现象我高级，情意我之反思判断力也不是比认知我之经验认知能力要高级的能力。人虽然只是有限的理性存在者，为了我们能够最终上升到纯粹的理性世界，就像柏拉图所强调的那样。这样的话，现象我与由之而产生的对幸福的欲望，好像就是务必要摆脱的累赘与负担。但是康德的理论进路不是像柏拉图的理念论那样自上而下的独断论，而是出于为自然的因果链条寻求更高的终极原因与目的的需要，这就要求我们首先要立足于现象我，在此前提之上，上升到德性我，这是一种自下而上的推导。这里的"上升"不是等级的提升，而是为了实现人格完整性的实践。当然，也不是说我们推导出了那个虽不可以被认知，却可以被理解的理

---

① 这里笔者类比了劳思光先生对道家哲学家老子和庄子评价时所使用的境界层次，但是指向内容并不相同，而且称谓、排序略有变动，劳思光先生笔下的四种境界按照从低到高的排序是：形躯我、认知我、德性我和情意我。参见劳思光：《新编中国哲学史》，广西师范大学出版社 2005 年版，第 151—190 页。

② 北京大学哲学系外国哲学史教研室编译：《西方哲学原著选读（上）》，商务印书馆 1981 年版，第 190 页。

念世界，就“躲”在里面不出来，就唯“德性我”独尊了，并且对现象界、对现象我的幸福需求就不闻不问了。自然应当由自由决定，幸福最终也应当由道德决定，即“配当幸福”。而这里的决定，正如上文所强调的，不是自然法则那样的规定性的判断，就好像在功利主义伦理学那里，理性“沦为”幸福追求的工具一般，道德对幸福的决定不是消极的控制，更不是提倡禁欲的压制，用可以理解的方式来说，这种决定就是通过对人类社会的一种合目的性的合理设计，来达到一种消弭斗争、永久和平的效果。人对幸福追求的欲望本身不是恶，不是应该摒弃的对象，但倘若将之作为本应是自由的终极目的，才是恶。道德决定幸福，也就是人的自律才是能够让人在现象界的存在，让现象我的幸福追求真正得以最终实现的保障。

在讨论个体与共同体的关系的时候，我们已经认为共同体是一个可以有先验依据且必不可少的预设，而为了更好地理解包含了四层境界之分的完整人格，我们在这里就要将共同体作为一个切入点。

我们常说，物以类聚，人以群分。在经验认知的层面，按照共同点与差异的多少，人可以有不同国家之分，可以有不同民族之分，可以有不同地区之分，也可以有不同家族之分。诚然，不论是否存在共同体的总体幸福这样的对象，幸福作为一个被实现的对象也总是以个体为基本单位被提出的。但是个体幸福的实现总是会受到别的个体或群体的利益要求的影响，从而一方面并不总能由个体自身单独决定；一方面也难免需要别的个体或群体的帮助。我们可能会向我们的同族、同乡，甚至整个民族或者国家求助，出于共同体的认同，我们也认为那些个体或群体应当会帮助我们。这种在共同体范围内的不完全义务，我们已经在上文指出了其客观依据[①]。从人的四层境界来看，在现象我与作为功能性层次的认知我的层面上，我们能够感觉和认知到的只能够是个别的对象，以及一对对个别对象之间的区别，正所谓世界上没有两片完全一样的树叶。当然，我们也能够机械地按照相似性的大小将人按照国家、民族、地区、血缘进行归类。但是，我们会去问：相似性多少，哪些方面才能够归为一个共同体？事实上，没有任何客观必然的根据能够为之提供可靠的答案。个体与个体的任何哪怕是极其细微的能够被认识到的差别，都说明它们是完全不同的个体。不论是生物学上的种属，还是对于人的归类，都不能从经验知识那里获得能够支持其可靠性的依据。换句话说，在现象我和认知我的层次，我们所能够认识到的只有作为个体的人。而只

① 这里的客观，是就其能力的先验性来说的，非对象的客观性。

有在德性我的层次，我们才能够确实地承认每一个人都同时作为自由的存在者，都拥有理性能力，并通过情意我之反思判断力的能力，理解人类能够作为以自由为终极目的的共同体。当我们只是以认知我作为我们的唯一的认知外界与自我认知的方式，当我们将现象我作为一个本体的实存或者因为我们的认识能力的优先性而拒绝承认我们对本体的实存的认识可能，甚至拒绝承认本体的实存，这就是经验主义认识论发展到休谟那里的不可知论。虽然基于经验主义的不可知论在认识论上是驳不倒的，但是这种不可知论在对人格的理解上所产生的后果就是拒斥人格的完整性，其现实的表现就是拒绝承认任何一个人类共同体所可能具有的来自某种终极目的所赋予的绝对价值。这样的后果不仅仅会使道德法则的不完全义务的现实履行显得没有任何客观必然的根据，还让人与人之间彻底沦为只是机械的因果关系。

虽然到这里我们还不能够下这样一个定论："人是目的"思想中的"人"就是指区别于个体的共同体。但是至少我们可以这样认为，共同体这个概念的提出和在事件中的最终实现，不再仅仅只是一个预设，而是出自完整人格自身的必然要求。

四、总结

文章首先从两个概念入手，在否定的意义上认为：一方面，人的肉体与理性是不可割裂的，两者应该存在着某种必然联系；另一方面，虽然只有理性才可以被称为目的，但是目的必定与"德福一致"存在着某种必然联系。然后在对三对关系的探讨中，认为"人是目的"必然导致"德福一致"。而这一问题不能仅仅在个体的意义上得以解决，应该放在共同体的意义上去理解：幸福虽然不是终极目的，也不是实现目的的手段，但却是道德法则的必然结果。最后，我们在前面讨论的基础之上提出了人的四层境界，这四层境界包括人的认知能力（包括自我认知）与实践能力（包括道德实践能力），所有的一切统一起来就是一个完整的人格。通俗地说，"人是目的"思想就是指导我们要把自己当人看：我们既不能因为自己是有理性的存在者，不食人间烟火，置自身与他人的幸福于不顾；我们也不能只把自己当作现象界的存在者，而只将自身的幸福作为最终的目的。这两种做法不但像我们上面强调过的，逻辑上说不通，而且会导致我们人格的分裂与缺失，就像我们举的关于塞涅卡的例子一样。说到底，人格必须是完整的，理性不能将追求幸福的欲望当成累赘，出自德性我的道德义务与出自现象我的幸福欲望不应该也不可能是根本矛盾或者完全不相干。假使是这样，在不考虑心理学因素的前提下，就会出现人讨厌人自己、人反对人自己，甚至我们发现人身上有两个完全不相干的人格这样荒谬的情况。因为拥有理性，人便拥有了其他现象界的存在者所不具备的尊严，但这种尊严不是锁在橱窗里供人瞻仰膜拜的金质奖杯，而是像康德所说的，这是一种制定目的的能力，同时也是实践即实现目的的能力。鉴于人作为完整的人格，这种实现也就是人的自我实现，关于道德法则与“德福一致”的关系，在康德看来我们是无法认识的，但是就像我们上面所说的，将德性与幸福这两种不同质的因素放到完整人格那样的有机体当中，两者的关系事实上也就最终能够被理解了。另外，笔者相信，在完整人格的意义上理解“人是目的”的思想，也可以给我们对康德的伦理学说当中关于实用伦理学与法哲学的部分的理解提供一些启示。

参考文献

[1] 叶秀山.康德《判断力批判》的主要思想及其历史意义[J].浙江学刊，2003(3).

[2] 陈旭东，汪行福.从德性义务理解“人是目的”的道德律令[J].山东社会科学，2008(7).

[3] 俞吾金.如何理解康德关于“人是目的”的观念[J].哲学动态，2011(5).

[4] 杜仕菊.从自然目的到“人是目的”：康德历史哲学新论[J].浙江学刊，2011(2).

[5] 刘作.如何理解康德的“人是目的”的观念[J].兰州学刊，2014(5).

王夫之婚姻伦理思想浅析

仇苏家①

【摘　要】婚姻伦理是个人生活的基础，是规范人伦关系的根本。作为明清之际最重要的启蒙思想家之一，王夫之结合当时的社会现实，阐发了对婚姻伦理的理解："婚姻，人道之大者也。"他据此进一步具体说明了婚姻伦理的基本内容："族类必辨"的民族性要求；"才质必堪"的相称性要求；"年齿必当"的婚龄要求。他的婚姻伦理思想对现代人的婚恋观、择偶观有着重要的借鉴意义。

【关键词】王夫之；婚姻伦理；族类必辨；才质必堪；年齿必当

婚姻是人类生活的重要组成部分，不仅关系到个人的幸福，而且关系到社会的和谐稳定。在不同的历史时期，人们对婚姻会有不同的看法，婚姻伦理的要求也会随之发生变化。当前我国正处于社会转型期，传统的婚恋观和择偶观受到强烈的冲击，婚姻形式也出现了变化，试婚、闪婚、婚外情等现象日益增多，婚姻伦理观念因此日益淡薄乃至陷入混乱。作为明清之际最重要的启蒙思想家之一，王夫之在继承传统的基础上表述自己对婚姻的看法，他的婚姻伦理思想对当代人的婚恋观和择偶观有着重要的借鉴意义。

一、婚姻，人道之大者

婚姻伦理是社会伦理的重要组成部分。在中国文化传统中，婚姻具有极为重要的社会功能和伦理价值。"昏礼者，将合二姓之好，上以事宗庙，而下以继后世也，故君子重之。"(《礼记・昏义》)婚姻首先是男女两性结合的社会形式，承担着延续家族血脉的社会功能，因此受到古人的重视。但更为重要的是，婚姻是人伦关系的起点，具有重要的伦理价值。中国文化传统认为："敬慎重正而后亲之，

① 仇苏家，浙江财经大学2013级伦理学专业研究生。

礼之大体，而所以成男女之别，而立夫妇之义也。男女有别，而后夫妇有义；夫妇有义，而后父子有亲；父子有亲，而后君臣有正。"（《礼记·昏义》）婚姻的重要伦理价值在西方传统中也备受重视，婚姻在某些思想家看来实质上就是一种伦理关系。黑格尔明确指出了婚姻伦理的实质："婚姻是以性爱为基础，排斥其他因素，它既不是一种纯粹性的关系，也不是一种契约关系。婚姻的实质是一种伦理关系。"①因此，不难看出，婚姻伦理是个人生活的基础，是社会生活展开的重要结构性环节。

王夫之的婚姻伦理思想继承了传统文化关于婚姻的基本观点，强调婚姻是人伦关系的根本："婚姻，人道之大者也。"②这也就是说，婚姻在人伦关系的构建中居于基础地位。伦理秩序的建立以婚姻为前提，因为伦理秩序的原型在家庭中得以确立，而家庭产生的前提就是婚姻。婚姻伦理直接影响家庭的产生及其维系，从而影响整个社会生活。婚姻伦理中的核心问题是，在特定的社会历史条件下，怎样的两性结合是适宜的，会有利于家庭和社会。对于婚姻当事人而言，这个问题就演变成择偶问题，也就是选择什么样的家庭联姻，选择什么样的个人作为结婚对象。婚姻不仅是两个人的事，更是两个家庭的事。婚姻伦理作为历史范畴，产生并发展于特定的历史背景，具有特定的内涵和要求。王夫之正是针对婚姻伦理这个核心问题，结合当时的社会现实，阐述了婚姻伦理的基本要求："族类必辨，年齿必当，才质必堪。"③这些基本要求构成了王夫之婚姻伦理思想的主要内容。

二、族类必辨——婚姻完善之民族性要求

马克思在《1844 经济学哲学手稿》中曾经指出，根据作为家庭关系核心的男女两性关系，可以判断出人的整个文明发展的程度。他说："人和人之间的直接的、自然的、必然的关系是男女之间的关系……从这种关系就可以判断人的整个教养程度。"④他的这一论断表明规范两性的伦理，是处理人与人关系的最主要内容。"在自然的状态下，男女之交往往呈现无序性，体现文明形式的婚姻，使男

① ［德］黑格尔：《法哲学原理》，范扬、张企泰译，商务印书馆 2013 年版，第 177 页。

② 王夫之：《读通鉴论》卷十六，《船山全书》第 10 册，岳麓书社 1996 年版，第 605 页。

③ 同上，第 605 页。

④ 中共中央马克思恩格斯列宁斯大林著作编译局：《马克思恩格斯全集》第 42 卷，人民出版社 1979 年版，第 119 页。

女之间的交往由自然形态下的乱而无别走向了社会之序，日常生活本身也由此从一个方面超越自然而获得了人化(文明)的意义。”[①]婚姻作为两性结合的必要形式，同整个社会的伦理关系密切结合。

各个民族的文化传统、风俗习惯、生活方式等与其生存发展的客观环境紧密联系在一起，具有鲜明的民族特征，它们反映了各民族对其生存发展客观环境的适应性，因此不同民族的婚姻伦理也会呈现或多或少的差异。在历史上也曾出现过异族通婚的情形，如汉高祖刘邦把自己的亲侄女嫁给匈奴首领单于，又如历史上流传的昭君出塞，便是汉元帝将宫女王昭君嫁给匈奴呼韩邪单于的故事。唐朝极力推行和亲政策：文成公主嫁给吐蕃首领松赞干布，为吐蕃的发展做出了重要贡献，成为流传千古的一段佳话。在这段时期，异族通婚成了促进民族团结和边疆发展的重要手段。但是到了宋代，由于民族间矛盾激化，和亲政策遭到极力反对，族际通婚不再被允许。

王夫之也反对异族间通婚，但其理由并非是民族矛盾，而是民族差异，特别是文化差异。王夫之以文化为基点来谈论民族，认为夷狄之所以为夷狄，华夏之所以为华夏，并非种族(人种)的差异，而是因为文化的不同。文化即礼，他把礼当成判别华夏与夷狄的标准。王夫之指出：“中国之与夷狄，所生异地，其地异，其气异也；气异而习异，习异而所知所行蔑不异焉。乃于其中亦自有其贵贱焉，特地界分、天气殊，而不可乱；乱则人极毁，华夏之生民亦受其吞噬而憔悴。防之于早，所以定人极而保人之生，因乎天也。”[②]在他看来，由于各个民族生活环境不同，从而各地的风俗习惯也相异，有着各自的特点。既然华夏与夷狄存在着差别，那么异族间理所当然就不应该通婚。王夫之强调，如果异族通婚，就会导致“风俗以蛊，婚姻以乱，服食以淫”[③]。族性会因此陷入混乱，自己民族的特性逐步丧失，故而“古之圣王忧之切，故正其氏族，别其婚姻，域其都鄙，制其风俗，维持之使若其性”[④]。任何民族特点和民族形式，都是历史长期发展的产物，其产生和演变，都取决于社会历史条件。一成不变的民族特点、民族形式是没有的。因此，必须认识到那些民族差异也是由特定的社会历史条件决定的，并非一朝一夕而是经过漫长的历史形成的。民族作为一个历史范畴，一经形成就具有很大的稳定性；同时，又随着历史条件的变化而变化，具有暂时性和相对性。承认民

① 杨国荣：《成己与成物：意义世界的生成》，人民出版社2010年版，第212页。

② 王夫之：《读通鉴论》卷十四，《船山全书》第10册，岳麓书社1996年版，第502页。

③ 王夫之：《读通鉴论》卷六，《船山全书》第10册，岳麓书社1996年版，第248页。

④ 王夫之：《读通鉴论》卷七，《船山全书》第10册，岳麓书社1996年版，第272页。

族之间存在差别无可置疑。[①] 尽管王夫之反对异族通婚的理论基础是民族差异,但在某种程度上还是出于异族对汉族威胁的考虑。他强调说:“夷狄之有余者,猛悍也;其不足者,智巧也。”[②]在王夫之看来,夷狄愚蠢而彪悍,未经教化,不知礼义,会威胁到汉人的文化和生存。这种观点带有强烈的民族情感倾向,同时也难免有民族歧视的嫌疑。

不难看出,王夫之“族类必辨”的观点显然有其时代的局限性,现如今不同民族间的通婚已经成为平常之事,我们不应该对此持有偏见。尽管如此,由于地理环境和文化传统不同,各个民族形成不同的风俗习惯和民族特性,这对不同民族男女双方的交往会产生很大的影响。因此,王夫之对不同民族文化差异性的强调对现代社会异族通婚,特别是跨国婚姻仍然具有借鉴意义。婚姻当事人应该重视、协调或避免这种差异性。

三、才质必堪——婚姻完善之相称性要求

为何男和女总是在相互找寻并试图结合在一起?柏拉图在《会饮篇》中给出了解释:很久以前,人都是双性人,身体像一个圆球,一半是男一半是女,宙斯害怕他们向神造反,就将他们剖成两半。剖开的两半都非常痛苦,每一半都迫切地扑向另一半,拼命拥抱在一起,渴望重新合为一体。[③] 因此,男和女都竭力找回与自己相配的另一半,以求完善自身。

个人找寻另一半,不仅是为了获得情感上的完整性,更是为了获得人格上的完整性。情感上的完整性由爱来补充,因为爱是人类最原始也是最永恒的情感。人格上的完整性便需要我们通过另一半的道德品质来完善。因此,王夫之认为考察嫁娶的对象,必须以个人的品德为标准,“才质必堪”正是不断追求完善的体现。究竟什么是才?王夫之说:“耳聪、目明、言从、动善、心睿,所谓才也。”[④]这里的“才”就是指人的能力,特别是道德能力。什么是质?王夫之说:“乃其为质,均为人之质也,则既异乎草木之质、犬羊之质矣。”[⑤]这里的“质”可以理解为人的

---

① 彭传华、朱春珠:《王船山民族差别论及其种族民族主义思想的萌芽片论》,《学理论》2010年第21期。

② 王夫之:《读通鉴论》卷二,《船山全书》第10册,岳麓书社1996年版,第90页。

③ 参见[古希腊]柏拉图等:《柏拉图的〈会饮〉》,刘小枫等译注,华夏出版社2003年版,第48—49页。

④ 王夫之:《读四书大全说》卷五,《船山全书》第6册,岳麓书社1996年版,第717页。

⑤ 王夫之:《读四书大全说》卷七,《船山全书》第6册,岳麓书社1996年版,第860页。

素质，特别是道德品质等。因此，“才质必堪”，就是婚姻当事人双方必须要在“才”和“质”两个方面达到一定的标准从而相互匹配。

为什么“才”和“质”这两个方面如此重要？王夫之认为，人的尊严和价值突出地表现在这两个方面。王夫之说：“人之所以异于禽兽者，其本在性，而其灼然终始不相假借者，则才也。故恻隐、羞恶、恭敬、是非，唯人有之，而禽兽所无也。”①王夫之指出善恶的关键在于能否尽其才。能尽其才，情得其善而性得其理；不能尽其才，则情荡而行恶。在这里，他也充分肯定道德能力对于调控人的情感、指导人的行为的重要意义。② 为了说明“质”这个概念，王夫之打了个比方：“以物喻之，质如笛之有笛身、有笛孔相似。”笛子的材料有好有坏，“如虽不得良笛，而吹之善，则抑可中律……故偶值乎其所不善，则虽以良质而不能有其善也”③。不难看出，“质”或者说道德品质是人之为人的重要标志，有如笛身、笛孔之于笛本身。这里借助笛子的比喻来进行解释，意在说明道德品质是可以通过道德教育来培养的。

具体说来，“才质必堪”具有两层含义。一层含义是指婚姻当事人的道德能力和内在品性到达一定标准。“天与人以气，必无无理之气。阳则健，阴则顺也。一阴一阳则道也，错综则变化也。天无无理之气，而人以其才质之善，异于禽兽之但能承其知觉运动之气，尤异于草木之但能承其生长收藏之气。是以即在牿亡之余，能牿亡其已有之良心，而不能牿亡其方受之理气也。”④人的道德能力、道德品性主要取决于才质的发挥。既然人性是善的，人发挥其才质之善不就可以了吗？为何还需要道德教育和道德修养？这就涉及“才质必堪”的第二层含义：婚姻当事人的道德教育背景（包括家庭背景、成长环境等）要接近。因为人在不同的道德教育中，受不同环境的熏染，会渐渐形成不同的价值观。

古代的婚姻一般非常重视“门当户对”，这既包括双方财力相当，同时又要求双方的家庭背景、受教育程度、道德能力也较接近。现实生活中有许多实例也可以证明，当婚姻双方的家庭背景、受教育程度、道德能力存在较大差异时，即使生活在一起，他们也很难和谐。悬殊的社会地位和巨大的经济差异可以通过后天的努力得到弥补，但“才质”方面的差异通常无法弥合。王夫之“才质必堪”观点的最大借鉴意义也在于此。

---

① 王夫之：《读四书大全说》卷十，《船山全书》第 6 册，岳麓书社 1996 年版，第 1072 页。

② 蔡志良、蔡应妹：《道德能力论》，中国社会科学出版社 2008 年版，第 33 页。

③ 王夫之：《读四书大全说》卷七，《船山全书》第 6 册，岳麓书社 1996 年版，第 858 页。

④ 王夫之：《读四书大全说》卷十，《船山全书》第 6 册，岳麓书社 1996 年版，第 1076 页。

四、年齿必当——婚姻完善之婚龄要求

俗话说：男大当娶，女大当嫁。究竟男子多大当娶，女子何时当嫁？这就涉及婚龄的规定。关于这个问题，存在不同看法。《孔子家语》记载鲁哀公问孔子："男子十六精通，女子十四而化，是则可以生民矣。而礼男子三十而有室，女子二十而有夫，岂不晚哉？"孔子回答："夫礼言其极也，不是过也。男子二十而冠，有为人父之端，女子十五许嫁，有适人之道，于此而往，则自婚矣。"这里可以看出，古人认为，男子20岁左右，女子15岁左右，就到了可以结婚的年龄。中国各个朝代礼法婚龄，男子是15到20岁之间，以16岁居多；女子是13到17岁之间，以14岁居多。从现代观点看，这实际上是一种早婚观念。

中国古代都提倡早婚，究其原因，可归纳为如下几点。第一，政治需要。有的是因为统治者扩充军备，为求人多势众，鼓励生育；有的是为强兵富国而推行早婚制。第二，小农经济思想根深蒂固，生产方法落后，耕种、收割皆以人口多为好。第三，宗族斗争影响。历代宗族斗争中，往往是人口少、壮男少的宗族吃亏，因此为了发展宗族势力，必须提倡和贯彻早婚。[①] 此外，结婚较晚在古代通常都是一些不利因素导致的，这些因素也可归纳为如下几点。第一，家庭困苦，经济状况差。第二，社会的不稳定。如春秋战国连年的战乱，青壮年从军入伍。第三，品貌不端。如女子相貌丑陋，便会延误迎娶时间，又如男子人品不好，也无人愿意下嫁。选择晚婚常常会导致当事人和家庭背负一定的舆论压力，因此，古人通常会选择早婚。

王夫之的"年齿必当"包含两层含义：一是指男女结婚年龄要适当；二是指夫妻年龄要相当，即婚龄差适当。男女结婚的年龄，从生理的角度看，过早结婚对身体是不利的。近代学者梁启超曾在《新民丛报》上发表了一篇批评早婚的文章《禁早婚议》，他在文章中指出了早婚的危害：一害于养生；二害于传种；三害于养蒙；四害于修学；五害于国计。从优生学的角度看，梁启超的观点不无道理。适婚的年龄究竟该如何界定？柏拉图的《理想国》中指出，女人最合适的结婚年龄是20岁到40岁，男人应当是从过了跑步速度最快的年龄到55岁。[②] 学者徐宝山综合西方各国的婚龄后认为，"结婚适当的年龄，须在男女双方心身俱达于成

---

① 吕红平、丁娟等：《中国性别文化概论》，中国人口出版社2011年版，第14页。

② [古希腊]柏拉图：《理想国》，郭斌和、张竹明译，商务印书馆2012年版，第197页。

熟期，判断力和品性已经十分发达的时候。换句话说，就是在男女青春期以后四五年或七八年为最适宜。例如男性的青春期约在十七八岁的时候，女性的青春期约在十四岁的时候，那么男子二十三四岁到二十六七岁，女子二十岁到二十三四岁为正当的结婚年龄，过早和过迟，都是有损而无益的”[①]。男女婚配要考虑很多因素，其中年龄差距是很重要的一项内容。男女的婚龄差多少合适，中国古代并无定论，现代社会也观点不一。在王夫之看来，男女婚龄差距显然不宜过大，“年齿必当”正是强调这一点。

男女结婚为什么要“年齿必当”？首先，我们可以从王夫之的人性思想中获得部分解答。在王夫之看来，人在初生时，“人之性犹牛之性，牛之性犹犬之性”[②]，此时人性与动物之性并无太大差别，而人性是后天生成的，并不是一蹴而就的，而是日生日成的，故有“性日生日成之说”。“夫性者生理也，日生则日成也。则夫天命者，岂但初生之顷命之哉！”[③]随着人的成长，人性不断地发生着变化。因此，只有到了一定的年龄阶段，人性才能够相对成熟，男女才能具备必要的生理和心理条件，才能在处理婚事时做出正确判断，才能在婚后承担对家庭、子女和社会应尽的责任。也唯有如此，男女才能够结婚。其次，年龄要求意味着时间的考量。就社会而言，时间的意义首先体现于历史性，这是社会过程的历史展开。对个人而言，时间的意义同样通过现实的生活过程得到展示。按其实质，时间意义的前后相继，乃是以人类生活的连续性为其现实内容；生活的这种连续性既使个人自我认同及理解自己的统一性成为可能，又为他人把握其前后同一提供了前提。[④] 因此，王夫之强调结婚的年龄要求，实际上也是强调男女双方在自我认同、把握自身统一性的基础上实现彼此认同、相互结合。

传统社会中，无论恋爱择偶还是夫妻关系，男性都主导女性，女性成为男权的附庸，处于被支配地位。现代婚姻关系中，男女的地位发生了质的变化，由此也产生了许多问题：传统婚恋观的转变，婚姻主体对家庭责任感的弱化，婚姻主体利己主义观念的盛行，普遍非道德主义倾向，等等。审视王夫之婚姻伦理思想，其中虽然包含弊端，但也能够为解决这些困境，建构符合人性、人情和时代性的婚姻制度提供有益的借鉴。

---

① 吕文浩：《中国近代婚龄话语的分析：从清末至1930年代》，转引自中国社会科学院近代史研究所编：《中国社会科学院近代史研究所青年学术论坛2005年卷》，社会科学文献出版社2005年版，第259页。

② 王夫之：《周易外传》卷五，《船山全书》第1册，岳麓书社1996年版，第1006页。

③ 王夫之：《尚书引义》卷三，《船山全书》第2册，岳麓书社1996年版，第299页。

④ 杨国荣：《成己与成物：意义世界的生成》，人民出版社2010年版，第242页。

加勒特·哈丁环境伦理观及其反思

方 正[①]

【摘 要】哈丁对生态问题的分析主要体现在“人口禁忌”“公地悲剧”和“救生艇伦理”三个观点中。哈丁认为触犯“人口禁忌”是环境问题爆发的根源，而人口失控会导致全球掠夺的“公地悲剧”。面对这一情况，哈丁建议发达国家采取“救生艇伦理”观，即袖手旁观，以保证自身安全。哈丁的环境伦理观有一定的可取之处，但其生态问题的根源、人口控制的手段、全球掠夺的假设及“救生艇伦理”观的正义性需要反思和超越。

【关键词】哈丁；环境伦理；人口禁忌；公地悲剧；救生艇伦理；反思

一、哈丁环境伦理观概述

综观哈丁的相关著作和论文，可以发现其环境伦理观主要包括“人口禁忌”“公地悲剧”和“救生艇伦理”，这三者的逻辑关系为：“人口禁忌”被突破必然会导致“公地悲剧”的出现，“公地悲剧”的加剧就必然“迫使”发达国家采取“救生艇伦理”观，“救生艇伦理”观必然能够“解决”贫穷国家人口问题，让全球环境重回“人口禁忌”的状态，并以此逻辑维持地球环境良性发展。以下将逐个分析哈丁环境伦理观的相关要件。

（一）“人口禁忌”

哈丁关于“人口禁忌”的讨论开始于一个背景：除近代以外，整个人类历史中占主导地位的世界观是一种有限观：“资源是有限的，人性是确定的，入不敷出是有罪的。”[②]基于这样一个“有限性”的假设，哈丁认为对人口的限制是十分必要

① 方正，湖北襄阳人，浙江省委党校伦理学专业硕士研究生。

② ［美］加勒特·哈丁：《生活在极限之内——生态学、经济学和人口禁忌》，戴星翼、张真译，上海译文出版社2001年版，第4页。

的，因为人口数量的不受控会导致在有限资源条件下的极度“贫困”。但对于那个认为“节育”一词充满淫秽色彩的时代而言，提倡“人口控制”的哈丁并没有直接抛出自己的观点，他借用苏格兰经济学家詹姆士·斯图亚特爵士的观点，认为“贫困归咎于人口过剩”，他对人口控制的相关思想则深受英国人口经济学家马尔萨斯影响，他认为自己不是“人口的敌人”，只是“罪恶和贫困的敌人”，同时，他向往“巨大而有效的人口”。但事实上，哈丁认为所谓的“有效的人口增长”是非常“乐观主义”的。对此，哈丁指出，不加限制的乐观主义是一种危险的毒品。当有人认为可以利用宇宙飞船移民外太空，从而开拓新的领域，转移剩余人口就可以很好地解决“有限性”问题时，哈丁认为，不论是从技术角度，还是从人类的道德自律角度上来看，“移民外太空”的想法就是一种非常危险的“乐观主义”的“毒药”，是完全不可行的，人类只能在这个唯一并且有限的地球上谋求生存。由此哈丁得出了结论：“灾难是持续性人口增长的必然结果，但是社会如果能够下决心停止人口增长，那么灾难是可以先行防止的。”[①]需要指出的是，哈丁在这里所言的灾难主要指环境恶化和社会贫穷。基于这个结论，哈丁为其“人口禁忌”开出了药方，包括种群数量调节、实现人口零增长、拒绝移民等人口控制手段。

(二)“公地悲剧”

“公地悲剧”这一概念最早是由英国财经作家劳埃德于1833年讨论人口问题时所使用的比喻，哈丁在1968年将这个概念进行了延伸，并发表在《科学》期刊上，也以此奠定了他在生态问题和人口问题研究中的权威地位。“公地悲剧”来源于这样一种假设：在世界牧场上，牧民自由地决定放牧的数量和强度。由于牧民的全部收入均来源于牧场，所以牧民会无节制地增加放牧数量以求最大正效用，但长此以往牧场的承受能力必然达到极限，就会出现严重的生态问题，这一生态问题将由全体牧民共同承担。哈丁认为，由于牧民群体数目巨大，牧场出现的生态问题如果平均分配到每一个牧民头上将仅产生极小的负效用，这样微小的影响并不足以引起牧民的重视，牧民仍将继续增加放牧数量以求达到更大的经济效应，直至牧场“公地”的毁灭——公共资源的自由使用会毁灭所有的公共资源。哈丁对“公地悲剧”更深层次的解释是：生态环境有一个承载极限，一旦超过了这个极限就会招致环境的报复；对于这一点，由于每个人都有足够的“理性”，因而是可以避免悲剧的。但是，由于牧场被划分成了“公地”和“私地”，就会

① [美]加勒特·哈丁：《生活在极限之内——生态学、经济学和人口禁忌》，戴星翼、张真译，上海译文出版社2001年版，第84页。

导致劳埃德提出的一个模型，即"共有化牧场＋私有化牲畜"，并指出："实际上是每一个'理性的'牧人因做了错事而得到奖赏"，到了现代，"在一个坚信公地自由的社会里，所有的人都抢先行动，追求自己的最佳利润，毁灭是最终目标"[①]。如果"公地"缺失了管理，其后果一定是全球掠夺。

哈丁将"公地悲剧"运用到环境问题中，他认为，解决环境"公地"问题主要在于两个方面：政府管理和人口控制。一方面，导致环境问题的主要原因是环境所有权的缺失，导致市场失灵。在这种情况下，就需要政府来统一管理，把环境污染的成本计入到企业的生产成本中，保护环境的责任首先由政府担当起来。另一方面，人口的无节制增长是环境问题的重要成因，因而，哈丁主张必须严格限制生育自由，更准确地说，哈丁主张的是限制落后国家的生育自由，控制贫穷国家的人口数量。

(三)"救生艇伦理"

"救生艇伦理"是哈丁基于其"公地悲剧"所延伸出的环境伦理观："每个富国都相当于比较拥挤而富裕的救生艇，世界上的穷人则挤进另一个拥挤得多的救生艇上。比方说，穷人渐渐地从他们的救生艇上掉了下来，在水中游了一会，希望被允许进入富人的救生艇，或者希望以某种别的方式得到一点船上的'好处'。在富人救生艇上的乘客应该怎么做？这是'救生艇伦理'的中心问题。"[②]在这里，哈丁提出了四种可能性：一是将所有落水者拉上救生艇；二是将部分落水者拉上救生艇；三是自己下海，腾出位置让落水者上救生艇；四是拒绝任何落水者上救生艇。哈丁认为第四种选择是唯一可行的，这一选择是出于"利己主义"或者说是"集体利己主义"的考虑，可以保护富国救生艇上乘客的安全。

哈丁的"救生艇伦理"观包括：不应该帮助落水的贫穷国家，不论是经济援助、技术援助，还是慈善项目。首先，贫穷国无休止的人口增长正是"由改善的技术或慷慨的外国援助引起的"，因为援助使贫穷国家的人们认为有了充足的生产生活资料以供应更多的人口；其次，他认为"人越穷生育率越高是因为他们拥有的唯一娱乐是性交"，富裕国的慈善援助只会增长贫穷国居民的这一"娱乐"热情；最后，哈丁也否决了美国经济学家罗斯托的"起飞理论"，因其在实际操作中非但没能够成功带领大多数国家经济起飞，反而带动了人口出生率的快速"起

---

① [美]加勒特·哈丁：《生活在极限之内——生态学、经济学和人口禁忌》，戴星翼、张真译，上海译文出版社2001年版，第342页。

② Garrett Hardin: *Living on a Lifeboat*, *Bioscience*, Vol. 24, 1974, pp. 561—568.

飞”，他认为贫困国家过多的人口就跟地球表面的癌症一样，富裕国家的慈善援助就跟食物一样，“像癌症的增长那样需要食物；但通过给予食物，它们将永远无法治愈”[①]。由此，他得出结论，救生艇上的富裕国应当拒绝落水者上船，非但要拒绝，而且要把那些企图上船的人赶下去，这样做非但没有错，反而是非常有道理的。

二、哈丁环境伦理观的实质

客观来看，哈丁的环境伦理观，尤其是对“人口禁忌”和“公地悲剧”的解析有其一定的正确性和借鉴意义，但是正如王正平教授所说，“哈丁的理论是典型的、赤裸裸的西方环境利己主义”[②]。哈丁本人虽然承认这一点，但他并不对此感到不安。他认为根本就不存在所谓的“利他主义”，同时他本人也对“世界主义”嗤之以鼻，他认为所谓的“利他主义”从本质上来说就是“利己主义”，并且，“利己主义”是所有生物的共性，那些宣扬“利他主义”和“世界主义”的人都是伪君子，人们完全没有必要因为“利己主义”感到害臊，也完全不必为“利己主义”带来的不公正后果感到不安。哈丁的“利己主义”体现在“公地悲剧”的假设和“人口禁忌”的应对中。倘若真如同哈丁“公地悲剧”所假设的那样，在环境资源有限性极为明显、人人皆为“理性人”的条件下，每个牧民都对生态恶化所产生的极小的负效应均不敏感。在环境资源接近消耗殆尽以至于环境问题出现“零和状态”时，环境问题所带来的负效应将被无限放大，因为这时，并不是牧场上的那一块草皮退化消失，而是整个草原即将消失殆尽，几乎所有的牧民都会失去牧场，那么牧民赖以生存的资源的总和也将变得无限小。不难推测，这时候牧场上的牧民除了绝望，只能选择去争夺所剩无几的牧场资源，这时候就会出现霍布斯所谓的“人对人像狼对狼”一样的状态。同理，在环境灾难面前，国家就是人格化的“理性人”，“理性人”在灾难面前的“自救”就导致国家之间的利益冲突，而解决这一利益冲突的办法，就像黑格尔所说的，只能由国家的具体存在来解决，而不能由普遍正义的抽象原则来解决的话，典型的恐怖行为——战争，就将是解决冲突的唯一选择，而胜利者拥有正义的专利权。在国际关系中，真正起作用的就只能是实

① [美]加勒特·哈丁：《生活在极限之内——生态学、经济学和人口禁忌》，戴星翼、张真译，上海译文出版社 2001 年版，第 274 页。

② 王正平：《发展中国家环境权利和义务的伦理辩护》，《哲学研究》1995 年第 6 期，第 38 页。

力权利了。[①] 从这一点上来看,"公地悲剧"所导致的战争状态已然超离了伦理范围的公正状态,然而更加不公正的是,人格化的国家从本质上就存在强弱之分,因而战争在开始前就注定了结局。而哈丁的最大不公正在于,他极力希望避免出现"战争状态",但他开出的药方却是限制贫穷国的发展,从而保证富裕国的既有利益,让瘦弱饥饿的牧民让出最后一块肥美的草原以保证原本就十分富裕的牧民不至于过上"紧巴巴"的日子。哈丁的思想却是希望设立某种国际性的政府公约或组织从而限制贫穷国平等地利用自然资源发展本国经济,并要求贫穷国限制人口增长从而减轻资源负担。他不仅要求限制贫穷国家的人口增长,也要求限制贫穷国家的人口移民。这就是"利己主义"所带来的极大的不公正——富裕国家为所欲为,贫穷国家举步维艰。

简单来说,哈丁的环境伦理观的实质及其所犯的错误正如他所批评"大多数人相信对他人应自由放任,而自己却寻求逃避"时说到的:"这种前后矛盾违背了伦理理论的根本假设,即认为道德原理必须是对称的——对别人怎样也应对自己怎样。"[②]

三、哈丁环境伦理观的反思

值得肯定的是,哈丁的"人口禁忌"有其可取的部分,比如对承载极限的讨论和对人口数量的控制。但在这一观点中也有致命的不足:

首先,哈丁在探讨"人口禁忌"时必须确定的前提是"有限性"和"唯一性"。他通过逻辑的探讨地球的太空环境与人类的自然天性,否决了"太空飞船"设想,否定了人类移民外太空从而化解环境危机的技术条件。但哈丁无法用科学而逻辑的方式应对另外一种"破解"的可能性——马克思的社会主义理论。哈丁指责马克思所说的"按需分配"是不可能实现是,因为人性的自私是"确定的",但是哈丁并未全面地了解马克思的思想。马克思对共产主义社会的设想中确实提到了"各尽所能,按需分配",但这一目标的实现是有前提的——物质生产的极大丰富与人的全面自由的发展。哈丁的错误在于,作为一个经济学家(虽然他本人认为自己是一个生态学家,并且认为经济学应当是从生态学中延伸出来的),他习惯

① 李培超:《多维视角下的生态正义》,《道德与文明》2007年第2期,第11页。

② [美]加勒特·哈丁:《生活在极限之内——生态学、经济学和人口禁忌》,戴星翼、张真译,上海译文出版社2001年版,第377页。

于用“经济”的观点——一定要有的人是穷人，有的人是富人——看待社会问题，并且这个经济关系中，穷人一定要足够“理性”，并且竭尽所能要从“公地”中占取便宜。但马克思描绘的共产主义社会中，物质资料之丰富，人类境界之高尚已无须此种“经济”。

其次，哈丁对人口和贫穷的关系的认定是十分片面的，他没有看到贫困和人口之间是相互联系和相互作用的。哈丁认为贫穷国之所以生育率高居不下是因为贫穷国家唯一的娱乐是性交——这是极大的荒谬与侮辱。他没有意识到，贫穷国家因为经济技术的落后，生产力不发达，单位产能低下，唯有大量的投入劳动力才能向自然换取少量的回馈，并以这些少得可怜的回馈养育众多的人口。因而，发展才是解决贫穷问题的第一要义。虽然哈丁提倡的避孕等技术手段有助于控制人口，也对我国人口学家马寅初提出的人口理论产生了巨大影响，但正如1974年联合国在布加勒斯召开的第一届人口大会上印度代表团提出的——“发展是最好的避孕药”[①]——当然，哈丁对此也是否定的。或许哈丁对人口问题根源的错误判断用亨利·乔治《进步与贫穷》中的论断即可解释：“我断言，社会不公正是短缺和不幸的原因，而非自然的吝啬，而现代理论却归之于人口过剩。”

再次，哈丁在“人口禁忌”中关于人口限制的部分手段是极端的、反人道的。他认为对人口的限制主要通过自然的和人为的两种方式进行。自然的方式包括饥饿与疾病，他甚至举例说黑死病、艾滋病等正是自然控制人口的好手段；人为的方式包括战争、诱惑和减少福利。但我们通过对历史和现实的考察不难发现，饥饿和疾病都随着经济和技术的进步得到解决，同时，人类现阶段也没有爆发大规模战争的可能性。只能说，哈丁提出的人口最优状态——“为使人口维持在规模稳定，每位妇女（平均）应当生两个孩子：一个替换她自己，一个替换她的伴侣（他不能生孩子）”是有一定借鉴意义的。

同样的，对于“公地悲剧”，哈丁虽然提出了人类要珍惜“公地”从而长久地“生活极限之内”，但他的错误也是明显带有强烈的利己主义色彩的。哈丁的“公地悲剧”虽然着重描述了公共资源于私人利益之间的关系，但他却没有表明一个明显的事实：世界牧场并不是全部开放的“公地”，世界牧场既有“公地”也有“私地”。哈丁避而不谈“私地”的原初状态和划分依据，只用一个“默认状态”带过，似乎是说存在即合理，却大谈特谈“公地”上的全球掠夺，这是极为不负责任的，

① 转引自[美]加勒特·哈丁：《生活在极限之内——生态学、经济学和人口禁忌》，戴星翼、张真译，上海译文出版社2001年版，第57页。

也可以理解为是一种强权政治的体现。很明显，在世界牧场原初状态时，富裕国已经先行进行了划分，它们像强盗一样抢占了世界牧场最肥美的草原，留下极小一部分“公地”。富裕国一边圈起自己家的草原不放牧或极少放牧，并声称这是要保护生态环境，一边却在“公地”上放牧大量牲口，甚至这些富裕国根本不愿意自己放牧，它们把“牲口”(技术转让、国际投资等)租借给贫穷国，并收取上千倍的利润。这些富裕国得了便宜还要卖乖地站出来大声指责贫穷国放牧了过多的“牲口”，破坏了“公地”。但事实上，富裕国通过不平等的国际贸易体制从贫穷国获取廉价的出口原料，使贫穷国为此付出过度开发自然资源的沉重代价。有些富裕国还通过“援助”的手段，控制贫穷国的自然资源，使贫穷国成为这些富裕国的廉价原料的提供基地和高价商品的倾销市场，由此可以看出少数富裕国通过这种不平等贸易加剧了贫穷国乃至全球的“公地悲剧”。但哈丁却并不这样认为，他单方面地责怪贫穷国家破坏了“公地”，导致了“全球掠夺”。他扬言，面对这一情况，“全球掠夺”不可避免，表面来看，哈丁是希望预防“公地悲剧”与“全球掠夺”，实际上则是为富裕国从贫穷国口中抢下最后一口救命粮寻找借口。他试图把富裕国伪装成被贫穷国被迫“拉下水”，不得不参与“全球掠夺”的受害者，从而占领道德高地和世界话语权。试问，在分割“私地”的第一次“全球掠夺”中就不占先机的一穷二白的贫穷国又怎么可能在第二次掠夺“公地”时讨到丁点便宜呢?

在探讨了哈丁“人口禁忌”和“公地悲剧”中的错误后，我们就应当重新审视他的“救生艇伦理”观。尽管学界对他的这一观念充满了争议，但我们在探讨他的谬误时，不妨换个角度来反思，就可以清楚地看出“救生艇伦理”观中“袖手旁观”这一选择的非义。哈丁认为，贫穷国过多的人口导致自己的“救生艇”倾覆。这是不对的。在当前世界全球化的格局下，环境问题的“公地悲剧”并不是某个国家的错误，或是某个时代的问题，更不是某个理论能够完全解释清楚的。哈丁探讨“救生艇伦理”观的错误和他在探讨“公地悲剧”时的谬误一样，他并没有全面地探讨“救生艇伦理”的背景，似乎再次刻意回避谈及富裕国的“私地”，并将矛盾聚焦在“公地”上，进而简单粗暴地得出贫穷国应当为环境问题负责的结论。当我们对“救生艇伦理”观的背景做全面的考察，尤其是着重关注哈丁刻意回避的“私地”时，我们发现，环境问题在贫穷国登上属于自己的“救生艇”之前已然存在，或者说，在环境问题面前，富裕国始终坐在“救生艇”上，而贫穷国一开始就在水里。至此，我们可以说“救生艇伦理”最大的问题就在于缺乏公平和公正。

虽然富裕国和贫穷国的共同不作为导致环境灾难，但是在这里需要指出：一方面，富裕国所消耗的资源和对船体的压力是贫穷国的数倍甚至更多；另一方面，富裕国也不断倾轧着贫穷国的生存空间。因此可以说，富裕国应当承担大部分环境灾难的责任。工业革命虽然是人类历史篇章上的伟大一节，开启了人类对自然世界的新征程。但工业革命正是世界各富裕国对世界“公地”的第一次“全球掠夺”。富裕国在这一次的“掠夺”中领跑世界，他们不仅毫无节制地使用本国自然资源，还发动侵略战争，欺压贫穷国，建立全球殖民地，掠夺贫穷国自然资源。从正义的角度来看，对世界“有限性”资源的最初的大规模破坏正是出自富裕国之手，在水中求救的本应该是富裕国，但由于人类社会的发展规律，国家之间的发展速度和阶段不同，富裕国依靠强权建立了自己的“公正”话语体系，并拒绝承担“公地悲剧”的后果。这是一种明显的不公正，可以理解成“代际正义”的缺失。在这种“代内正义”缺失的背景下，哈丁的“救生艇伦理”观做出的选择是，无论何种情况，不管是否有悖于良心，也不论是否缺乏正义，都要拒绝贫穷国上救生艇，同时也要拒绝向贫穷国提供任何可能的帮助，这样就又违背了“代际正义”和“补偿正义”。

从落水的贫穷国角度来看，出于“理性人”的自救，它将奋力扑水以保证自己不被淹死，同时也会极力要求登船以摆脱海浪。若此时艇上乘客不出手相救，救生艇则会被落水者的攀爬拖拽以及落水者拍起的海浪掀翻。这就是当“代内正义”得不到满足时，一定会在某种程度上，用某种方式完成“代际正义”——不论富裕国还是贫穷国，通通落入水中；但若此时艇上乘客出手相救，救生艇则会因为超载而倾覆。如此，不论是否合乎正义的选择，都会导致悲剧的后果，“救生艇伦理”便陷入了两难悖论。这时候就应当充分考虑“补偿正义”的实施，尽管哈丁开出的药方均与“补偿正义”相违背，他要求贫穷国限制自己的人口增长，反对向贫穷国输送技术和资源，要求停止对贫穷国的慈善援助——简单来说，就是要求贫穷国自生自灭，富裕国袖手旁观。

四、结论

环境伦理不同于其他伦理理论的特性在于其广延性、多元性、革命性和全人类性，这就包括了“代内正义”“代际正义”和“补偿正义”，这些特征就为全人类解决环境问题定下了伦理原则，包括权利原则、功利原则、平等原则。所谓权利原则，简单来说就是生存权应当大于发展权，正如原始人通过打猎种植等行为向自然索取资源是带有先天合法性的，但原始社会一旦过渡到工业社会，社会人就必须考虑碳排放等问题；所谓功利原则，就是要求尽可能地使船上乘客和暂时在水里的乘客的福利总和最大，但这里所谈及的福利总和并不要求牺牲贫穷国来扩充富裕国；所谓平等原则，并不是说平均，更不是绝对，不是要求救生艇上的富裕国发扬精神自觉下船为贫穷国腾出空间，这样的选择虽然看似合理和平等，但实际上对两者都有伤害，由于贫穷国的发展阶段较低，它们未必拥有驾驶“救生艇”的能力，反而会导致“救生艇”倾覆，这样势必会减少全人类的福祉总量，但这也绝对不是说，富裕国就应当坐享其成。

由上述原则我们发现，环境伦理的选择倾向于要求全人类在面对环境问题时超越国家和种族范围。解决环境伦理的“救生艇悖论”最有效的方法就是在确保“代际正义”的基础上实践“补偿正义”。必须明确的是，已经身处“救生艇”的富裕国有义务也有能力营救落水者，但在选择救援方式时应当有所考量。同时，富裕国也必须保持克制，合理使用资源，杜绝高消费，停止“向海中泼水”。如通过技术转移和跨国公司，将淘汰的、对环境有害的技术与企业转移到“落水国”，加剧了广大发展中国家的生态环境的恶化。[①] 针对不同国家的不同情况应做出不同的选择：让部分有能力自我恢复的国家，暂时性“上船避难”，对本国环境问题进行“休克疗法”或“自我恢复疗法”；让部分缺乏“游泳技能”的国家获得“游泳圈”，这样的行为可以作为一种“补偿正义”。同时，富裕国应该以自己拥有的较雄厚的资金和技术，率先采取行动保护全球环境，向发展中国家提供足够的、新的额外的资金，以优惠的或非商业性条件向贫穷国转让环境无害技术，切实帮助贫穷国解决环境与发展面临的实际问题。富裕国履行这样的道德义务，不是“恩赐”，而是对以往不平等的环境权利的“补偿”。[②] 最后，不论是富裕国还是贫穷国都不能安于“救生艇”之上，全人类的发展必然是沿着可持续的道路前进，随着技术革新和人类进步，我们应该加速建造新的“方舟”，甚至于积极造地，使沧海变桑田。

---

① 王正平：《发展中国家环境权利和义务的伦理辩护》，《哲学研究》1995年第6期，第40页。

② 同上，第41—42页。

附录　2014年浙江省伦理学研究成果一览表

论　文

成果名称	作者(单位)	发表刊物	发表时间
先义后仁：儒家仁义的现代转换——与西方正义相比较	晁乐红(台州学院)	伦理学研究	2014年第6期
康德论道德情感和道德选择	徐向东(浙江大学)	伦理学研究	2014年第1期
内在理由和伦理生活	徐向东(浙江大学)	杭州师范大学学报	2014年第5期
当代"价值排序"研究的四个维度	张彦(浙江大学)	哲学动态	2014年第10期
论社会公正重建的内在逻辑与实践进路	张彦(浙江大学)	哲学研究	2014年第1期
论社会保障的关怀伦理基础	汤剑波(杭州师范大学)	唐都学刊	2014年第2期
公平正义——民生幸福的伦理基础	何建华(浙江省委党校)	浙江社会科学	2014年第5期
论中国现代文化市场体系建设的价值与途径	汪俊昌(浙江音乐学院)	中国文化产业评论	2014年第1期
伦理视阈下的老年社会保障	陈寿灿(浙江工商大学)	浙江学刊	2014年第5期
中国古代哲学的生态思想及其对构建现代生态哲学的启示	周光迅(浙江理工大学)	自然辩证法研究	2014年第2期
"受助逆袭"现象的伦理探析——以"扶不起的老人"为例	郑根成(浙江财经大学)	社会科学战线	2014年第10期
总体性改革背景下社会主义意识形态的构建	胡文木(浙江省委党校)	浙江社会科学	2014年第7期

续 表

论 文

成果名称	作者(单位)	发表刊物	发表时间
总体方法论与全面深化改革的三个方法论问题	胡文木(浙江省委党校)	浙江学刊	2014年第6期
马克思主义总体方法论及其现实意义	胡承槐(浙江省委党校)	浙江社会科学	2014年第7期
耻感伦理的涵义、属性与问题域	章越松(绍兴文理学院)	伦理学研究	2014年第1期
传统耻感伦理的逻辑发展、理论架构与现代转型	章越松(绍兴文理学院)	绍兴文理学院学报	2014年第6期
论现代性的历史逻辑与理论范式之维	盛跃明(台州学院)	人大复印资料《哲学原理》	2014年第5期(全文转载)
马克思主义理论教育培育大学生核心价值观的路径创新	李秀娟(湖州师范学院)	前沿	2014年第21期
“德性论”为主线的西方伦理思想史教学内容研究	尹怀斌(湖州师范学院)	湖州师范学院学报	2014年第12期
关怀与正义:慈善伦理意蕴的现代重构	沈晓阳(湖州师范学院)	安徽师范大学学报(人文社会科学版)	2014年第1期
人民政协民主监督之理论定位	沈晓阳(湖州师范学院)	政协民主监督研究文集(浙江人民出版社)	2014年7月
价值自觉与社会主义核心价值体系的政治认同	王伦光(湖州师范学院)	理论探讨	2014年第3期
后危机时代与中国经济伦理研究的新问题	程广丽(湖州师范学院)	兰州学刊	2014年第4期
墨子道德教育思想对大学生生活责任感培育的启示	兰婷(中国计量学院)	思想教育研究	2014年第9期
关怀伦理对自由主义的挑战	隋金波(翻译)(中国计量学院)	社会科学	2014年第5期
多样化社会思潮对大学生思想行为的影响及对策研究	崔华前(浙江工商大学)	北京青年研究	2014年第4期
确立社会主义核心价值观的彰显之维	崔华前(浙江工商大学)	南华大学学报(社会科学版)	2014年第5期
中国梦背景下知识分子精神的建构	李梦云(浙江工商大学)	浙江学刊	2014年第3期

续 表

论 文

成果名称	作者(单位)	发表刊物	发表时间
马克思恩格斯伦理思想的实践特性	于希勇(浙江工商大学)	理论探索	2014年第5期
对社会主义核心价值观的多维探析	崔华前(浙江工商大学)	长江论坛	2014年第4期
王船山对于民意政治的反思及其理论得失	彭传华(浙江财经大学)	人大复印资料《中国哲学》	2014年第2期
从恶性循环到德性循环——索萨与认知循环问题	方红庆(浙江工业大学)	自然辩证法通讯	2014年第10期
两种德性知识论——争论与融合	方红庆(浙江工业大学)	厦门大学学报(哲学社会科学版)	2014年第11期
再谈汉斯·忧那思的责任伦理代表作	高湘泽(浙江财经大学)	广东社会科学中国人民大学书报资料社复印报刊资料《伦理学》2014年第7期全文转载,《新华文摘》2014年第12期论点摘编	2014年第2期
The Body in Spiritual Exercise: A Comparative Study Between Epictetan Askēsis and Early Buddhist Meditation	于江霞(浙江财经大学)	*Asian Philosophy*	2014,24(2)
作为一种生活方式的技艺——析斯多亚派的技艺概念	于江霞(浙江财经大学)	自然辩证法研究	2014年第5期

专 著

成果名称	作者(单位)	出版机构	出版时间
转型期中国农民工价值观研究	陈昌兴(台州学院)	知识产权出版社	2014年

获 奖

成果名称	作者(单位)	获奖情况	颁奖机构
湖州环境史	钱克金(湖州师范学院)	湖州市第十六届哲学社会科学优秀成果奖特别奖	湖州市社会科学界联合会、湖州社会科学院

续 表

获 奖			
成果名称	作者(单位)	获奖情况	颁奖机构
"第二次启蒙"的贫困——与王治河、樊美筠教授商榷	程广丽(湖州师范学院)	湖州市第十六届社会科学优秀成果二等奖	湖州市社会科学界联合会、湖州市社会科学院
王船山政治思想的历史定位	彭传华(浙江财经大学伦理研究所)	浙江省社科联第八届青年社会科学优秀成果奖三等奖	浙江省社科联

课 题			
成果名称	作者(单位)	课题来源	备注
非主流社会思潮对大学生思想行为的影响及其引领路径研究	崔华前(浙江工商大学)	国家教育部人文社科项目	
社会主义核心价值体系建设面临的挑战与应对	沈卫星(台州学院)	全国哲学社会科学规划办公室	
社会主义核心价值体系建设面临的挑战与应对	沈卫星(台州学院)	浙江省哲学社会科学规划办	
社会主义核心价值观的民间共鸣机制研究	陈昌兴(台州学院)	教育部人文社科青年基金项目	
本真性的日常生活如何可能——科西克日常生活批判理论研究	程广丽(湖州师范学院)	浙江省哲学社会科学规划办	
当代中国日常生活伦理的冲突与调适	程广丽(湖州师范学院)	浙江省教育厅	
地方历史名人的信仰价值及其当代转换研究——以岳飞为例	刘博(中国计量学院)	浙江省社科联一般项目	

说明:由于时间与统计方面的问题,原本拟撰写的《2014年浙江伦理学研究综述》不具备足够的资料条件,论坛编辑组临时决定将能够收集到的2014年浙江伦理学研究成果汇总成一览表,供各位同仁参考。由于各种原因,有些成果并没有收录到一览表中来。

我们为工作中的不足向各位同仁致歉;同时,也希望能在后来的论坛编辑中得到各位同仁的大力支持。

后　记

传承着丰厚的伦理资源，当代浙江学人从未停止过对伦理的学术兴趣与研究。早在1983年，浙江省伦理学研究会就开始了有组织的学术活动。但直到2009年，浙江省伦理学会才正式获得合法的组织身份。在此期间，浙江省伦理学者们虽然在各自的研究中取得了不错的成绩，但省内的伦理学学术交流却并不充分，相互间的支持明显不够。正是基于这种现状，省内的伦理学者们才共同勉力，最终促成了省伦理学会的正式成立。当时，大家的共同心愿实乃在于加强省内伦理学者间的交流与合作。2009年以来，省伦理学会也一直以致力于省内、国内伦理学交流平台的建构为自己的最重要使命，并为此做了大量的工作。在这个意义上，"浙江伦理学论坛"系列论文集是全省伦理学工作者们多年来共同努力的结果，她的诞生也实现了浙江伦理学工作者们多年来的期盼，这实在是一件值得欣慰的事。

为了凝聚全省伦理学理论研究队伍，持续开展浙江省伦理学研究，更好地反映浙江省伦理学理论研究状况和进展，为浙江省伦理学者提供学术交流平台，浙江省伦理学会拟在《浙江伦理学论坛Ⅰ》的基础上继续推出《浙江伦理学论坛Ⅱ》。《浙江伦理学论坛Ⅱ》主要收录了2014年浙江伦理学年会获奖论文，省内部分高校学者以及博士研究生、硕士研究生的部分优秀成果，共20余篇。需要说明的是，浙江省伦理学会拟围绕每年浙江省伦理学年会主题论文，选取当年的一批优秀成果，持续推出《浙江伦理学论坛》，以及时反映浙江省伦理学研究的进展情况。敬请各位专家学者惠赐佳作，批评指正。

《浙江伦理学论坛Ⅱ》得到了郑仓元教授、陈寿灿教授、何建华教授、汪俊昌教授、徐向东教授、周志山教授等省伦理学会领导的大力支持与帮助。湖州师范学院的孙和平教授、伊怀斌博士，台州学院的晁乐红教授，浙江工商大学的李梦云博士，浙江财经大学的李金鑫博士，中国计量学院的陆爱勇博士等人也为《浙江伦理学论坛Ⅱ》的编录工作提供了极其有益的帮助，在此特表谢意。

《浙江伦理学论坛Ⅱ》由郑根成负责具体的书稿编辑、统稿工作，陈寿灿参与统稿并最终定稿。限于我们的水平，书中难免有错漏之处，敬请赐教惠正。

陈寿灿

2015 年 5 月

浙江伦理学名家介绍

浙江大学徐向东教授

徐向东，1965 年 11 月出生于贵州毕节，1986 年获北京大学理学学士学位，1989 年获中国社会科学院研究生院哲学硕士学位，毕业后留在中国社会科学院哲学研究所工作，从事科学哲学和心灵哲学的研究。1995 年 8 月赴美国哥伦比亚大学求学，2002 年获哲学博士学位。2002 年 2 月—2012 年 10 月任教于北京大学哲学系，其间在 2007 年被聘为教授，曾任教育部人文社会科学重点研究基地北京大学外国哲学研究所常务副所长、北京大学伦理教研室主任、北京大学哲学系学术委员会和学位委员会委员。2012 年 11 月调往浙江大学，担任浙江大学哲学系教授。学术兼职包括中国伦理学会理事、中国现代外国哲学学会分析哲学专业委员会委员和知识论专业委员会副主任、浙江省伦理学会副会长。

主要从事伦理学、政治哲学、早期现代哲学以及分析哲学的教学和研究，到目前为止已经发表 50 多篇论文，出版 5 部专著，有关成果曾获北京市和北京大学人文社科优秀成果一等奖和二等奖。最近的兴趣主要集中在如下几个方面：在伦理学领域，主要关注从道德心理学和进化伦理学的角度对道德规范的本质和起源、道德情感在道德慎思和道德判断中的地位和作用提出一种理解，看看最终是否能够捍卫和发展一个休谟式的道德理论；在道德心理学领域，目前主要关注的是道德责任的条件及其对理性能动性的要求，以及认知神经科学的发展对传统的道德责任和法律责任概念的冲击；在政治哲学领域，目前主要致力于弄清正义概念及其与有关概念(例如平等和自由)的联系以及正义实现的制度条件。其他方面的教学和研究兴趣包括康德的伦理学和政治哲学、早期现代哲学中的形而上学和知识论、应用伦理学的某些方面(例如神经伦理学和生命伦理学)。

主要代表性学术成果：

论文：

1.《休谟主义、欲望与实践承诺》,《自然辩证法通讯》,2015(2)。

2.《康德论道德情感和道德选择》,《伦理学研究》,2014(1)。

3.《内在理由与伦理生活》,《杭州师范大学学报(社会科学版)》,2014(5)。

4.《伯林的自由概念与人性》,《浙江大学学报(人文社会科学版)》,2014(5)。

5.《行动者因果性与自由意志(英文)》,《自然辩证法通讯》,2013(3)。

6.《道德知识与伦理客观性》,《云南大学学报(社会科学版)》,2013(1)。

7.《罗尔斯的政治本体论与全球正义》,《道德与文明》,2012(1)。

8.《自我决定与道德责任》,《哲学研究》,2010(6)。

9.《托马斯·霍布斯论自由与慎思》,《云南大学学报(社会科学版)》,2008(3)。

10.《论行动者因果性理论的不连贯性》,《心智与计算》,2007(1)。

11.《莱布尼茨的动力学与神性的宇宙》,《云南大学学报 (社会科学版)》,2007(3)。

12.《论工具理性的规范性》,《云南大学学报(社会科学版)》,2006(3)。

13.《先验论证与怀疑论》,《北京大学学报》,2005(2)。

专著：

1.《理解自由意志》,北京大学出版社,2008。

2.《道德哲学与实践理性》,商务印书馆,2006。

3.《自我、他人与道德——道德哲学导论》(上、下),商务印书馆,2007。

4.《自由主义、社会契约与政治辩护》,北京大学出版社,2005。

5.《怀疑论、知识与辩护》,北京大学出版社,2006。

译著：

1.《我思故我笑——哲学的幽默一面》，上海科技教育出版社，2002。

2.《近代物理科学的形而上学基础》，北京大学出版社，2003。

3.《科学的结构》，上海译文出版社，2003。

4.《维特根斯坦与心理分析》，北京大学出版社，2005。

5.《道德运气》，上海译文出版社，2007。

6.《真理与真诚：谱系论》，上海译文出版社，2013。

7.《基督教信念的知识地位》（合译），北京大学出版社，2005。

8.《启蒙运动与现代性：18世纪与20世纪的对话》（合译），上海人民出版社，2005。

9.《善的脆弱性：古希腊悲剧和哲学中的运气与伦理》（合译），译林出版社，2007。